普通高等教育"十一五"国家级规划教材

清华大学基础工业训练系列教材

电子技术工艺基础
（第2版）

清华大学电子工艺实习教研组
王天曦　李鸿儒　王豫明　编著

清华大学出版社
北京

内 容 简 介

本书以基本工艺知识和电子装联技术为基础，以 EDA 实践和现代先进组装技术为支柱，对电子产品工艺设计制造过程作了全面介绍，包括电子工艺概论、安全用电、EDA 与 DFM 简介、电子元器件、印制电路板、焊接技术、装联与检测技术、表面贴装技术等内容，是电子实践教学领域中典型的参考书。

作者有二十余年电子技术工作经验，经历了二十多年电子工艺实习教学实践，与电子制造企业界、学术界和媒体紧密联系，使本书视野开阔、内容充实、详略得当、可读性强、信息量大，兼有实用性、资料性和先进性。

本书既可作为电子实践类课程的参考教材，亦可作为电子科技创新实践、课程设计、毕业实践等活动的实用指导书，同时也可供职业教育、技术培训及其他有关技术人员参考。

版权所有，侵权必究。举报: 010-62782989，beiqinquan@tup.tsinghua.edu.cn。

图书在版编目（CIP）数据

电子技术工艺基础 / 王天曦，李鸿儒，王豫明编著．—2 版．—北京：清华大学出版社，2009.8（2024.12重印）
（清华大学基础工业训练系列教材）
ISBN 978-7-302-20662-0

Ⅰ．电… Ⅱ．①王… ②李… ③王… Ⅲ．电子技术－高等学校－教材 Ⅳ．TN

中国版本图书馆 CIP 数据核字（2009）第 124583 号

责任编辑：庄红权
责任校对：赵丽敏
责任印制：刘　菲

出版发行：清华大学出版社
网　　　址：https://www.tup.com.cn，https://www.wqxuetang.com
地　　　址：北京清华大学学研大厦 A 座　　邮　编：100084
社 总 机：010-83470000　　邮　购：010-62786544
投稿与读者服务：010-62776969，c-service@tup.tsinghua.edu.cn
质 量 反 馈：010-62772015，zhiliang@tup.tsinghua.edu.cn

印 装 者：三河市君旺印务有限公司
经　　销：全国新华书店
开　　本：185mm×230mm　　印　张：22　　字　数：476 千字
版　　次：2009 年 8 月第 2 版　　印　次：2024 年 12 月第 18 次印刷
定　　价：59.80 元

产品编号：021172-06

清华大学基础工业训练系列教材编委会

主　任　　傅水根
副主任　　李双寿　严绍华　李鸿儒
编　委　　张学政　卢达溶　张万昌　李家枢
　　　　　王天曦　洪　亮　王豫明
秘　书　　钟淑苹

序言

随着教育教学改革的逐渐深入,我国高等工科教育的人才培养正由知识型向能力型转化。高等学校由主要重视知识传授向重视知识、能力、素质和创新思维综合发展的培养方向迈进,以满足尽快建立国家级创新体系和社会协调发展对各层次人才的需要。

由于贯彻科学发展观和科教兴国的伟大战略方针,我国对教育的投入正逐年加大。在新的教育改革理念的支持下,我国高校的实验室建设、工程实践教学基地建设呈现着前所未有的发展局面。不仅各种实验仪器、设备等教学基础设施硬件条件有了较好的配置,而且在师资队伍建设、课程建设、教材建设、教学管理、教学手段、教学方法和教学研究等方面都取得了长足的进步。

面对发展中的大好形势,清华大学基础工业训练中心在总结长期理论教学和工程实践教学经验的基础上,参照教育部工程材料及机械制造基础课程教学指导组完成的《工程材料及机械制造基础系列课程教学基本要求》和《重点高等工科院校工程材料及机械制造基础系列课程改革指南》,组织高水平的师资队伍,博采众家之长,策划、编写(包括修订)了这套综合性的系列教材。

在教材的编写过程中,作者试图正确处理下列 6 方面的关系:理论基础与工程实践、教学实验之间的关系;常规机电技术与先进机电技术之间的关系;教师知识传授与学生能力培养之间的关系;学生综合素质提高与创新思维能力培养之间的关系;教材的内容、体系与教学方法之间的关系;常规教学手段与现代教育技术之间的关系。

由于比较正确地处理了上述关系,使该系列教材具有下列明显的特色:

(1) 重视基础性知识,精选传统内容,使传统内容与新知识之间建立起良好的知识构架,有助于学生更好地适应社会的需求,并兼顾个人的长远发展。

(2) 重视跟踪科学技术的发展,注重新理论、新材料、新技术、新工艺、新方法的引进,力求使教材内容具有科学性、先进性、时代性和前瞻性。

(3) 重视处理好教材各章节间的内部逻辑关系,力求符合学生的认识规律,使学习过程变得顺理成章。

(4) 重视工程实践与教学实验,改变原教材过于偏重知识的倾向,力图引导学生通过实践训练,发展自己的工程实践能力。

(5) 重视综合类作业,力图培养学生综合运用知识的能力;倡导小组式的创新实践训练,引导学生发现问题、提出问题、分析问题和解决问题,培养创新思维能力和群体协作能力。

(6) 重视综合素质提高,引导学生通过系统训练建立责任意识、安全意识、质量意识、环保意识和群体意识等,为毕业后更好地适应社会不同工作的需求创造条件。

(7) 重视配套音像教材和多媒体课件的建设,引导教师在教学过程中适度采用现代教育技术,在有限的学时内提高教学效率和效益,同时方便学生预习和复习。

该系列教材还注重文字通顺,深入浅出,图文并茂,表格清晰,使之符合国家与部门最新标准。

该系列教材主要适用于大学本科和高职高专学生,也可作为教师、工程技术人员工作和进修的教科书或参考文献。

尽管作者和编辑付出了很大努力,书中仍可能存在不尽如人意之处,恳请读者提出宝贵意见,以便及时予以修订。

傅水根
2006 年 2 月 18 日
于清华园

前言

《电子技术工艺基础》一书自2000年面世以来,不仅在电子技术实践教学领域得到广泛应用,而且成为有关企业培训和电子爱好者自学的重要参考书,9年总印次达18次之多,在同类书籍中沿用这本书体系架构和引用这本书有关内容的比例很高。

2000年以来是世界、特别是我国电子信息产业高速发展时期,中国已经成为电子制造大国,正在向电子制造强国迈进。电子工艺技术对产业的重要作用已经得到企业界的认同和教育界的广泛关注。在各方面支持和鼓励下,经过长期积累和多年准备,本书新版终于面世。

本书新版在保持原书先进性、实用性和创新性特色的基础上,结合现代工程教育理念,针对近年电子产业的发展作了较大的调整和更新,将知识传授、技能训练与素质培养自然融合,努力体现育人的最高境界——"润物细无声"。在新版教材中体现了如下特色。

(1) 在强调工程技术的同时,融合科学发展理念。电子实践不仅是学生知识能力结构的重要组成部分,也是拓展视野、了解电子科技和产业全局以及发展趋势的最好时机。这一思路和理念主要体现在新增的第1、3章中。

(2) 强调绿色环保。在第1章作了集中的简要介绍,并且也贯穿于其他有关章节中。

(3) 强调现代安全观念。与电和电器有关的安全问题不仅有直接的电击、电气火灾,而且还有隐性的电池污染和废弃电子产品危害,这种现代安全观念和防范集中体现在第2章新增补的内容中。

(4) 与产业和生产实践尽可能紧密相关。除了在改动较大的第8章中与现代电子产业无缝接轨外,第1章关于标准化、第3章关于DFM以及第7章关于防静电等相关内容都是这个思路的诠释。

(5) 全球化视野。当今社会没有比电子信息产业全球化程度更高的了,这一并非纯技术的特点体现在本书第1章和其他有关章节。

本书在编写中得到清华大学电子工艺教研组/科教仪器厂老师和同事的支持,特别是清华-伟创力SMT实验室以及业内许多朋友的支持和帮助,在此表示真诚感谢。

本书在编写中参考了许多文献资料,但限于篇幅未能一一列出,特别是有些图片和资料经过多次传播已经找不到原作者与出处，在此特向本书引用的所有资料原作者表示敬意和感谢。

还要特别感谢为本书出版作了大量工作的清华大学出版社的领导和编辑人员，他们精心的策划和细致的编辑工作，使本书增色不少。

由于电子工艺技术正处于高速发展和不断完善之中，资料的时效性很强，加上作者水平与经验有限，书中错误和不足之处难免，恳请读者批评指正。

作　者

2009年8月于清华园

目录

1 电子工艺概论 ········· 1
1.1 电子制造与电子工艺 ········· 1
1.1.1 制造与电子制造 ········· 1
1.1.2 工艺与电子工艺 ········· 2
1.1.3 电子制造工艺 ········· 3
1.2 电子工艺技术及其发展 ········· 5
1.2.1 电子工艺技术发展概述 ········· 5
1.2.2 电子工艺的发展历程 ········· 6
1.3 电子工艺技术的发展趋势 ········· 11
1.3.1 技术的融合与交汇 ········· 11
1.3.2 绿色化的潮流 ········· 12
1.3.3 微组装技术的发展 ········· 13
1.4 生态设计与绿色制造 ········· 14
1.4.1 电子产业发展与生态环境 ········· 14
1.4.2 绿色电子设计制造 ········· 15
1.4.3 电子产品生态设计 ········· 18
1.5 电子工艺标准化与国际化 ········· 19
1.5.1 标准化与工艺标准 ········· 19
1.5.2 电子工艺标准及国际化趋势 ········· 20

2 安全用电 ········· 24
2.1 概述 ········· 24

2.2 电气事故与防护 ··· 25
　　2.2.1 人身安全 ··· 26
　　2.2.2 设备安全 ··· 30
　　2.2.3 电气火灾 ··· 31
2.3 电子产品安全与电磁污染 ··· 33
　　2.3.1 电子产品安全 ··· 33
　　2.3.2 电子产品的安全标准及认证 ··· 35
　　2.3.3 电磁污染与防护 ··· 37
2.4 用电安全技术简介 ··· 40
　　2.4.1 接地和接零保护 ··· 40
　　2.4.2 漏电保护开关 ··· 42
　　2.4.3 过限保护 ··· 43
　　2.4.4 智能保护 ··· 44
2.5 触电急救与电气消防 ··· 45
　　2.5.1 触电急救 ··· 45
　　2.5.2 电气消防 ··· 45

3 EDA 与 DFM 简介 ··· 47
3.1 现代电子设计 ··· 47
3.2 EDA 技术 ··· 49
　　3.2.1 EDA 概述 ··· 49
　　3.2.2 芯片级设计基础——ASIC/PLD/SoPC/SoC ··································· 50
　　3.2.3 硬件描述语言 ··· 53
　　3.2.4 EDA 工具 ··· 55
　　3.2.5 设计流程 ··· 58
　　3.2.6 EDA 实验开发系统 ··· 61
3.3 DFM ··· 62
　　3.3.1 DFM 及其发展 ··· 62
　　3.3.2 DFM 与 DFX ··· 63
　　3.3.3 DFX 简介 ··· 64
　　3.3.4 DFM 简介与技术规范举例 ··· 65
　　3.3.5 DFM 软件 ··· 70

4 电子元器件 ··· 73
4.1 电子元器件的分类及特点 ··· 73

	4.1.1 电子元器件概念	73
	4.1.2 电子元器件的分类	74
	4.1.3 电子元器件的发展趋势	76
4.2	电抗元件	77
	4.2.1 电抗元件的标称值与标志	77
	4.2.2 电阻器	81
	4.2.3 电位器	83
	4.2.4 电容器	86
	4.2.5 电感器	91
	4.2.6 变压器	100
4.3	机电元件	103
	4.3.1 开关	103
	4.3.2 连接器	106
	4.3.3 继电器	111
4.4	半导体分立器件	112
	4.4.1 半导体分立器件的分类与命名	112
	4.4.2 常用半导体分立器件外形封装及引脚排列	113
4.5	集成电路	119
	4.5.1 集成电路分类	119
	4.5.2 集成电路命名与替换	121
	4.5.3 集成电路封装与引脚识别	122
4.6	电子元器件选择及应用	124
	4.6.1 元器件的性能及工艺性	124
	4.6.2 元器件选择	125
	4.6.3 元器件检测与筛选	130
	4.6.4 元器件应用	133

5 印制电路板 ... 135

5.1	印制电路板及其互连	135
	5.1.1 印制电路板概述	135
	5.1.2 印制电路板的类别与组成	136
	5.1.3 敷铜板	138
	5.1.4 无铅焊接与印制电路板	139
	5.1.5 印制电路板互连	139
5.2	印制电路板设计基础	142

5.2.1　现代电子系统设计研发与PCB设计要求 ………………………… 142
　　5.2.2　印制板整体结构设计 ………………………………………………… 145
　　5.2.3　印制板基材选择 ……………………………………………………… 148
　　5.2.4　印制板结构尺寸 ……………………………………………………… 148
　　5.2.5　印制板电气性能设计 ………………………………………………… 151
　　5.2.6　设计布局布线原则 …………………………………………………… 152
　　5.2.7　印制板加工企业能力考虑 …………………………………………… 156
5.3　PCB设计流程与要素 …………………………………………………………… 157
　　5.3.1　设计准备与流程 ……………………………………………………… 157
　　5.3.2　元器件排列及间距 …………………………………………………… 160
　　5.3.3　焊盘图形设计 ………………………………………………………… 162
　　5.3.4　焊盘连接布线设计 …………………………………………………… 165
　　5.3.5　孔与大面积铜箔区设计 ……………………………………………… 167
　　5.3.6　阻焊层与字符层设计 ………………………………………………… 168
　　5.3.7　表面涂（镀）层选择 ………………………………………………… 169
　　5.3.8　光绘文件与技术要求 ………………………………………………… 170
5.4　印制板设计进阶 ………………………………………………………………… 171
　　5.4.1　印制板热设计 ………………………………………………………… 171
　　5.4.2　电磁兼容设计 ………………………………………………………… 176
　　5.4.3　信号与电源完整性设计简介 ………………………………………… 182
5.5　PCB制造与验收 ………………………………………………………………… 186
　　5.5.1　印制电路的形成 ……………………………………………………… 186
　　5.5.2　印制板制造工艺简介 ………………………………………………… 187
　　5.5.3　印制板检测 …………………………………………………………… 190
5.6　挠性印制电路板 ………………………………………………………………… 193
5.7　印制板标准与环保 ……………………………………………………………… 196
　　5.7.1　印制板标准 …………………………………………………………… 196
　　5.7.2　印制板绿色设计与制造 ……………………………………………… 197
5.8　印制板技术的发展与特种电路板 ……………………………………………… 198
　　5.8.1　印制板技术的发展趋势 ……………………………………………… 199
　　5.8.2　环保与高性能电路板 ………………………………………………… 200
　　5.8.3　特种电路板 …………………………………………………………… 202

6　焊接技术 …………………………………………………………………………… 205
6.1　焊接技术与锡焊 ………………………………………………………………… 205

6.2 锡焊机制 ... 206
6.2.1 扩散 ... 206
6.2.2 润湿 ... 207
6.2.3 结合层 ... 210
6.2.4 锡焊机制综述 ... 212
6.3 手工锡焊工具与材料 ... 212
6.3.1 电烙铁 ... 212
6.3.2 焊料 ... 218
6.3.3 焊剂 ... 220
6.4 锡焊基础 ... 222
6.4.1 条件 ... 222
6.4.2 手工焊接操作手法与卫生 ... 224
6.5 焊接质量检测 ... 225
6.5.1 对焊点的基本要求 ... 225
6.5.2 焊点失效分析 ... 225
6.5.3 焊点外观检查 ... 226
6.5.4 焊点质量国际标准——IPC J—STD—001 与 IPC—A—610D 简介 ... 227
6.5.5 常见焊点缺陷及分析 ... 228
6.5.6 拆焊与维修 ... 232
6.6 无铅焊接和免清洗焊接技术简介 ... 237
6.6.1 无铅焊接技术 ... 237
6.6.2 免清洗焊接技术 ... 239
6.7 工业生产锡焊技术 ... 240
6.7.1 浸焊与拖焊 ... 240
6.7.2 波峰焊 ... 241
6.7.3 选择性波峰焊与焊接机械手 ... 242

7 装联与检测技术 ... 244
7.1 装联与检测技术概述 ... 244
7.1.1 装联技术 ... 244
7.1.2 检测技术 ... 247
7.2 安装技术 ... 248
7.2.1 电子安装技术要求 ... 248
7.2.2 紧固安装 ... 249
7.2.3 典型零部件安装 ... 254

7.3 几种常用连接技术 ··· 257
　　7.3.1 导线连接 ··· 257
　　7.3.2 导电胶条连接 ·· 261
　　7.3.3 插接 ··· 262
7.4 装联技术中的静电防护 ·· 264
　　7.4.1 静电 ··· 264
　　7.4.2 静电对电子装联技术的危害 ··· 265
　　7.4.3 电子装联静电防护 ·· 266
　　7.4.4 电子研发及电子制作中的静电防护 ··· 268
7.5 常用电子仪器及应用 ··· 270
　　7.5.1 常用电子仪器简介 ·· 270
　　7.5.2 仪器选择与配置 ··· 272
　　7.5.3 仪器的使用与安全 ·· 274
7.6 调试技术 ··· 276
　　7.6.1 调试概述 ··· 276
　　7.6.2 调试安全 ··· 278
　　7.6.3 样机调试 ··· 280
　　7.6.4 整机检测 ··· 283
7.7 现代测试系统简介 ·· 284
　　7.7.1 智能仪器 ··· 284
　　7.7.2 虚拟仪器 ··· 286
　　7.7.3 网络仪器 ··· 287
　　7.7.4 自动测试系统 ·· 289

8 表面贴装技术 ·· 294

8.1 概述 ··· 294
　　8.1.1 表面贴装技术 ·· 294
　　8.1.2 表面贴装技术的内容 ··· 296
　　8.1.3 表面贴装技术的特点及应用 ··· 296
　　8.1.4 表面贴装技术的发展 ··· 297
8.2 表面贴装元器件 ··· 298
　　8.2.1 元器件的表贴封装 ·· 298
　　8.2.2 表面贴装元件 ·· 302
　　8.2.3 表面贴装器件 ·· 305
　　8.2.4 表贴元器件包装 ··· 308

8.3 表面贴装印制板和材料 ··· 309
　　8.3.1 表面贴装印制电路板 ··· 309
　　8.3.2 表面贴装材料 ·· 311
8.4 表面贴装工艺与设备 ·· 315
　　8.4.1 表面贴装基本形式与工艺 ·· 315
　　8.4.2 涂覆工艺与设备 ·· 316
　　8.4.3 贴片工艺与设备 ·· 320
　　8.4.4 再流焊工艺与设备 ··· 323
　　8.4.5 测试、返修及清洗工艺与设备 ·· 328
　　8.4.6 表面贴装生产线 ·· 330
8.5 表面贴装设计与管理 ·· 331
　　8.5.1 现代电子设计与工艺特点——设计简单化与工艺复杂化 ······················ 331
　　8.5.2 SMT 设计——复杂的设计技术群 ··· 332
　　8.5.3 SMT 管理——质量与效益的保证 ··· 333

参考文献 ·· 335

电子工艺概论

21世纪，人类社会跨入信息时代。信息时代也被称为电子信息时代，这是因为信息的采集、处理、传播和应用都离不开电子信息技术和无所不在、深刻影响我们工作和生活的电子产品。可以毫不夸张地说，电子产品是我们这个时代的名片。

电子产品是怎样制造出来的？打开任意一款电子产品，我们都可以看到五花八门的电子元器件及其"安身立命"的印制电路板，当然还有把它们连接起来实现各种电子产品功能的组装技术。正是它们的"梦幻组合"成就了现代社会无所不在的电子产品，也给我们提出了学习研究的课题：如何实现又好又快又省地制造出我们所需要的电子产品？本章带你跨入电子信息技术实践的大门，为实现你的梦想指出可行的方向。

1.1 电子制造与电子工艺

电子工艺是电子制造技术的核心，而电子制造技术作为现代制造业的后起之秀，既是国家经济的支柱，又是科学技术和其他各行各业发展的基础，也是国家综合实力和国防安全的保证。因此，对电子工艺重要性的认识，需要从制造业和制造技术说起。

1.1.1 制造与电子制造

电子制造不过百年历史，而制造业则已伴随人类发展史上万年了。从古到今以至未来，作为人类文明四大物质支柱（材料、能源、信息和制造）之一的制造，在人类社会发展中的地位可以用永恒来概括。

1. 科学技术与制造

制造技术和制造业在人类发展中有无可取代的重要性。"人猿相揖别，只几个石头磨过"，历史学家把人类文明概括为石器时代、铜器时代、铁器时代和当前的硅片时代。一方面，无论石器、铜器、铁器，还是硅片，都离不开制造；另一方面，硅片作为时代特征，再清楚不过地阐释了电子产品作为时代的名片的原因。

如图 1.1.1 所示,科技和产业都离不开制造,科学技术只有通过制造技术才能转化成生产力,进而创造社会财富,这些都是显而易见的基本原理。

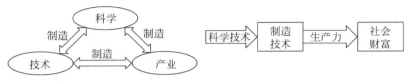

图 1.1.1　科学、技术和制造

2. 电子制造

电子制造(elecrtonic manufacture)有广义和狭义之分。广义的电子制造包括电子产品从市场分析、经营决策、整体方案、电路原理设计、工程结构设计、工艺设计、零部件检测加工、组装、质量控制、包装运输、市场营销直至售后服务的电子产业链全过程,也称为电子制造系统或大制造观念,如图 1.1.2 所示。

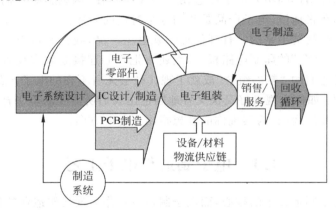

图 1.1.2　电子制造系统

由于现代电子制造中生态环境问题日益突出,从系统概念考虑电子产业链全过程成为统揽全局的必然,因此了解大制造观念十分必要。

1.1.2　工艺与电子工艺

1. 什么是工艺

工艺是伴随着制造一起出现,并同步发展的一种生产应用技术,是制造业发展的核心技术。经典的工艺定义是:劳动者利用生产工具对各种原材料、半成品进行加工和处理,改变它们的几何形状、外形尺寸、表面状态、内部组织、物理和化学性能以及相互关系,最后使之成为预期产品的方法及过程。

简单说,工艺就是制造产品的方法和流程。

2. 工艺是应用科学

迄今在很多人心目中,工艺就是手艺,是一些具体的加工方法,与理论不沾边或者说难以上升到理论高度。这种认识不仅妨碍了工艺技术的发展,同时对于广大从事工艺工作的技术人员学习、提高技术水平也非常不利。

其实,早在20世纪50年代,发达国家就有许多学者提出"工艺学"和"工艺原理"的理念。最先得到学术界公认,并取得长足发展的工艺技术,是制造业的基础——机械制造。

近年来,制造工艺理论和技术的发展很快,特别是新兴的电子制造技术。除传统工艺方法外,由于组装精度、元器件密度的提高和绿色制造技术的发展,高集成度、细间距封装形式,无铅、无卤、耐高温、耐潮湿等高性能电子材料的不断涌现,三维立体、嵌入式组装方式,打印电路板、光路板、全打印电子、奥克姆工艺等全新组装技术初见端倪。与传统制造方法相比,这些新技术无论在工艺原理还是在方式方法上都有很大的不同,从而开辟了许多电子制造工艺的新领域和新方法。这些发展迫切需要从理论高度和科学方法上分析研究,以指导电子制造技术和产业又好又快地发展。

1.1.3 电子制造工艺

电子产品是以电子学和微电子学为理论基础,应用电子、自动化及相关设计技术完成系统设计;而后应用复杂的电子制造技术,通过几十乃至上百道工序,由成千上万的人在要求很高的环境下,应用各种自动化机器设备制造出来的。贯穿从设计到制造全过程的一项关键技术就是电子制造工艺技术,一般简称电子工艺。

1. 电子工艺的概念

广义的电子制造工艺包括基础电子制造工艺与电子产品制造工艺两个部分。基础电子制造工艺包括电子信息技术核心的微电子(以半导体集成电路为代表,包括真空电子器件和半导体分立器件,又称为有源元件、光电子元器件)制造工艺和其他元器件(也称为无源元件)制造工艺和印制电路板(PCB)制造工艺。也有人把PCB归入电子元器件,但由于PCB在电子产品中的重要性和普遍性,在电子制造行业中习惯上把PCB工艺单列为一个门类。其中微电子制造工艺又可分为芯片制造工艺和电子封装工艺两个部分。

电子产品制造工艺,也称为整机制造工艺或电子组装工艺,包括印制电路板组件(PCBA)制造工艺、其他零部件制造工艺和整机组装工艺。电子产品制造工艺中最关键的是PCBA制造工艺及整机组装工艺,这两个工艺衔接紧密并且一般在同一企业完成,通常又称为电子组装或电子装联。其他零部件,即PCBA之外的以机械结构为主的零部件(例如机壳、面板及其他连接件、结构件等)制造工艺作为电子产品中的机械部分单独考虑。

电子制造工艺的组成如图1.1.3所示。

从电子制造产业链来说,由于基础电子制造工艺属于电子产品制造的上游,对于面向最终产品的产品制造工艺而言,都属于元器件、原材料提供者,其制造工艺通常分别称为元器件制造工艺、微电子制造工艺和PCB制造工艺。通常谈到电子工艺,指的是狭义的电子制

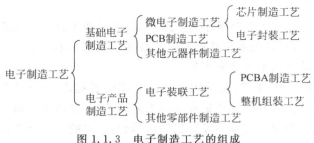

图 1.1.3 电子制造工艺的组成

造工艺,即电子产品制造工艺。

本书讨论的内容限于狭义的电子制造工艺,简称电子工艺。

2. 电子工艺与产业

1) 提高经济效益

在生产实践中,由于工艺方法和手段的改进而大幅度提高劳动生产率、降低材料消耗的例子屡见不鲜。例如,在电子产品的装联生产中,我们用大规模的流水线作业取代小作坊式的操作形式;用自动化贴片机取代手工贴装;用全自动波峰焊、再流焊取代手工焊等。经过这一系列工艺改进后,生产效率出现成倍甚至几十倍的提高。又如,将新一代的表面安装技术与传统的通孔插装方法相比较,PCB 面积减少了 50%~60%,重量也减少了 70%~80%,从而节约了原材料。实践证明,一项新技术、新工艺、新材料、新装备的采用可大幅度地提高效率、降低消耗。

2) 保证产品质量

产品质量主要取决于两个方面:一是设计质量,二是制造质量。就设计质量而言,人们往往认为,反映设计质量的主要特性是产品的外观、结构、性能、安全性和可靠性等方面。但随着工业技术的发展,人们越来越重视产品的工艺性,认识到它也是反映产品设计质量的一个很重要的特性,产品的工艺性反映了产品能否顺利投产的可行性。根据可靠性原理,产品的固有可靠性等于设计可靠性与制造可靠性的乘积,如产品投入生产后不注意控制制造质量,会使产品的固有可靠性下降到原设计水平(即潜在的可靠性水平)的 10%。因为即使再好的设计毕竟只是反映在样机和图纸上,如果制造工艺不合理,产品存在很多工艺缺陷,如虚假焊点、紧固松动、印制板铜箔剥离和机内异物等,现场使用后,在各种环境应力下,工艺缺陷将导致整机故障的产生。由此可见,工艺对产品质量起着决定性的作用。

3) 促进新产品研发

企业的创新主要体现在新产品研发水平上。在新产品研发中如果没有先进的工艺为基础,就不可能设计出先进的产品,即使设计出新产品也很难制造出来。要生产新一代的产品,必须同时具备新一代的工艺技术,例如,如果没有表面安装技术,大量采用无引线、短引线元器件和高密度组装,笔记本电脑、数码相机、手机等现代电子产品就不可能进入千家万户并且不断升级换代。

3. 电子工艺与设计

电子工艺与技术，本来是唇齿相依的关系，设计以制造为目标，制造以设计为依据，二者密不可分。由于现代工业发展的分工，在企业中两个密不可分的工作被分成两个领域，更被一些人分出轻重高低。

电子设计对于一个产品的成功与否是至关重要的，但是如果设计者不了解产品制造过程和工艺，不清楚制造工艺对设计的种种要求和约束，可能再高明的设计也只能束之高阁。同样，从事制造工艺如果不了解设计要素，不清楚设计对工艺质量的影响，只看见自己鼻子尖上的一点点，那他只能是一个二流甚至不入流的工艺人员。

面对当代科技发展对电子产品越来越高的要求和越来越复杂的电子系统，设计与制造工艺必须分而不割裂，专而不闭塞，相互尊重、相互了解才能成大器。更何况对现代电子产品而言，传统设计简单化与现代工艺复杂化的趋势越来越明显，再把设计与工艺分出轻重高低，只能是上误国家、中误企业、下误个人。

1.2　电子工艺技术及其发展

电子技术与电子产品登上人类社会历史舞台不过百年，但这短短百年的发展和对人类社会的影响超过有文字记载的几千年，而且正以日新月异的变化令人注目；数字化、网络化、智能化的趋势让电子信息产品的前景风光无限、海阔天空。了解历史，把握今天，抓住机遇发展我国电子产业是时代的要求，也是学习电子工艺技术的驱动力。

1.2.1　电子工艺技术发展概述

电子产品是由各种电子元器件按照电路原理图的规则连接而成的，从简单的几个元件构成的电源整流器到复杂的成千上万元器件组成的巨型计算机无不如此。使多种材料组成的大小悬殊、形状多变、功能各异、性能繁杂的形形色色元器件各就其位、可靠连接，实现电子产品的功能，就是电子工艺技术的使命。

虽然电子产品的历史可以追随到 19 世纪末电报电话的应用，然而真正工业生产意义上的电子组装技术，产生于 20 世纪 30 年代以后，以印制电路技术逐渐完善和广泛应用为起点，迄今已经经过 4 代技术发展历程，如表 1.2.1 所示。

关于电子工艺技术发展年代、技术分代、技术特点及代表产品只是一个大致的发展情况表述。有的书中把电子工艺技术分为 5 代，主要是以电子器件发展分代的说法：电子管时代、晶体管时代、集成电路时代、大规模集成电路时代和系统级（超大规模）集成电路时代。即将表 1.2.1 中的第二代技术分成两代：晶体管和集成电路时代。由于组装工艺技术是适应电子器件发展而发展的，这种分代说法自然有其道理。但是，就组装工艺技术本身而言，从出现晶体管到早期主要采用双列直插封装(DIP)的集成电路，其组装工艺并没有实质性变化，即仍然属于在印制电路板上通孔安装方式。因此，作者认为从组装工艺技术说目前

表 1.2.1　电子组装工艺技术的发展

年　代	20世纪50年代前	20世纪50～70年代	20世纪70年代开始	20世纪90年代出现
分代	第一代	第二代	第三代	第四代
技术及缩写	手工装联焊接技术	通孔插装技术（THT）	表面组装技术（SMT）	微组装技术（MPT）
电子元器件及特点	电子管，长引线大型R/C/L等	晶体管，集成电路，小型R/C/L等	大规模、微型封装集成电路，片式R/C/L等	超大规模集成电路，复合元件模块、三维载体
电路基板	金属底盘，连接端子-导线	单双面印制电路板	多层高密度印制板、陶瓷基板、金属芯印制板	陶瓷多层印制板、元件基板复合化
组装工艺特点	捆扎导线、手工焊接	手工/机器插装、浸焊/波峰焊	双表面贴装、再流焊	多层、高密度、立体化，系统化组装
产品实例	电子管收音机	晶体管收音机、电视机	手机、电脑、数码产品	MEMS传感器

4代的分法比较合理。

现在我们处于三代技术交汇的时代，即第三代技术（SMT）已经成熟，成为电子制造的主流技术，第四代技术（MPT）正在发展，已经部分进入实际应用，而第二代技术（THT）仍然还有部分应用。

这样一个时期，对从业人员要求很高：既要掌握主流技术，又要了解下一代技术的发展，还不能丢弃上一代技术。然而，挑战与机遇总是共存，在技术交汇时期面临诸多挑战的同时，机会同样很多。

在电子制造技术中，电子组装技术处于产业链的中间位置（图1.2.1），对于整个产业的发展具有承上启下的关键作用，是将科学技术发展成果转化成社会财富的重要环节。即使在信息化高度发展的先进国家，也非常重视先进电子组装技术的发展和应用。

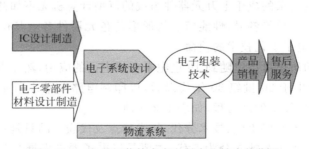

图 1.2.1　电子组装技术在电子产业链中的位置

1.2.2　电子工艺的发展历程

1. 电子工艺的早期——导线直连技术

作为电子科技重要组成部分的电子工艺技术，其发展历史可以追溯到19世纪末20世纪初,以电报电话等电子产品的诞生和应用为起始。在印制电路技术进入电气互联领域前,电子产品的互联工艺是以导线直连完成的。

电子管的问世,宣告了一个新兴行业的诞生,它引领人类进入了全新的发展阶段,电子技术的发展由此展开,世界从此进入了电子时代大门。电子管在应用中安装在电子管座上,而电子管座安装在金属底板上,组装时采用分立引线进行器件和电子管座的连接,体积庞大的碳膜电阻、纸介电容以及大线圈都具有很长的引线,还有作为元器件连接支撑的焊片板,通过导线连接完成最终的电气互连,如图1.2.2所示。

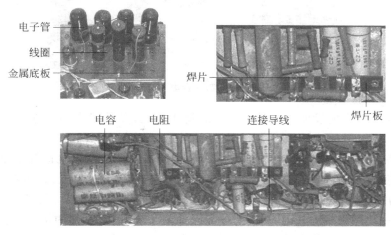

图 1.2.2　第一代组装工艺实例

这种组装工艺实现了早期的电子技术应用产品化,在人类社会发展中具有划时代意义。但是其最大的不足是庞大的体积和重量。1946 年诞生于美国的第一台电子计算机,总共安装了 17 468 个电子管,7200 个二极管,70 000 多个电阻器,10 000 多个电容器和 6000 个继电器,电路的焊接点多达 50 万个,机器被安装在一排 2.75 m 高的金属柜里,占地面积为 170 m² 左右,总质量达到 30 t,如图 1.2.3 所示。

显然,这种原始的组装工艺只能通过手工方式完成连接,制造模式也是手工作坊式的初级生产,随着印制电路技术的诞生和逐渐成熟,这种原始方式必然被取代。但是直到今天,这种连接方式也没有绝迹,在产品研发和业余电子制作中不时还能看到它的身影。

2. 电子工艺最伟大的发明——印制电路

在电子制造工艺技术中,最早、最伟大的技术发明应该非印制电路技术莫属。印制电路对于电子产品,犹如住宅和道路对人类社会一样重要。打开现代电子产品,从迈进千家万户的家用电器到遨游太空的宇宙飞船,从到处可见的收音机、电子表到亿万次巨型计算机,无一不是由形形色色的电子元器件组成,而这些元器件的载体和相互连接所依靠的正是印制电路板。由印制电路技术思路衍生的技术发明更是数不胜数,20 世纪最

图 1.2.3　第一台电子计算机

伟大的改变人类社会的发明——举世闻名的集成电路,其技术发明启迪思路即受益于印制电路技术。

印制电路的技术探索几乎与电子技术产品化同步。自从电报电话等电子产品问世以来,科技人员就在不断寻找可靠的、可以批量复制电路连接的方式方法。随着电子产品的发展,产品的功能、结构越来越复杂,元件布局、互连布线都越来越繁杂,人们对元件和线路进行了规划,用一块绝缘板为基础,在板上分配元件的布局,确定元件的接点,使用铆钉、接线柱做接点,用导线把接点依电路要求连接起来,在板的一面布线,另一面装元件,形成印制电路板的雏形,如图 1.2.4 所示。

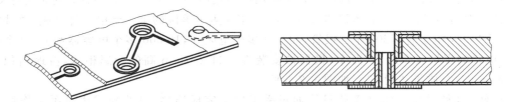

图 1.2.4　早期印制电路板专利说明示图

不断发展的印制电路技术使电子产品的设计、装配走向标准化、规模化、机械化和自动化,体积减小,成本降低,可靠性、稳定性提高,装配、维修简单,等等。毫不夸张地说,在电子系统所有零部件中,没有比印制电路板更重要的了,没有印制电路板就没有现代电子信息产业的高速发展。

3. 电子工艺的发展契机——晶体管的发明

印制电路的发明和应用开启了电子产品小型化、轻型化的大门,但是庞大笨重而且耗电的电子管阻碍了这个历史的进程。

1947年,贝尔实验室发明了半导体点接触式晶体管(如图1.2.5所示),从而开创了人类文明新时代。半导体器件的出现,低电压工作的晶体管器件的应用,不仅给人们带来了生活方式的改变,也使人类进入了高科技发展的快速道。晶体管加印制电路,催生了人类历史上第一个便携式产品——助听器,随后的晶体管收音机更是开创了电子产品小型化、轻型化和大众化的时代。从此,电子技术走进千家万户,改变了人类生活,也开创了电子工艺技术大发展的契机。一项技术进入人人用得上、人人用得起、人人都需要的领域,其发展前景就不可估量。

4. 电子工艺起飞引擎——集成电路

早在1952年,就有人提出过集成电路的设想,但是由于当时缺乏先进的工艺技术和实践手段,这个设想直到1958年才付诸实践。一个曾在一家小型实验室干了10年,搞过晶体管助听器和其他电子工艺,积累了丰富的实践经验并具备很强的动手能力的年轻人,在实验室自己动手,成功地在一块锗片上形成了若干个晶体管、电阻和电容,并用热焊的方法用极细的导线互连起来。世界上第一块"集成"的固体电路就诞生在这块微小的平板上,如图1.2.6所示。

图1.2.5 第一个晶体管实验模型

图1.2.6 第一个集成电路

集成电路是近代最伟大的发明,是实现电子工艺跨越式发展的发动机,开始了信息时代伟大的革命。作为所有电子装置核心的微型硅片,无可争辩地成为自原油以来最重要的工业品;没有它,就不可能有个人电脑或手机,也没有因特网或游戏站。半导体集成电路与电灯、电话和汽车一样彻底改变了世界。

5. 电子工艺的大发展——通孔安装技术

从印制电路进入实用化到集成电路应用初期约30年时间,电子制造工艺技术的主流是通孔安装技术,即有较长引线的晶体管、双列直插封装(DIP)的集成电路和有引线的无源器件,通过印制电路板上的通孔,在电路板另一面进行焊接连接而制造印制电路板组件的工艺技术,如图1.2.7所示。

通孔安装技术也称为通孔插装技术,简称插装技术,是印制电路技术在电子制造中推广应用后普遍采用的印制电路板安装技术,相比早期完全手工作业和笨重的金属底盘、接线端子和复杂而低效的导线连接,是一次划时代的技术革命,理所当然地成为电子产品规模化生产初期的关键组装技术。由于插装技术所需要的设备、工艺简单,产品规范可靠,适应当时以分立器

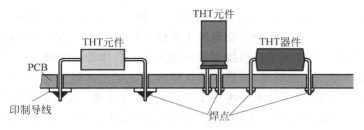

图 1.2.7　通孔安装技术示意图

件和中小规模集成电路为主的电子产品生产要求,不仅在 20 世纪 50 年代到 80 年代的 30 多年发展中一直是主流组装技术,直到现在仍有许多产品全部或部分采用插装工艺。

　　6. 电子工艺的现代化基础——元器件微型化

　　20 世纪 80 年代以来,随着微电子技术的不断发展,以及大规模、超大规模集成电路的出现,集成电路的集成度越来越高,外形封装越来越微型化,如图 1.2.8 所示。近年来,球栅阵列封装 BGA(如图 1.2.9 所示)、芯片尺寸封装 CSP、高密度高性能低成本 FlipChip、多芯片组件 MCM 等封装形式,使得集成电路越来越微小型化,适用频率更高,耐温性能更好,引脚数增多,引脚间距减小,可靠性提高,使用更加方便。

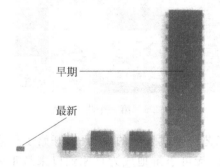
图 1.2.8　集成电路微型化实例

图 1.2.9　球栅阵列封装

　　在集成电路逐步微型化的同时,无源元件,主要是电阻、电容、电感这"三大件"也在向微小型化发展。由于无源元件在产品元器件数量中所占比例很大(不同类型产品中"三大件"所占比例为 50%～95%),无引脚片式元件封装尺寸从 20 世纪 80 年代的 1206(英制,下同)、0805、0503、0402,到 21 世纪初已经发展到 0201,随后又出现更小的 01005,如图 1.2.10 所示。如果把片式元件和插装元件相比,差别更加明显,如图 1.2.11 所示,我们不难理解,为什么电子产品可以越来越小、越来越强。

　　封装规格的每一次缩小,都带来印制板面积缩小,重量减轻,同时也使贴装工艺更复杂,安装成本提高,因此到 01005 后进一步微型化可能就不是封装尺寸的缩小,而是封装、组装形式的变化了。无源元件集成化、元件与印制板复合化,以及正在研发的其他组装工艺,都是进一步微型化的途径和选择。

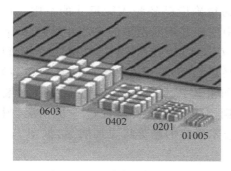 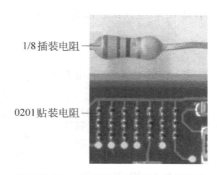

图 1.2.10　片式元件小型化　　　　图 1.2.11　片式元件和插装元件对比

7. 电子工艺的当前主流——表面贴装技术

20世纪70年代发展起来的表面贴装技术是为克服通孔插装技术的局限性而发展起来的。表面贴装是将体积缩小的无引脚或短引脚片状元器件直接贴装在印制板铜箔上，焊点与元器件在电路板的同一面，如图1.2.12所示。

表面贴装技术从原理上说并不复杂，似乎只是通孔插装技术的改进，但实际上这种改进引发了从组装材料、工艺、设备等电子组装技术全过程变革，实现了电子产品组装的高密度、高可靠性、小型化、低成本，以及生产的自动化和智能化，完全可以称为组装制造技术的一次革命。有关表面贴装技术将在后面作专门介绍。

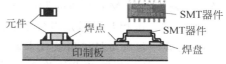

图 1.2.12　表面贴装技术示意图

1.3　电子工艺技术的发展趋势

传统的电子工艺技术经过百年积累和发展，已经形成一套完整的理论体系和完善的工艺流程，现在仍然是电子产品制造的基础，特别在电子实践活动中具有很强的实用价值。但是随着电子科技的迅猛发展和信息化时代对电子产品越来越高的要求，传统的电子工艺技术越来越受到挑战，各种革新的电子工艺技术不断涌现，推动电子工艺向进一步微型化、精密化和高效化发展。

1.3.1　技术的融合与交汇

由于电子产品的日益微小型化和复杂化，传统的行业划分和技术概念逐渐模糊，学科、技术的交叉和融合成为现代组装技术的发展趋势。

1. 封装技术与组装技术的融合

传统的观念认为封装技术属于半导体制造，其尺寸精确度和技术难度高于组装技术，属于高技术范畴，而组装技术则属于工艺范畴。但是自从片式元件进入0201、01005和IC封装节距小到 0.4/0.3 mm 以来,组装定位和对准的精确度已经跨入微尺寸的范围。已经在组装技术中使用并不断发展的裸芯片组装(chip on board,COB,又称绑定)技术、多芯片模块(MCM)技术以及近年兴起的 3D 组装(又称 PoP,堆叠组装)都是封装技术和组装技术综合应用,使封装和组装的区别日益模糊。随着组装技术的进一步发展,封装技术与组装技术融合的趋势将更加明显,如图 1.3.1 所示。

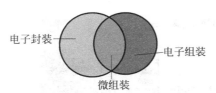

图 1.3.1 封装技术与组装技术的融合示意图

2. PCB 与 SMT 的渗透

PCB 的发明和应用是电子制造技术的重要里程碑,其技术的成熟和发展的深入程度在 SMT 之上。但近年来随着电子产品的日益微型化和复杂化,再加上无铅化的要求,使 PCB 与 SMT 这两个唇齿相依的行业联系得更加密切,相互关注、相互渗透的趋势与日俱增,如图 1.3.2 所示。在 PCB 技术中关注和研究无铅焊接对 PCB 表面涂层性能和可靠性的影响已经很普遍,而在 SMT 行业的发展中也发现组装质量和产品可靠性与 PCB 的关系越来越大,二者的进一步相互渗透是组装技术发展的必然趋势。

3. 元器件制造与板级组装技术的交汇

电子元器件与组装技术的关系,与印制电路板与组装技术的关系一样,属于一荣俱荣、一损俱损的搭档。随着电子产品复杂性的提高和技术发展的深入,一方面电子组装技术已经从被动应对不断推出的形形色色结构复杂、尺寸缩小的元器件贴装,逐渐开始关注元器件组装性能、标准化和元器件本身可靠性等问题,从而促进元器件制造的发展,进而推动整个电子制造技术的整体进步;另一方面,不断发展的高密度组装促成元器件制造与板级组装技术的交汇——PCB 内嵌入元器件的新技术。尽管这种技术还处于发展起步阶段,但对于进一步提高组装密度,在元器件微型化已经接近极限的情况下,PCB 内嵌入元器件可能是最有效的方式之一。

图 1.3.2 PCB/元器件制造与 SMT 技术融合与交汇

图 1.3.3 无铅标志与宣传图片

1.3.2 绿色化的潮流

21 世纪在全世界掀起的绿色制造潮流对电子制造业影响很大,无铅化首当其冲(见图 1.3.3),对已经趋于成熟的表面贴装技术提出新的挑战。

绿色化不仅仅是无铅。保护环境、节约资源是一个庞大的系统工程。然而仅就无铅化而言,由于人们现在实际使用的无铅焊料,其焊接温度比有铅焊料高出 30℃ 以上,据专家估计会造成能源消耗增加 18%。这对于现在全球面临的由于能耗剧增而导致气候变暖,造成地球的"温室效应"而引发种种前所未有的异常自然灾害来说,无铅的环境保护作用很可能是得失相当甚至得不偿失。因而,现在无铅化远远不是具体实施的问题,而是从源头上继续探索的问题。具体地说,就是寻找焊接温度接近有铅焊料而且各方面性能可以为工业界接受的真正环保型无铅焊料。

另一个绿色化的进程是无卤,即在电子产品中不使用卤素。

多年来在电子产品大量使用的聚合物、印制电路板中,卤素是最有效的阻燃剂。尽管研究机构已经提出多种卤素替代物,一部分厂商也推出无卤材料和无卤印制板,然而这些替代物及实际使用的无卤材料的长期稳定性和可靠性,还没有经过实际使用环境的长期考验,同时这些替代物及实际使用的无卤材料本身的安全性也缺乏可靠的试验证明。

另外,在绿色化的其他方面,例如绿色设计、能源效率、产品回收并大部分循环使用等更多、更复杂的问题,无论学术界的研究,还是企业界的实施,还刚刚开始。一句话,绿色化的进程只是开始,对电子组装业现在和长期的影响,目前还很难评估。

1.3.3　微组装技术的发展

早在 20 世纪 80 年代中期,随着电子产品的小型化的需求、集成电路的快速发展和新型微小型化封装的不断涌现以及表面组装技术的蓬勃发展,科技界就正式提出了微组装技术的概念。所谓微组装技术,就是采用半导体制造或类似工艺将机械、光学、电子系统集成制造微小型化高科技产品,如图 1.3.4 所示。目前正在发展的智能传感器和精密生物化学分析仪,就是多年努力的微组装技术成果。随着技术不断进步,信息化社会的发展对电子信息产品微小型化、系统化和智能化的要求越来越迫切,人们对电子产品多功能化、小型化、移动化的需求越来越高,促使微组装技术发展的驱动力越来越强;同时现代科技发展日益深入广泛、边沿和交叉学科水平不断提高,都会使微组装技术发展的理论和技术基础不断增强,微

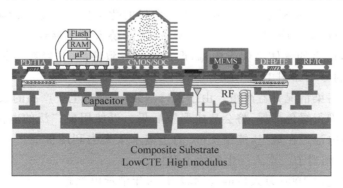

图 1.3.4　微组装技术示意图

组装技术成为主流技术的时期不会很远。

1.4 生态设计与绿色制造

1.4.1 电子产业发展与生态环境

1. 现代科技发展与资源环境

产业革命拉开了现代科技飞速发展的序幕,人类社会进入了一个生产力高速发展的时期。特别是近半个多世纪以来,电子信息技术的巨大进步推动了全球经济快速增长,工业化大规模的制造技术极大地丰富了人们的物质生活,让更多的家庭享受到了现代科技成果。然而,科技和生产的发展,以征服自然来获取自身最大利益的发展方式,对自然资源的过度开发,物质生产追求高利润而不顾及原材料的浪费;消费水平越来越高而不考虑资源的消耗和环境的污染,等等,都对地球的生态环境造成了非常大的破坏。温室效应、资源枯竭、臭氧层的破坏、噪声污染、垃圾污染、水污染、植被锐减等众多问题,不但耗费了人类很多的财富积累,而且对人类生产力的进一步发展产生了很强的制约作用。

面对上述环境问题,科学家们在《世界自然资源保护大纲》中痛心地写道:"地球不是我们从父辈那里继承来的,而是从我们后辈那里借来的"。这句话发人深省:我们这一代人不能因为自己的私欲而肆意滥用资源、污染环境、破坏生态,把一个破损、污秽不堪的地球留给后代,让他们谴责我们的无知、贪婪和短视。

2. 电子产业发展与资源环境

近20年来,随着电子科技的飞速发展,电子产品越来越普及。在人们享受电子产品带来的便利同时,电子垃圾也迅速增加。数据表明,21世纪以来,电子垃圾比总废物量的增长速度快3倍。计算机、电视机、手机、音响等电子产品中,含铅、镉、水银、六价铬、聚氯乙烯塑料、溴化阻燃剂等大量有毒物质;而便携式电子产品广泛使用的各种电池,也含有多种有害物质。大量电子废物被填埋或焚烧,废物中的塑料很难被土壤分解,容易造成环境污染;同时各种有害金属和其他材料会在土壤中发生一定量的化学反应和金属泄漏,有害物质渗漏出来会对土壤造成严重污染,渗入人类食物链,严重威胁人类生存环境;焚烧更是造成大气污染的主要原因,产生的气体会使人中毒,严重时可导致癌症、神经系统失调等疾病。电子垃圾对生态环境的影响如图1.4.1所示。

在我国,电子污染情况日益严重。由于人口基数大,拥有电子产品的数量及淘汰量非常大,如果不能有效推行绿色环保,将会造成严重后果。以使用最广泛的电池为例,据有关资料显示,一节一号电池烂在地里,能使$1 m^2$的土壤永久失去利用价值!一粒纽扣电池可使600 t水受到污染,相当于一个人一生的饮水量!

据统计,一个超过1000万人口的发达城市,每年消耗电池超过1亿只,电子污染汹汹之势可见一斑。

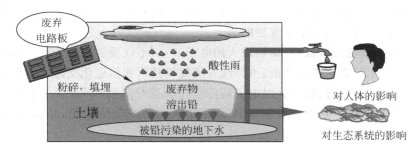

图 1.4.1 电子垃圾对生态环境的影响

3. 电子产品全生命周期的环境影响

电子产品的全生命周期,从原材料获取开始,到产品制造,经过物流运输到使用,最后产品报废回收处理,可能是 7、8 年或者几十年时间。在此期间,每一步都存在能源和原材料的消耗,每一步更存在副产品、废品、废料、废气等的废弃和排放,这种消耗和排放,都会对环境造成各种影响,诸如资源枯竭、臭氧层损耗、空气污染、酸雨、生物灭绝等,如图 1.4.2 所示。

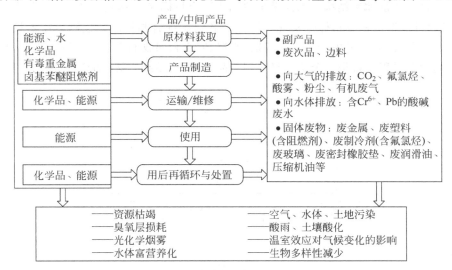

图 1.4.2 电子产品全生命周期对环境的影响

1.4.2 绿色电子设计制造

1.4.2.1 绿色设计制造基本理念

20 世纪 80 年代,绿色设计制造的理念正式在全球范围内提出,并迅速在各产业领域得到重视和发展。绿色设计制造的理念涉及领域非常广泛,其主要内容可以用资源节约和环境友好来概括。绿色设计制造强调自然和谐,而不应当是凭借着人们手中的技术和投资,采取耗竭资源、破坏生态和污染环境的方式来追求发展;同时也强调当代人在创造和追求今世发展与消费的时候,为后代人留下发展的机会。

作为近半个多世纪发展最快、影响最大的电子产业,不仅要解决电子设计制造绿色化的问题,而且要为整个社会生产的和谐、可持续发展提供技术和信息化支持。绿色电子设计制造不拘泥于特定的技术、材料,而是对电子制造全过程进行规划和创新,在更高层次上理解电子产品和服务,努力以更少的资源消耗保证健康和谐的生活质量,达到可持续发展的目的。

1.4.2.2 绿色设计制造的体系结构

绿色设计制造是指在保证产品的功能、质量、成本的前提下,综合考虑环境影响和资源效率的现代制造模式,借助各种先进技术对制造模式、制造资源、制造工艺、制造组织等进行不断的创新,其目标是使得产品从设计、制造、包装、运输、使用到报废及回收处理的整个生命周期中不产生环境污染或使环境污染最小化、资源利用率最高、能源消耗最低,最终实现企业经济效益与社会效益的协调优化。

绿色设计制造的体系结构可以简单地概括为一个目标、4个途径、4个内容(如图1.4.3所示)。绿色设计制造的基本目标是实现环境保护和资源综合利用。绿色制造需要贯彻到产品的整个生命周期过程中,考虑产品材料获取、制造、使用和回收的全过程。同时也可以看出,产品生命周期的全过程也就是一个从原材料到产品,再从产品到原材料的物料转化过程。

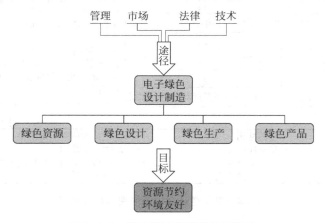

图1.4.3 绿色设计制造的体系结构

1.4.2.3 绿色设计制造

绿色设计制造,又称面向环境的设计制造(design and manufacturing for environment)。它是一个综合考虑环境影响和资源效益的现代化设计制造模式,其目标是使产品从设计、制造、包装、运输、使用到报废处理的整个产品生命周期中,对环境的影响(负作用)最小,资源利用率最高,并使企业经济效益和社会效益协调优化。绿色制造这种现代化制造模式,是人类可持续发展战略在现代制造业中的体现。

1. 绿色设计制造技术概述

传统的设计制造模式是一个开环系统,即从设计到制造,基本模式是:原料—工业生产—产品使用—报废,不考虑产品的回收和原材料的再次利用。

绿色设计制造技术是指在保证产品的功能、质量、成本的前提下,综合考虑环境影响和资源效率的现代制造模式。它使产品从设计、制造、使用到报废整个产品生命周期中不产生环境污染或使环境污染最小化,符合环境保护要求,对生态环境无害或危害极少,节约资源和能源,使资源利用率最高,能源消耗最低。

有人把这两种设计制造模式形象地概括为:传统模式(摇篮—坟墓);绿色模式(摇篮—摇篮)。

简单概括容易,实际实施绿色模式可以说与传统模式有天壤之别:产品设计中需要考虑诸多因素的复杂性,产品制造中从材料、工艺到检测的不确定性,以及产品回收中经济与社会因素的多样性,都使绿色设计制造技术的实施道路上荆棘丛生而充满坎坷。

2. 绿色电子设计的主要研究内容

(1) 绿色电子产品设计评价系统模型的建立;

(2) 绿色电子产品清洁生产技术;

(3) 电子产品可拆卸、可回收技术;

(4) 电子产品噪声和电磁干扰控制技术;

(5) 绿色结构与工艺材料技术。

3. 绿色制造的主要研究内容

1) 绿色产品

绿色产品就是在其生命周期全程中,符合特定的环境保护要求,对生态环境无害或危害极少,资源利用率最高,能源消耗最低的产品。具体说包括以下方面:产品不含有害物质;产品低耗能,高效率;生产过程耗能少,不产生有害物质;产品对使用者安全可靠,并且在使用中不产生有害环境的物质以及噪声、光、电磁辐射等污染;容易回收,可循环利用。

2) 绿色工艺

绿色制造工艺技术是以传统工艺技术为基础,并结合材料科学、表面技术、控制技术等高新技术的先进制造工艺技术。根据绿色制造工艺技术追求的目标可将绿色制造工艺划分为三种类型,即节约资源的工艺技术、节省能源的工艺技术和环保型工艺技术。提高生产率和制造质量、降低成本,使加工过程具有良好的环境性能的最有效的途径是进行工艺创新,用新的工艺代替传统的工艺。对现有工艺从技术、经济、生态环境及有关法律法规的要求等方面进行分析,通过优化或改进现有工艺、开发传统工艺的替代工艺及开发新型工艺技术等途径,获得经济可行的绿色制造工艺技术。

3) 产品回收

产品的回收一般包括重用、零部件回收、材料回收和废弃等。重用是指产品经过稍微的修理或更新以后,直接用于和原来相同的场合。零部件回收是指产品不能整体重用,只有部分零部件可以用于和其设计目的相同的场合。材料回收是指对没有使用价值的零部件或产品回收其构成材料。废弃是指无法回收的材料经过无害化处理后进行填埋或焚烧。产品的回收一般先要进行回收决策,按照最大回收资源和能源的原则进行回收。

1.4.2.4 绿色电子设计制造的推进

绿色环保是现代人类社会共同面对的挑战,是人类社会进步的标志。进入 21 世纪,绿色浪潮更是势不可挡,欧盟率先以立法的方式推进绿色环保,陆续推出一系列关于电子产品的环保指令,成为 21 世纪初电子设计制造领域最有影响力的绿色推动力。

1. 欧盟绿色指令

已经公布生效的 4 个指令:

(1) RoHS(the Restriction of the use of certain Hazardous Substances in electrical and electronic equipment)2002/95/EC——关于在电子电气设备中限制使用某些有害物质的指令;

(2) WEEE(Waste Electrical and Electronic Equipment)2002/96/EC——电子与电气设备废弃物的指令;

(3) EuP(Eco-Design Energy-using Products)——产品能源使用的环保生态设计指令;

(4) REACH(Registration, Evaluation, Authorization and Restriction of Chemicals)——关于化学品注册、评估、授权与限制的指令。

这 4 个指令中,RoHS 指令主要针对有害物质;WEEE 指令主要针对废弃电子产品的处理问题;而 EuP 指令则是囊括产品从设计、制造、使用、后期处理的整个产品周期,并且强调节约能源;REACH 则涉及几乎所有电子材料。对于电子设计制造者,4 个指令实施都涉及从观念、标准、方法到具体工艺的难题。

2. 我国积极推进绿色电子设计制造

我国作为电子制造大国,在绿色电子设计制造中积极应对:

(1) 国家根据《清洁生产促进法》、《固体废物污染环境防治法》等有关法规,制定了《电子信息产品污染防治管理办法》,即中国的 RoHS;

(2) 制定《废旧家用电器及电子产品回收利用管理条例》,即中国的 WEEE;

(3) 制定《废弃家电与电子产品污染防治技术政策》(简称《政策》)。

中国环境标志和环境认证标志如图 1.4.4 所示。

图 1.4.4 中国环境标志和环境认证标志

1.4.3 电子产品生态设计

产品生态设计 (eco-design of product,ECD)是指将产品生命周期的环境因素系统地引入产品的设计和开发的活动中,以避免产品从原材料获取、加工、制造、销售、使用和最终处置的全生命周期内对环境的影响,提高产品的环境绩效。生态设计旨在改善产品在整个生命周期内的环境绩效和能耗,降低其环境影响,实现从源头预防污染的目的。

生态设计是一个比绿色设计涉及范围更广,更符合现代人类社会发展要求的理念。一般说绿色设计主要指无公害环境保护设计,而生态设计不仅包含环境保护,还包括资源节约和循环使用的设计概念,设计中要考虑的问题更多、更全面,从源头上、根本上保护人类生存和发展的需求。一个绿色产品未必是生态产品,例如现在大量使用的锡银铜无铅焊料,由于不含铅,可以说是绿色产品,但由于焊接工艺温度提高 30℃ 以上,导致能耗增加,加剧地球温室效应,因此算不上生态产品,也不符合生态设计要求。

生态设计和生态产品,不仅要求无公害材料和制造工艺、绿色供应链,还要求制造环境和产品全生命周期的生态管理,是涉及自然科学和人文科学的综合系统,如图 1.4.5 所示。

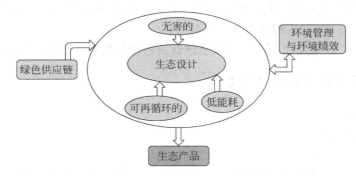

图 1.4.5　生态设计和生态产品

1.5　电子工艺标准化与国际化

在学习电子工艺技术知识时,了解有关电子工艺标准是非常必要的。标准在现代社会中可以说是无处不在的,在工艺技术领域更是具有极其重要的作用,在电子工艺技术中不仅标准数量众多,而且涉及范围和内容非常复杂,本节仅作概要介绍。

1.5.1　标准化与工艺标准

本章前面已经提到电子工艺技术是产品制造的基础,工艺技术标准可以说是基础的基础。从原材料、元器件的验收到制造中每一个工序的检验、每一个部件的验收,制造设备功能、性能验收,直到最终产品的质量验收以及设计、生产过程协调和管理,都需要有严格的、明确的和可行的规范和准则,这个规范和准则就是相应的技术标准。

标准化是一个不分行业、不分国家地区、不分领域的纯技术理念,公认的标准化的定义是:对实际与潜在的问题作出统一规定,供共同和重复使用,以在预定领域内获取最佳秩序的活动。

标准化的重要意义在于以先进标准要求、规范和改进产品、过程和服务的适用性,以便于开放、交流、贸易和合作,其最根本的目的就是提高经济效益和社会效益。先进的技术标准是先进技术成果的总结,在当今世界经济发展日益激烈的竞争中,在具体产业、产品和贸易往来上的一个重要体现就是标准化水平、标准化程度和标准化的科技含量。

对于现代电子制造而言,采用先进的国际标准更是刻不容缓:

(1) 电子产业是当今世界全球化、国际化程度最高的产业,与国际接轨的先进标准是入场券;

(2) 没有严格的标准就没有产品的一致性和质量保证,没有先进的标准就不可能制造出高品质产品;

(3) 实现优化的工艺控制及资源利用,提升企业竞争力;

(4) 运用先进工艺标准,可以规范生产管理过程、提高投入产出率、保证产品质量、提升产品档次、降低产品成本,从而提升企业竞争力;

(5) 并行设计、异地设计、全球采购、全球制造的格局依赖标准化作保证。

1.5.2 电子工艺标准及国际化趋势

1.5.2.1 国内标准

1. 国内标准常识

1) 标准的 4 个层面

(1) 国家标准:对需要在全国范围内统一的技术要求,由国家标准化行政主管部门制定颁布;

(2) 行业标准:对没有国家标准而又需要在全国某个行业范围内统一的技术要求,由国家有关行政主管部门制定颁布;

(3) 地方标准:对没有国家标准和行业标准而又需要在省、自治区、直辖市范围内统一的工业产品的安全、卫生要求,由省、自治区、直辖市标准化行政主管部门制定;

(4) 企业标准:企业生产的产品没有国家标准或行业标准的,由企业制定标准,作为组织生产的依据;对于已经有国家标准或行业标准的,国家也鼓励企业制定严于国家标准或者行业标准的企业标准,在企业内部适用。

2) 强制性标准和推荐性标准

国家标准、行业标准分为强制性标准和推荐性标准。保障人体健康,人身、财产安全的标准和法律、行政法规规定强制执行的标准是强制性标准,其他标准是推荐性标准,国家标准代号 GB 为强制性标准,GB/T 为推荐性标准。

3) 4 个层面标准的权威性与严格程度

(1) 4 个层面的标准权威性依次是国家标准、行业标准、地方标准与企业标准,即公布国家标准后相关行业标准或地方标准即行废止;

(2) 4个层面的标准严格程度是企业标准、地方标准、行业标准与国家标准。

2. 国内有关电子工艺标准

改革开放以来我国对标准化工作的认识不断提高,把标准化作为国民经济和社会发展的重要技术基础性工作,积极推进标准化并取得了令人瞩目的成绩,对于推动技术进步、规范市场秩序、提高产业和产品竞争力、促进国际贸易发挥了重要的作用。在电子行业,经过多年努力,已经制定了比较完整的标准体系,包括中国国家标准(GB、GB/T)、国家军用标准(GJB)、电子行业标准(SJ、SJ/T)以及企业标准等。以下是有关电子工艺方面几种标准实例:

GB/T 19405.2—2003《表面安装元器件的运输和贮存条件——应用指南》;

GJB 3835—1999《表面安装印制板组装件通用要求》;

SJ 20882—2003《印制电路组件装焊工艺要求》;

SJ/T 10668—2002《表面组装技术术语》。

1.5.2.2 国际标准

1. ISO 标准

ISO 标准是国际标准化组织制定的标准。

国际标准化组织(International Organization for Standardization,ISO),是世界上最大的非政府性标准化专门机构,是国际标准化领域中一个十分重要的组织。ISO 共有 200 多个技术委员会,2200 多个分技术委员会(SC)。ISO 制定的国际标准超过 13 700 个。

ISO 制定的标准中,最有代表性、应用最广泛的产品是 ISO 9000,即质量管理体系标准。ISO 9000 不是指一个标准,而是一族标准的统称。由于 ISO 9000 规范了一个完整的质量作业,因此其后发展的 QS 9000 品保体系以及 TL 9000 品保体系,都以 ISO 9000 为基础来架构,因此 ISO 9000 也就成了国际上公认的质量系统基石,也被中国企业界形象地称为"走向世界的通行证"。

2. IEC 标准

IEC 是国际电工委员会制定的电子行业标准。

国际电工委员会(International Electrotechnical Commission,IEC)成立于 1906 年,是世界上最早的国际性电工标准化机构,总部设在日内瓦。IEC 现有成员团体包括了世界上绝大多数工业发达国家及一部分发展中国家。这些国家拥有世界人口的 80%,生产和消费全世界电能的 95%,制造和使用的电气、电子产品占全世界产量的 90%。IEC 下设技术委员会(TC)、分技术委员会(SC)和工作组(WG)。每一个技术委员会负责一个专业的技术标准编制工作,其工作范围由执行委员会指定。IEC 制定的标准超过 6000 个。

3. ITU 标准

ITU 是国际电信联盟(ITU)制定的电子行业标准。

国际电信联盟(International Telecommunication Union,ITU)的历史比电子工业还长,始于 1865 年,时称为国际电报联盟(International Telegraph Union),

1934年改为现名,于1947年成为联合国的专门机构。现有国家成员189个,区域性团体成员656个。

ITU 是一个国际性的政府组织。它采纳和遵守控制地球和空间所有关于频谱利用(包括同步卫星轨道利用)方面的国际规则和公约,并致力于制定相关标准,以促进全球范围内各种电信技术的开发运用和系统互连。

ITU 及 ISO、IEC 是目前世界上三个最主要的国际标准化组织,它们与 WTO 建立了良好的合作伙伴关系,对全球的经济和市场发展起着极其重要的技术推动作用。

4. ISO/IEC 联合标准与 JTC1

20世纪80年代以来,由于集成电路和计算机技术的飞速发展,推动信息技术进入高速发展时期,信息技术的应用突破了传统学科和行业界限,广泛渗透到国民经济、科学技术和社会生活各个领域,ISO 和 IEC 敏锐地把握住这个重大技术动向,成立联合技术委员会来共同应对面临的挑战。这个联合技术委员会称为 ISO/IEC JTC(ISO/IEC Joint Technical Committee for Information Technology),由于信息技术是双方联合组建的第一个标准化技术委员会,编号为1,故名称缩写为 ISO/IEC JTC1,一般简称为 JTC1。参加 JTC1 标准制定的专家遍布全球,总数超过2100名,我国是 JTC1 的成员国。

5. IPC 标准

除了三大国际标准化组织有官方背景、得到国际社会公认外,一部分发达国家的其他标准组织,虽然没有官方背景,但由于技术先进、标准水平和国际化程度高,也被国际社会认可为国际标准,其中在电子行业最著名的是 IPC 标准。

IPC 原为美国印刷电路板协会(Institute of Printed Circuit)的简称,创会时仅6个团体会员;后来由于成员增加,涉及范围扩大,改名为 The Institute for Interconnecting and Packaging Electronic Circuits,即电子电路互连与封装协会;1998年,再次改名为 Association Connecting Electronics Industries,即电子工业连接协会,由于 IPC 在业界的影响,一直沿用 IPC 简称。

IPC 多年来致力于电子制造领域,从设计到组装工艺,从电路板、电子元器件到电子组装设备,涵盖了电子业界上下游产业链的完整的行业标准,并且随着技术的发展不断更新和完善,已经被业界公认为国际先进标准。

6. 其他标准

除了上述标准外,在电子行业还有一些著名的国家和机构的标准也会在技术资料和产品文件中应用,例如美国电气与电子工程师协会(Institute of Electrical and Electronics Engineers,IEEE);美国电子工业协会(Electronic Industry Alliance,EIA)——美国电子行业标准制定者之一;美国军用标准(Military Standards,MIL);日本工业标准(Japanese Industrial Standards,JIS);德国标准化学会认定的国家标准(Deutsches Institut fur Normung,DIN);欧盟标准代号(EN);由欧盟标准组织 CEN/CENELEC 制定的欧盟标准等。

1.5.2.3 国际化趋势

随着生产的发展和对外贸易的扩大,要求标准越来越具有广泛的统一性。向国际标准靠拢,采用国际标准已经是目前世界各国的发展趋势。

国际标准是发达国家科学技术和实践的结晶,它包含了许多先进技术,反映了经济发达国家已普遍达到的生产技术水平,因此采用国际标准实际上是一种技术引进,对于我们及时掌握先进技术,促进先进技术应用水平,提高产品的质量和高科技含量,尽快把握抢占市场的有利时机,都是十分重要的。同时,采用国际标准也为我们提供了学习和借鉴国外先进技术与经验的机会,有利于我国的企业生产转到先进技术基础上来,对于提高我国企业的国际竞争能力,特别是电子行业企业的生产能力有着非常大的促进作用。

随着当前电子制造业日趋明显的国际化趋势,越来越多的电子组装厂商选择与国际接轨的行业标准如IPC,IEC等作为指导企业生产的工艺准则。

2 安全用电

自从 19 世纪人类逐渐掌握了电的特性,以电动机和发电机的发明拉开了电气时代的序幕以来,电在人类社会生产和生活中发挥着越来越重要的作用,以至于今天如果离开了电不仅会造成大部分工作无法进行,而且会导致整个社会秩序和人类生活瘫痪的灾难,并且越是发达地区灾难越严重。电已经不仅是一种最方便、最有效的能源,实际已经成为现代人类生活中离不开的一个基本要素。

2.1 概 述

1. 安全用电——现代人基本素质要求

电同世界万物一样具有两面性,当我们掌握了它的特性,按科学规律使用时,它会驯良地为人类服务;当人们没有掌握它的特性,不按科学规律使用时,电就会变成电老虎,给人们造成危害。而在用电技术发展的过程中,多少人付出了沉重的代价,换来了今天我们对电性能的了解;也有不少人因没有接受前人的经验教训而被电老虎咬伤甚至死亡,因电(包括直接伤害和电气火灾引发的事故)致伤、致死在社会非正常伤亡中一直占据很高的比例。

生活在电世界的现代人,了解并熟悉安全用电基本常识,掌握安全用电基本技能,应该是一种基本素质要求。

2. 安全用电三个层面

安全用电不仅仅是防止触电,由于现代电子技术和电子产品应用的广泛性,安全用电包括以下三个层面的内容。

1) 基本用电安全

基本用电安全 { 人身安全——电击、电伤等直接人身伤害
设备安全——错误使用造成设备损坏
电气火灾——由电导致的火灾事故

基本用电安全涉及每个人和每项事务,主要通过常抓不懈的用电安全教育、不断完善的

用电安全技术措施和严格遵守的安全制度来保证。

2) 隐性用电安全

隐性用电安全 { 电磁干扰——电磁辐射干扰其他电子产品工作而引发的安全事故
电磁污染——电磁辐射对人类健康损害及对生态环境的影响

隐性用电安全有隐蔽性特点,涉及人类自身健康,主要通过政府有关政策和法令防患于未然,同时通过普及有关知识、提高人们安全理念来加强自我保护。

3) 深层次用电安全

深层次用电安全 { 环境——电子产品废弃物对环境的危害
资源——大量过度生产造成资源浪费
能源——电子产品全生命周期耗能造成能源危机和温室效应

深层次用电安全涉及国际社会发展战略和人类未来,不是一地一国的努力可以奏效,是全民参与、全球协同、人类自觉行动与法令约束结合,长期努力的战略目标。

3. 关注深层次用电安全——人类社会文明进步的体现

近半个多世纪以来,由于科学技术的巨大进步推动了制造技术的发展,促成了全球经济快速增长,使人类社会进入了生产力高速发展的时期。工业化大规模的制造技术的发展,极大丰富了人们的物质生活,让更多的人享受到了现代科技成果,但这种无限制追求高利润和过度物质消费水平的发展模式,对自然资源和能源的掠夺式开发,造成环境的污染、能源危机和资源浪费。其中,电子产品在现代社会几十年中发展速度之快、规模之大、普及率之高超过过去的千百年,造成的深层次用电安全问题也超过人类历史的其他时期。

"人定胜天"只不过是人类精神层面的一种豪情壮志,在大自然的一次次"报复"面前,人类是如此束手无策、软弱无力。人们逐渐认识到,人与自然只能是和谐相处而不是征服和掠夺,人不能胜天而只能顺应天时地利,"人天合一"才是人类的唯一出路。

因此,以环境友好、资源和能源节约为目标的现代电气电子技术和生态制造、绿色制造以及生态产品、绿色产品等科学发展观和可持续发展战略日益深入人心,成为新时代电子制造技术领域无可置疑的基本原则,是解决深层次用电安全问题的唯一出路,也是人类未来在地球生存和发展的唯一选择。所幸的是现在环境保护的重要性已经为越来越多的人所认识,绿色环保已经成为人类文明进步的标志,我国提出科学发展观已经把绿色环保作为基本国策,与国际大家庭共同致力于这一空前重要而又空前艰难的事业。

2.2 电气事故与防护

电气事故种类繁多,一般常见事故可归纳为人身安全、设备安全和电气火灾三大类,事故原因各不相同,防护措施也不一样,但有一点是共同的,即"凡事预则立,不预则废",安全观念对于所有事故都是至关重要的。

2.2.1 人身安全

人是世间万物最宝贵的,安全保护首先保护人身安全。人体是可以导电的,电流经过人体会对人身造成伤害,这就是所谓触电。触电事故无预兆,一旦发生,顷刻之间就会产生严重后果,而且难以自救。

2.2.1.1 触电危害

触电对人体危害主要有电伤和电击两种。

1. 电伤

电伤是由于发生触电而导致的人体外表创伤,通常有以下3种。

(1) 灼伤 由于电的热效应而灼伤人体皮肤、皮下组织、肌肉,甚至神经。灼伤引起皮肤发红、起泡、烧焦、坏死。

(2) 电烙伤 电烙伤是电流的机械和化学效应造成人体触电部位的外伤,通常是皮肤表面的肿块。

(3) 皮肤金属化 这种化学效应是由于带电体金属通过触电点蒸发进入人体造成的,局部皮肤呈现相应金属的特殊颜色。

触电对人体造成的电伤一般是非致命的,真正危害人体生命的是电击。

2. 电击

电流通过人体,严重干扰人体正常生物电流,造成肌肉痉挛(抽筋)、神经紊乱,导致呼吸停止、心脏室性纤颤,严重危害生命。

3. 影响触电危险程度的因素

1) 电流的大小

人体内是存在生物电流的,一定限度的电流不会对人造成损伤。一些电疗仪器就是利用电流刺激达到治疗目的的。电流对人体的作用如表 2.2.1 所示。

表 2.2.1 电流对人体的作用

电流/mA	对人体的作用
<0.7	无感觉
1	有轻微感觉
1～3	有刺激感,一般电疗仪器取此电流
3～10	感到痛苦,但可自行摆脱
10～30	引起肌肉痉挛,短时间无危险,长时间有危险
30～50	强烈痉挛,时间超过 60 s 即有生命危险
50～250	产生心脏室性纤颤,丧失知觉,严重危害生命
>250	短时间内(1 s 以上)造成心脏骤停,体内造成电灼伤

2）电流种类

电流种类不同对人体损伤也不同。直流电一般引起电伤,而交流电则电伤与电击同时发生,特别是 40~100 Hz 交流电对人体最危险。不幸的是人们日常使用的工频市电(我国为 50 Hz)正是在这个危险的频段。当交流电频率达到 20 kHz 时对人体危害很小,用于理疗的一些仪器采用的就是这个频段。

3）电流作用时间

电流对人体的伤害同作用时间密切相关,可以用电流与时间的乘积(也称电击强度)来表示电流对人体的危害。触电保护器的一个主要指标就是额定断开时间与电流的乘积小于 30 mA·s。实际产品可以达到小于 3 mA·s,故可有效防止触电事故。

4）人体电阻

人体是一个不确定的电阻。皮肤干燥时电阻可呈现 100 kΩ 以上,而一旦潮湿,电阻可降到 1 kΩ 以下。

人体还是一个非线性电阻,随着电压升高,电阻值减小。表 2.2.2 给出人体电阻值随电压的变化。

表 2.2.2　人体电阻值随电压的变化

电压/V	1.5	12	31	62	125	220	380	1000
电阻/kΩ	>100	16.5	11	6.24	3.5	2.2	1.47	0.64
电流/mA	忽略	0.8	2.8	10	35	100	268	1560

2.2.1.2　触电原因

人体触电的主要原因有两种:直接或间接接触带电体以及跨步电压。前者又可分为单极接触和双极接触。

1. 单极接触

一般工作和生活场所供电为 380/220 V 中性点接地系统,当处于地电位的人体接触带电体时,人体承受相电压如图 2.2.1 所示。

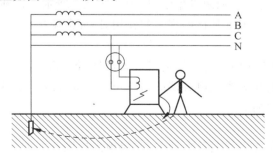

图 2.2.1　单极接触触电示意图

这种接触往往是人们粗心大意、忽视安全造成的。图 2.2.2 是几个发生触电事故的示例。

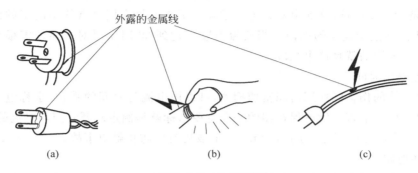

图 2.2.2　触电示例
(a) 安装错误；(b) 带电操作；(c) 导线绝缘损伤

图 2.2.3 所示是有人在实验室用调压器取得低电压做实验而发生触电。如果碰巧电源插座的零线插到调压器 2 端，则不会触电，当然这是侥幸的。

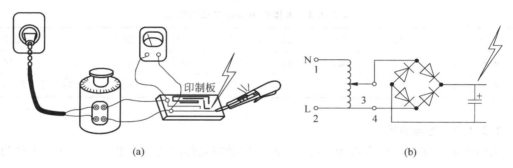

图 2.2.3　错误使用自耦调压器及其电器原理
(a) 错误使用自耦调压器；(b) 电器原理

2．双极接触

人体同时接触电网的两根相线发生触电，如图 2.2.4 所示。这种接触电压高，大都是在带电工作时发生的，而且一般保护措施都不起作用，因而危险极大。

3．静电接触

在检修电器或科研工作中有时发生电气设备已断开电源，但在接触设备某些部分时发生触电，这在一部分有高压大容量电容器的情况下有一定危险。特别是质量好的电容器能长期储存电荷，容易被忽略。

4．跨步电压

在故障设备附近，例如电线断落在地上，在接地点周围存在电场，当人走进这一区域时，将因跨步电压而触电，如图 2.2.5 所示。

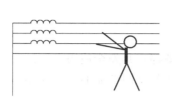
图 2.2.4 双极接触触电示意图

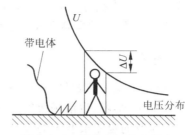
图 2.2.5 跨步电压使人触电

2.2.1.3 防止触电

防止触电是安全用电的核心。没有一种措施或一种保护器是万无一失的。最保险的钥匙掌握在你手中,即安全意识和警惕性。

1. 安全制度

在工厂企业、科研院所、实验室等用电单位,几乎无一例外地订有各种各样的安全用电制度。这些制度绝大多数都是在科学分析基础上制定的,也有很多条文是在实际中总结出的经验,可以说很多制度条文是惨痛的教训换来的。作为本书对读者第一项忠告:在你走进车间、实验室等一切用电场所时,千万不要忽略安全用电制度,不管这些制度粗看起来如何"不合理",如何"妨碍"工作。

2. 安全措施

预防触电的措施很多,有关安全技术将在后面作为共同问题进行讨论,这里提出的几条措施都是最基本的安全保障:

(1) 对正常情况下带电的部分,一定要加绝缘防护,并且置于人不容易碰到的地方,例如输电线、配电盘、电源板等;

(2) 所有有金属外壳的家用电器及配电装置都应该装设保护接地或保护接零,对目前大多数工作生活用电系统而言是保护接零;

(3) 在所有用电场所装设漏电保护器;

(4) 随时检查所用电器插头、电线,发现破损老化及时更换;

(5) 手持电动工具尽量使用安全电压工作,我国规定常用安全电压为 36 V 或 24 V,特别危险场所用 12 V。

3. 安全操作

(1) 任何情况下检修电路和电器都要确保断开电源,仅仅断开设备上的开关是不够的,还要拔下插头;

(2) 不要湿手开关、插拔电器;

(3) 遇到不明情况的电线,先认为它是带电的;

(4) 尽量养成单手操作电工作业;

(5) 不在疲倦、带病等不利状态下从事电工作业；

(6) 遇到较大体积的电容器先行放电，再进行检修。

2.2.2 设备安全

设备安全是个庞大的题目，各行各业、各种不同设备都有其安全使用问题。我们这里讨论的，仅限于工作、学习、生活场所的一般用电仪器、设备及家用电器的安全使用。即使是这些设备，这里涉及的也是最基本的安全常识。

1. 设备接电前检查

将用电设备接入电源，这个问题似乎很简单，其实不然。有的数十万元的昂贵设备，接上电源一瞬间变成废物；有些设备的本身故障会引起整个供电网异常，造成难以挽回的损失。

1) 电器接电不简单

电器不一定都是接 AC 220 V/50 Hz 电源。我国市电标准为 AC 220 V/50 Hz，但是世界上不同国家不一样，有 AC 110 V、AC 120 V、AC 115 V、AC 127 V、AC 225 V、AC 230 V、AC 240 V 等电压，电源频率有 50 Hz/60 Hz 两种。有些小型电气设备要求低压直流如 5 V，9 V，18 V 等。

环境电源不一定都是 220 V，特别对工厂企业、科研院所，有些地方需要 AC 380 V，有些地方需要 AC 36 V，有些地方可能需要 DC 12 V。

新的设备不等于是没问题的设备。且不说假冒伪劣，即使一台合格产品，在运输搬动中也有可能出问题。

2) 设备接电前"三查"

(1) 查设备铭牌：按国家标准，设备都应在醒目处有该设备要求的电源电压、频率、电源容量的铭牌或标志。小型设备的说明也可能在说明书中。

(2) 查环境电源：电压、容量是否与设备吻合。

(3) 查设备本身：电源线是否完好，外壳是否可能带电。一般用万用表对用电设备进行如图 2.2.6 所示的简单检测。

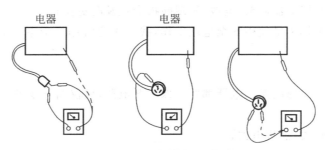

图 2.2.6 用万用表检测用电设备

2. 电气设备基本安全防护

所有使用交流电源的电气设备(包括家用电器、工业电气设备、仪器仪表等)均存在绝缘损坏而漏电的问题,按电工标准将电气设备分为4类,电气设备分类及基本安全防护见表2.2.3。

表 2.2.3　电气设备分类及基本安全防护

类 型	主 要 特 性	基 本 安 全 防 护	使 用 范 围 及 说 明
0 型	一层绝缘,二线插头,金属外壳,且没有接地(零)线	用电环境为电气绝缘(绝缘电阻 >50 kΩ)或采用隔离变压器	0 型为淘汰电器类型,但一部分旧电器仍在使用
Ⅰ 型	金属外壳接出一根线,采用三线插头	接零(地)保护三孔插座,保护零线可靠连接	较大型电气设备多为此类
Ⅱ 型	绝缘外壳形成双重绝缘,采用二线插头	防止电线破损	小型电气设备
Ⅲ 型	采用 48 V/36 V, 24 V/12 V 低压电源的电器	使用符合电气绝缘要求的变压器	在恶劣环境中使用的电器及某些工具

3. 设备使用异常的处理

用电设备在使用中可能发生以下几种异常情况:
(1) 设备外壳或手持部位有麻电感觉。
(2) 开机或使用中熔断丝烧断或断路器"跳闸"。
(3) 出现异常声音,如噪声加大、有内部放电声、电机转动声音异常等。
(4) 异味,最常见为塑料味、绝缘漆挥发出的气味,甚至烧焦的气味。
(5) 机内打火,出现烟雾。
(6) 仪表指示超范围,有些指示仪表数值突变,超出正常范围。

异常情况的处理办法如下:
(1) 凡遇上述异常情况之一,应尽快断开电源,拔下电源插头,对设备进行检修。
(2) 对烧断熔断器的情况,绝不允许换上大容量熔断器工作,一定要查清原因再换上同规格熔断器。
(3) 及时记录异常现象及部位,并设置检修标志,避免检修时再通电。
(4) 对有麻电感觉但未造成触电的现象不可忽视。这种情况往往是绝缘受损但未完全损坏,如图 2.2.7 所示相当于电路中串联一个大电阻,暂时未造成严重后果,但随着时间推移,绝缘逐渐完全破坏,电阻 R_0 急剧减小,危险增大,因此必须及时检修。

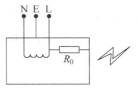

图 2.2.7　设备绝缘受损漏电示意图

2.2.3　电气火灾

火灾是造成人们生命和财产损失的重大灾害,随着现代电气化的日益发展,在火灾总数中,电气火灾所占比例不断上升,而且随着城市化进程,电气火灾损失的严重性也在上升,研究电气火灾原因及其预防意义重大。

1. 电气火灾的基本分析（见表 2.2.4）

表 2.2.4　电气火灾及预防

原　因	分　析	预　防
电器自燃	电器设计、制造不良，由于散热不好、机内材料阻燃性能不良等引起	• 选择经过权威机构安全认证产品； • 使用电器注意通风； • 易燃物远离电器
线路过载	过载引起电线、配电器与连接器等温度升高，引燃与其接触或附近可燃物	• 使输电线路容量与负载相适应； • 不准超标更换熔断器； • 配置线路过载自动保护装置
线路或电器火花、电弧	由于电线断裂或绝缘损坏导致短路，引起电弧打火放电，可点燃电器本身材料及附近易燃材料等	• 按标准接线； • 及时检修电路； • 加装自动保护
电热器具	电热器具使用不当，引燃附近可燃材料	• 按说明书正确使用； • 使用中有人监视，人走断电
电器老化	电器超期服役，因绝缘材料老化，散热装置老化引起温度升高，引燃可燃物	• 定期检查电器； • 停止使用超过安全期的产品
静电	在易燃易爆场所，静电火花引起火灾	严格遵守易燃易爆场所安全制度

2. 重点电气火灾分析

据统计，目前电气火灾发生原因集中在电气线路和电气设备两个方面。

1) 电气线路

（1）建筑电气线路容量不足　经过长时间使用，电线绝缘层部分可能已老化破损，引起漏电、短路、超负荷，造成火灾；

（2）电线连接不规范　敷设线路时电线接头技术处理不符合技术要求，由于电线表面氧化、松动、接触不良引起局部过热，引燃周围可燃物；

（3）乱接临时线和使用劣质插座板　导致电气短路或异常高温进而产生火灾。

2) 电气设备

（1）电热器使用后未断电，接触或附近有易燃物引发火灾；

（2）电器受潮，产生漏电打火，从而引起火灾；

（3）电器质量低劣、发热过高且绝缘隔热、散热效果差而引起火灾。

3. 电气火灾的导火线——可燃物质

电气线路和电气设备引发火灾的直接导火索是上述有问题的电气线路或电器直接接触可燃物质，或附近存在可燃物质。在人们生活和生产环境中很多物质都是可燃的，当它们被加热到一定温度时就会燃烧起来，这个能燃烧起来的最低温度叫做自燃温度，又叫做自燃点。许多固体、液体物质的自燃点很低，只有一百多摄氏度，这个温度在电气线路和电气设备故障中很容易达到。可燃气体不仅见明火就燃烧,而且极易发生爆炸,引发严重后果。有些固体物质达到自燃温度时,会分解出可燃气体,可燃气体与空气发生氧化而燃烧爆炸。表 2.2.5 是部分可燃物质的自燃点。

表 2.2.5 部分可燃物质的自燃点

名称	自燃温度/℃	名称	自燃温度/℃	名称	自燃温度/℃
纸张	130	木材	250	苯甲醛	190
棉花	150	煤	350	煤油	220
布料	200	乙醇	425	汽油	260
松香	240	乙醚	170	丙酮	540

4. 防电气火灾常识

(1) 用电负荷不得超过导线的允许载流量,发现导线有过热的情况,必须立即停止用电,并报告电工检查处理;

(2) 熔断器的熔体等各种保护器必须按相关标准配置并按国家和行业有关规程的要求装配,保持其动作可靠;

(3) 不得随意加大熔断体的规格,不得以其他金属导体代替熔断体;

(4) 家用电热设备、暖气设备一定要远离煤气罐、煤气管道等易燃易爆物体,无自动控制的电热器具,人离去时应断开电源;

(5) 发现煤气漏气时先开窗通风,千万不能拉合电源,并及时请专业人员修理;

(6) 使用电熨斗、电烙铁等电热器件,必须远离易燃物品,用完后应切断电源,拔下插销以防意外;

(7) 发现家用电器损坏,应首先切断电源,并请经过培训的专业人员进行修理,自己不要拆卸;

(8) 发生电气火灾时,要先断开电源再行灭火,严禁用水熄灭电气火灾。

2.3 电子产品安全与电磁污染

现代社会,电子产品已经进入每个人的日常生活和工作中,可以毫不夸张地说电子产品无处不在。电子产品在给我们带来便利和高科技享受的同时,产品的安全性(包括产品安全性能和电磁辐射污染)已经成为现代人应该具备的基本安全常识。

2.3.1 电子产品安全

在谈到用电安全时,我们所说的电子产品,泛指一切与"电"有关的产品,包括电子信息产品、工业与家用电气设备、办公与科研电子仪器装备、医疗保健电子产品等,凡是以电作为能源的仪器设备,都是用电安全讨论的内容。

由于电子产品的普遍性,几乎人人都是电子产品的使用者,而且大多数人几乎天天与电子产品打交道。这些使用者中,绝大多数属于非电专业人员范畴。对于他们而言,怎样保证所购买的电子产品是安全的、怎样使用才能保证安全,就显得非常重要。

1. 电子产品安全的两个基本环节——产品设计制造与使用

1) 电子产品的设计制造

按照大制造的观念,电子产品的制造包括从产品市场调查研究、设计、加工直到产品销售、服务和回收的整个过程。对于电子产品的制造者(从电子制造企业的管理者、工程技术人员到普通员工)而言,保证产品的安全性是义不容辞的职责。特别是电子产品设计者,对于产品的安全性负有不可推卸的直接责任,无论来自市场的成本压力多大、产品设计周期要求多短、工作多么繁忙、产品多么简单,永远不能忽视和忘记的大事是产品的安全。

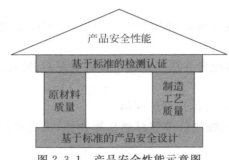

图 2.3.1 产品安全性能示意图

要保证产品安全,设计是第一道也是最关键的关口。安全设计的依据是有关电子电气产品安全标准;安全性能的实现则是产品原材料的质量和制造工艺;而安全性能的保证完全取决于有关安全可靠性的检测和认证。产品安全设计、制造、检测等环节的关系,犹如一座房子的地基、支柱和大梁,哪一个环节出问题都会影响整个房屋的安全,如图 2.3.1 所示。有关技术细节参见本书相关章节。

按照国家法律,如果产品由于设计和制造方面的原因而造成人员伤亡事故,要依法追究相关人员的刑事责任。

2) 电子产品的使用

电子产品的使用涉及现代社会的每一个人,虽然不可能要求每人都了解所使用的电子产品和相关安全知识,但作为一个现代人,懂得基本安全用电常识、学会自我保护是非常必要的,也是可以做到的。除了本章有关安全用电常识外,关于电子产品安全,应该了解和做到以下几点:

- 购买电子产品时要注意该产品是否有安全认证标志;
- 电子产品的电源线和插头是否规范完好;
- 选择到正规电器公司和商场购买;
- 索要产品合格证和销售凭据;
- 新购电器使用前仔细阅读说明书。

2. 电子产品寿命与安全

任何一种产品使用寿命都是有限的,电子产品也不例外。超过使用寿命的电子产品不仅故障率升高,使用性能不能保证,而且由于产品材料老化、零部件老化疲劳以及环境腐蚀等因素,存在安全隐患,应该及时报废。

由于电子产品种类繁多,使用情况(使用频度、使用环境条件、保养方式等)千差万别,现在还没有各种电子产品使用寿命的明确统一规定和报废要求,但根据实际统计资料和专家的经验,一般认为家庭常用电子产品使用寿命如表 2.3.1 所示。

表 2.3.1　家庭常用电子产品使用寿命

产品名称	使用寿命/年	产品名称	使用寿命/年
电风扇	16	电冰箱	13～15
洗衣机	12	电视机	8～10
电热水器	12	个人计算机	6
电熨斗	9	电烤箱	5
电热毯	8	电水壶	5
收音机	6	电饭煲	6

对于目前使用越来越普及的计算机、手机和数码产品,由于产品升级换代和技术更新周期越来越快,大多数产品不到使用寿命就"过时"了,例如,一般台式计算机和笔记本电脑,通常 3～5 年就换代了,手机实际使用大多数不超过 3 年。

2.3.2　电子产品的安全标准及认证

2.3.2.1　电子产品的安全标准

为了保证电子产品的安全性,所有企业在产品的设计、制造、检验和包装过程中都必须遵守一个共同的安全规范,这个规范就是安全标准。随着工业的进步和科学技术的发展,电子产品的品种和数量迅速增加,有关标准越来越科学、越来越严格,同时也在与时俱进,不断地进行补充、修订和完善。

1. 国际标准

在电子产品安全方面普遍认可的是 IEC(国际电工委员会)安全标准系列,其中最常用的通用安全标准是《家用和类似用途电器的安全通用要求》,即 IEC 60335—1。另外,针对不同产品的特殊要求,还有一系列分标准,例如,针对空调器和电冰箱的"特殊要求"则为IEC 60335—2—40 和 603351—2—24。

2. 国内标准

作为 IEC 的成员单位,中国对应采用国际电工委员会 IEC 安全标准系列。国家规定,对于安全标准的采用等级为"等同采用",与国际标准保持一致体现了安全标准的普适性和权威性,与世界接轨、共享并应用电器安全标准上的最新研究成果。

3. 标准的强制性

我国电器安全标准在执行上还有一个特点,就是强制性。国家规定,产品中凡是关系到人民生命财产,或国计民生的性能项,标准必须是强制性的。因此,凡涉及电器产品的安全性能都是强制执行的,不像某些产品的使用性能是推荐性的。强制性标准与推荐性标准的根本区别就在于:如果产品应符合的强制性标准(如安全性能)不合格,那么产品使用性能再优越也没有意义。例如,一台电冰箱安全性不好,即使它的制冷能力再好、再节电也不能获得市场销售通行证,因为保证消费者安全具有一票否决的权重。

4. 标准的动态性

在涉及电器产品的各种标准中,唯有安全标准最为严格,而且试验条件具有明显的严酷性。但是标准不是一次制定就一劳永逸的,而是随着科技和应用技术的发展不断完善。例如,IEC 60335—1《家用和类似用途电器的安全通用要求》从1970年的第1版至今,已陆续颁布了4个版本,最近颁布的是2004年版。每次颁布新的版本,都是对以往版本的进一步完善和充实。除了定期或不定期地颁布新版标准外,还会有一些以"增补件"的形式随时发布。因此,我们在使用标准时必须注意其动态性,采用最新版本。

2.3.2.2 电子产品的安全认证

1. 认证、认证机构及认证标志

认证是商品经济发展的产物。

现代认证方式是由不受供需双方经济利益所支配的独立第三方,用公正、科学的方法对市场上流通的商品(特别是涉及人身安全与健康的商品)进行评价,出具有公信力和权威性的证明。这种对商品进行评价并出具证明的活动称为产品认证。

常见安全认证的标志有以下几种。

- CCC(China Compulsory Certification)认证——中国强制认证。中国强制认证标志实施以后,将逐步取代原来实行的"CCEE"标志(中国电工产品认证,通常称为"长城"标志)和"CCIB"(中国商检标志,对进口家电商品实施的安全质量检查)。
- UL(Underwriter Laboratories Inc.)认证——美国保险商试验所认证。UL是一个独立的、非营利的、为公共安全做试验的民间专业机构,是世界上从事安全试验和鉴定的著名的权威机构,在国际贸易中有较大的影响。
- CE(CONFORMITE EUROPEENNE)认证。欧洲共同市场安全标志,是一种宣称产品符合欧盟相关指令的标识,使用 CE 标志是欧盟成员对销售产品的强制性要求。
- FCC(Federal Communications Commission,美国联邦通信委员会),是美国政府的一个独立机构。FCC 主要负责控制通信、计算机及其他无线电等类产品的电磁辐射安全标准及其认证。

此外,常见的安全认证标志还有德国的 GS 标志、法国的 NF 标志、英国的 BEAB 标志、日本的 JIS 标志、加拿大的 CSA 标志、韩国的 EK 标志等,大部分国家和地区都有自己的认证标准、认证机构和标志,作为进入本国、本地区销售流通的强制性条件,以保护本国、本地区公民的合法权益。常见安全认证标志如图 2.3.2 所示。

2. 自愿认证与强制性认证

产品认证分为强制性认证(或称法规性认证)和自愿性认证(非法规性认证)两大部分。一般对于产品安全性采用强制性认证;对产品质量及性能,根据不同领域/不同产品既可以

图 2.3.2　常见安全认证标志

采用强制性认证也可以采用自愿性认证。强制性认证需要通过立法手段执行，而自愿性认证则不需要立法而由企业自愿选择。

强制性产品认证制度，是各国政府为保护广大消费者人身和动植物生命安全，保护环境、保护国家安全，依照法律法规实施的一种产品合格评定制度，它要求产品必须符合国家标准和技术法规。

强制性产品认证制度在保护消费者权益、建设以人为本的和谐社会、推动国家各种技术法规和标准的贯彻、规范市场经济秩序、打击假冒伪劣行为、促进产品的质量管理水平等方面，具有不可替代的重要作用。实行市场经济制度的国家，政府利用强制性产品认证制度作为产品市场准入的手段，已经成为国际通行的作法。

3．国际互认

实行产品认证不仅可以帮助消费者正确选择满意的商品，从而保护自己的安全与健康，也可以为生产企业带来信誉，增强市场竞争力。

产品认证在经历了民间自发、国家认证的发展阶段后，现在已经迈向了寻求国际互认的新阶段。实行国际互认以后，获得认证的产品一般可以享受一定的优惠待遇，这对于消除贸易壁垒，促进国际贸易十分有利。

2.3.3　电磁污染与防护

随着现代电子科技的高速发展，特别是无线移动技术的日益普及，一种看不见、摸不着的污染源日益受到各界的关注，这就是被人们称为"隐形杀手"的电磁辐射。今天，越来越多的电子、电气设备和无线产品大量投入使用，使得各种频率、不同能量的电磁波充斥着地球的每一个角落，乃至更加广阔的宇宙空间。电磁辐射污染已经对人类正常生活和健康构成威胁，对电磁辐射污染的认识和研究已经成为电气安全的重要组成部分。

2.3.3.1　电磁辐射、电磁干扰与电磁污染

1．电磁辐射

电磁辐射（electromagnetism radialization）是一种物理现象，是指能量以电磁波形式由源发射到空间的现象。产生电磁辐射的辐射源有两大类：

（1）自然界电磁辐射源。来自某些自然现象，如雷电、台风、火山喷发、地震和太阳黑子活动引起的磁暴与黑体放射等。

(2) 人工型电磁辐射源。人工型电磁辐射源来自人工制造的各种电子电气系统或装置与设备，其中一类电子系统本身就是以电磁辐射现象作为工作原理的，例如，移动通信系统、X光机、广播电视系统、卫星通信系统以及各种无线通信和控制系统等；另一类则是电子电气系统工作时由于放电和电磁交变感应而产生电磁辐射，例如，各种工业电器和电动机器以及日常生活工作中普遍使用的各种电子电器，如空调机、计算机、电视机、电冰箱、日光灯、节能灯、光盘播放器、电热毯、微波炉等；另外，变压器、高压电线在正常工作时也会产生的各种不同波长和频率的电磁波。

2. 电磁干扰

电磁干扰(electromagnetic interference，EMI)一般是指电磁辐射对正常工作的电子电气设备产生干扰，引起这些设备发生错误或性能下降的现象。例如，手机通信引起飞机电子装置故障、医疗设备故障，电动机运转引起广播收听噪声和电视机画面扭曲等。

3. 电磁污染

电磁污染(electromagnetic pollution)是指过量的电磁辐射对环境造成的危害。电磁污染是一个笼统的广义概念，既包括通常所说的电磁干扰，也包括电磁辐射对人体以及其他动植物的危害，不过，习惯上提到电磁污染指的是后者。电磁辐射不等于电磁污染，只有超过一定的限度才构成电磁污染。

2.3.3.2 电磁辐射对人体健康的危害

电磁辐射会对人身健康产生影响，这已为国际学界所公认。但影响方式、影响程度以及防范办法，却难以得出公论。

1. 电磁波频率

有关研究表明，电磁波的致病效应随着磁场振动频率的增大而增大，频率超过 100 kHz 以上，可对人体造成潜在威胁。在这种环境下工作生活过久，电磁波的干扰使人体组织内原有的电场发生变化，给组成脑细胞的各种生物分子以一定程度的破坏，产生过多的过氧化物等有害代谢物，甚至使脑细胞的 DNA 密码排列错乱，制造出一些非生理性的神经介质。人体如果长期暴露在超过安全标准的辐射剂量下，人体细胞就会被大面积杀伤或杀死。

国家标准电磁辐射防护规定，适用频率范围为 100 kHz～300 GHz。

2. 敏感人群

研究表明，老人、儿童和孕妇属于电磁辐射的敏感人群。考虑电磁防护标准时必须以这些敏感人群为基点，同时在日常工作和生活中也必须加强对这些敏感人群的关注和有效保护。

3. 电磁辐射安全标准

在环境电磁波容许辐射强度分级标准中，按照波长给电磁辐射进行分级。容许辐射强度共分为一级、二级两个级别。一般国家或相关部门把居民居住的环境按一级安全区处理，其标准限制为：在长、中、短波，电场强度应小于 10 V/m；在超短波段，电场强度应小于 5 V/m；

在微波波段,其辐射功率密度应小于 $10\ \mu\mathrm{W/cm^2}$,超过上述值就是电磁污染。

2.3.3.3 电磁辐射的防护

1. 对电磁辐射的认识

1) 不必谈虎色变,草木皆兵

其实人类一直生活在电磁环境里。地球本身就是一个大磁场,其表面的热辐射和雷电都可产生电磁辐射。此外,太阳及其他星球也自外层空间源源不断地产生电磁辐射。但天然产生的电磁辐射对人体是没有损害的,对人体构成威胁、对环境造成污染的是人工产生的电磁辐射。只要制定科学的、正确的标准,并且大家都严格执行规定标准,再加上个人防护意识和措施,可以减轻进而排除电磁污染的危害。

2) 科学研究,任重道远

多年来,人们对电磁辐射对人体的危害到底有多大一直争论不休。但是,由于研究证据的缺乏及相互对立,科学家至今也未有定论。厂商、专家以及医疗行业的相关从业人员对此问题也是各执一词,一时也很难得到一个确定的结论。可能电磁辐射对人类健康的影响,例如 DNA 的影响要经过几十年甚至上百年,对人类后代的影响才能得到确认。电磁辐射的影响不是简单直观的,有些结论可能不是几年或者几十年的研究就可以得出的。

3) 问题严重,不能掉以轻心

电磁辐射对人体的危害问题之所以严重,是基于以下因素:

- 电磁波充斥空间,无色、无味、无形,可以穿透包括人体在内的任何物质,在没有造成直接危害时容易被人们忽略;
- 各种产生电磁辐射的电子电气设备在迅速增加,地球正在变成一个"巨大的微波炉";
- 电磁辐射危害的长期积累效应,使科学研究和试验难度加大;
- 由于电磁辐射对人体的危害机制及人体耐受度等基础科学理论不确定,制定标准及预防措施缺乏理论依据;
- 电气电子行业对社会经济发展的巨大作用,人类生活方式的改变与电磁辐射防护措施的冲突,加大了电磁辐射防护的复杂性和严重性;
- 极低频电磁场对人体的影响可能超过所有其他频率电磁波。

2. 电磁辐射防护的标准与法规

在我国,电磁辐射污染已经引起了各方重视。近年来,国家颁布了一系列国家标准、行业标准,如《辐射环境保护管理导则电磁辐射环境影响评价方法与标准》、《电磁辐射环境保护管理办法》;国家环境保护总局发布了《电磁辐射防护规定》、《超高压送变电工程电磁辐射环境影响评价技术规范》、《高压交流架空送电线无线电干扰限值》等相关标准,都对电磁辐射强度及环境要求进行了规范与限制。

随着人们对电磁辐射的认识和环保意识的加强,以及国际关于环保标准与法规的变化,已有的标准与法规也需要与时俱进,适应不断发展的环保要求。

2.3.3.4 极低频电磁场及其对人体的影响

近年来,由于电子电气产品飞速发展,电力行业随之发展,大量高压线出现在人口稠密区。随着人们环保意识增强,对于以往电磁辐射的认识有了新的变化,不仅 100 kHz～300 GHz 的频率范围产生电磁污染,在低频范围同样存在电磁污染,这就是所谓极低频电磁场的危害问题。

极低频电磁场是指频率在 0～3 kHz 范围内的电磁场。它与生物体相互作用的研究主要集中在 0～100 Hz 频段,大量电子设备频率都落在这个范围内,尤其是频率为 50 Hz 或 60 Hz 的电磁场,通常称为工频电磁场,在电力工程、工业生产和家电设备使用等环境中占据着主要地位。由于量大面广,几乎世界上的每一个人都暴露于极低频电磁场环境,因而即便其对人类健康影响轻微,其危害严重性也不容忽视。

极低频电磁场本质上是一种感应场,它会使身体内产生感应电流,干扰人体内正常电磁环境。从危害机制来说,属于非热效应。这种作用的生物学效应机制尚无明确说法,但其危害已经通过人群流行病学资料及实验室研究资料为科技界公认。

WHO 国际癌症研究机构(IARC)及 WHO 专题工作组经评估认为极低频(0 Hz～100 kHz)磁场与儿童白血病及脑癌有关;动物试验也证明低频电磁场对小鼠生殖产生不良影响;还有调查统计资料指出,高压线附近生活人群中,睡眠障碍、焦虑症、忧郁症、老年性痴呆等多种疾病发病率高于其他人群。

迄今国际上没有普遍认可的极低频电磁场辐射安全标准。鉴于电磁辐射健康影响研究存在一定的科学不确定性,各国制定的安全标准相差很大。WHO 认为各国在制定电磁辐射预防策略时应当综合考虑电力行业对社会和经济的巨大贡献,应当采用低成本的预防措施,而不应当主观臆断地将暴露限值降低到不符合科学规律的程度。

2.4 用电安全技术简介

实践证明,采用用电安全技术可以有效预防电气事故。已有的技术措施不断完善,新的技术不断涌现,我们需要了解并正确运用这些技术,不断提高安全用电的水平。

2.4.1 接地和接零保护

在低压配电系统中,有变压器中性点接地和不接地两种系统,相应的安全措施有接地保护和接零保护两种方式。

1. 接地

在中性点不接地的配电系统中,电气设备宜采用接地保护。这里的接地同电子电路中简称的接地(在电子电路中接地是指接公共参考电位零点)不是一个概念,是真正的接大地。即将电气设备的某一部分与大地土壤作良好的电气连接,一般通过金属接地体并保证接地电阻小于 4 Ω。

接地保护原理如图 2.4.1 所示。

如没有接地保护，则流过人体的电流为

$$I_\mathrm{r} = \frac{U}{R_\mathrm{r} + \dfrac{Z}{3}}$$

式中，I_r 为流过人体的电流；U 为相电压；R_r 为人体电阻；Z 为相线对地阻抗。当接上保护地线时，相当于给人体电阻并上一个接地电阻 R_G，此时流过人体的电流为

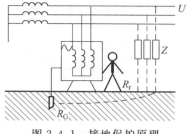

图 2.4.1 接地保护原理

$$I'_\mathrm{r} = \frac{R_\mathrm{G}}{R_\mathrm{G} + R_\mathrm{r}} I_\mathrm{r}$$

由于 $R_\mathrm{G} \ll R_\mathrm{r}$，故可有效保护人身安全。

由此也可看出，接地电阻越小，保护越好，这就是为什么在接地保护中总要强调接地电阻要小的缘故。

2. 接零保护

对变压器中性点接地系统（现在普遍采用电压为 380 V/220 V 三相四线制电网）来说，采用外壳接地已不足以保证安全。

参考图 2.4.1，因人体电阻 R_r 远大于设备接地电阻 R_b，所以人体受到的电压，即相线与外壳短路时外壳的对地电压 U_a，而 U_a 取决于下式：

$$U_\mathrm{a} \approx \frac{R_\mathrm{b}}{R_0 + R_\mathrm{b}} U$$

式中，R_0 为工作接地的接地电阻；R_b 为保护接地的接地电阻；U 为相电压。

设 $R_0 = 4\ \Omega$，$R_\mathrm{b} = 4\ \Omega$，$U = 220\ \mathrm{V}$，则 $U_\mathrm{a} \approx 110\ \mathrm{V}$，这对人来说是不安全的。

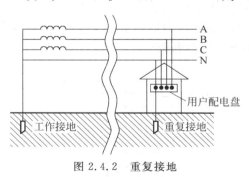

图 2.4.2 重复接地

因此，这种系统中应采用保护接零，即将金属外壳与电网零线相接。一旦相线碰到外壳即形成与零线之间的短路，产生很大电流，使熔断器或过流开关断开，切断电流，因而可防止电击危险。

这种采用保护接零的供电系统，除工作接地外，还必须有保护重复接地，如图 2.4.2 所示。

图 2.4.3 表示民用 220 V 供电系统的保护零线和工作零线。

在一定距离和分支系统中，必须采用重复接地，这些属于电工安装中的安全规则，电源线必须严格按有关规定制作。

应注意的是，这种系统中的保护接零必须是接到保护零线上，而不能接到工作零线上。保护零线同工作零线，虽然它们对地的电压都是 0 V，但保护零线上是不能接熔断器和开关的，而工作零线上则根据需要可接熔断器及开关。这对有爆炸、火灾危险的工作场所为减轻过负荷

的危险是必要的。图 2.4.4 所示为室内有保护零线时,用电器外壳采用保护接零的接法。

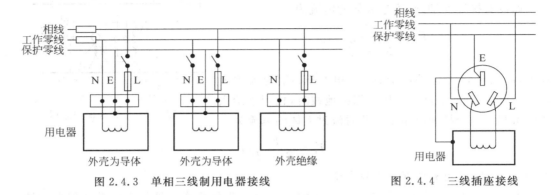

图 2.4.3 单相三线制用电器接线　　　　图 2.4.4 三线插座接线

2.4.2 漏电保护开关

漏电保护开关也叫触电保护开关,是一种保护切断型的安全技术,它比保护接地或保护接零更灵敏、更有效。据统计,某城市普遍安装漏电保护器后,同一时间内触电伤亡人数减少了 2/3,可见技术保护措施的作用不可忽视。

漏电保护开关有电压型和电流型两种,其工作原理有共同性,即都可把它看作是一种灵敏继电器,如图 2.4.5 所示,检测器 JC 控制开关 S 的通断。对电压型而言,JC 检测用电器对地电压;电流型则检测漏电流,超过安全值即控制 S 动作切断电源。

由于电压型漏电保护开关安装较复杂,目前发展较快、使用广泛的是电流型保护开关。它不仅能防止人触电而且能防止漏电造成火灾,既可用于中性点接地系统也可用于中性点不接地系统,既可单独使用也可与保护接地、保护接零共同使用,而且安装方便,值得大力推广。

典型的电流型漏电保护开关工作原理如图 2.4.6 所示。当电器正常工作时,流经零序互感器的电流大小相等、方向相反,检测输出为零,开关闭合电路正常工作。

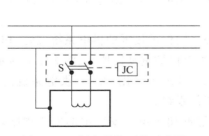 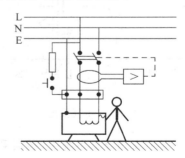

图 2.4.5 漏电保护开关示意图　　　　图 2.4.6 电流型漏电保护开关

当电器发生漏电时,漏电流不通过零线,零序互感器检测到不平衡电流并达到一定数值时,通过放大器输出信号将开关切断。

图 2.4.6 中按钮与电阻组成检测电路,选择电阻使此支路电流为最小动作电流,即可测试开关是否正常。

按国家标准规定,电流型漏电保护开关电流与时间的乘积≤30 mA·s。实际产品一般额定动作电流为 30 mA,动作时间为 0.1 s。如果是在潮湿等恶劣环境,可选取动作电流更小的规格。另外,还有一个额定不动作电流,一般取 5 mA,这是因为用电线路和电器都不可避免地存在微量漏电。

选择漏电保护开关更要注重产品质量。一般来说,经国家电工产品认证委员会认证,带有 3C 安全标志的产品是可信的。

2.4.3 过限保护

上述接地、接零保护以及漏电开关保护主要解决电器外壳漏电及意外触电问题。另有一类故障表现为电器并不漏电,但由于电器内部元器件、部件故障,或由于电网电压升高引起电器电流增大,温度升高,超过一定限度,结果导致电器损坏甚至引起电气火灾等严重事故。对这一种故障,目前正在迅速发展一种自动保护元件和装置,常用的有以下几种。

1. 过压保护

过压保护装备有集成过压保护器和瞬变电压抑制器。

过压保护器是一种安全限压自控部件,其工作原理如图 2.4.7 所示,使用时并联于电源电路中。当电源正常工作时功率开关断开。一旦设备电源失常或失效超过保护阈值,采样放大电路将使功率开关闭合,将电源短路,使熔断器断开,保护设备免受损失。

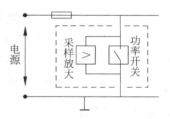

图 2.4.7 过压保护器示意图

瞬变电压抑制器 TVP 是一种类似稳压管特性的二端器件,但比稳压管响应快,功率大,能吸收高达数千瓦的浪涌功率。

TVP 的特性曲线如图 2.4.8(a)所示,正向特性类似二极管,反向特性在 V_B 处发生雪崩效应,其响应时间可达 10^{-12} s。将两只 TVP 管反向串接即可具有"双极"特性,可用于交

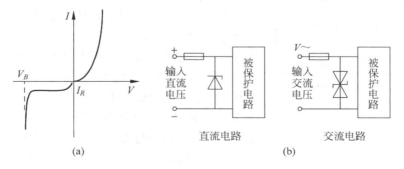

图 2.4.8 TVP 特性及电路接法
(a) TVP 特性;(b) TVP 的电路接法

流电路,如图 2.4.8(b)所示。选择合适的 TVP 就可保护设备不受电网或意外事故而产生的高压危害。

2. 温度保护

电器温度超过设计标准是造成绝缘失效、引起漏电、火灾的关键。温度保护除传统的温度继电器外,热熔断器是一种新型有效而且经济实用的元件。其外形如同一只电阻器,可以串接在电路中,置于任何需要控制温度的部位,正常工作时相当于一只阻值很小的电阻,一旦电器温升超过阈值,立即熔断从而切断电源回路。

3. 过流保护

用于过流保护的装置和元件主要有熔断丝、熔断电阻、电子继电器及聚合开关,它们都是串接在电源回路中防止意外电流超限。

熔断丝用途最普遍,主要特点是简单、价廉,不足之处是反应速度慢而且不能自动恢复。

熔断电阻兼有电阻器和熔断器的作用,可以像普通电阻一样安装到电路板上,一般用于局部过电流保护,也属于一次性使用元件。

电子继电器过流开关,也称电子熔断丝,反应速度快,可自恢复,但较复杂、成本高,在普通电器中难以推广。

聚合开关实际是一种阻值可以突变的正温度系数电阻器。当电流在正常范围时呈低阻(一般 0.05～0.5 Ω),当电流超过阈值后阻值很快增加几个数量级,使电路电流降至数毫安。一旦温度恢复正常,电阻又降至低阻,故其有自锁及自恢复特性。由于体积小、结构简单、工作可靠且价格低,故可广泛用于各种电气设备及家用电器。

2.4.4 智能保护

随着现代化的进程,配电、输电及用电系统越来越庞大,越来越复杂,即使采取上述多种保护方法,也总有局限。当代信息技术的飞速发展,传感器技术、计算机技术及自动化技术的日趋完善,使得用综合性智能保护成为可能。

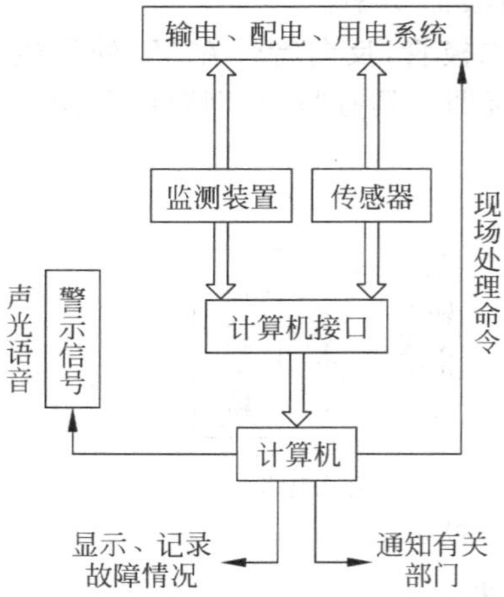

图 2.4.9 是智能保护系统示意图。各种监测装置和传感器(声、光、烟雾、位置、红外线等)将采集到的信息经过接口电路输入监控器(监控计算机),进行智能处理,一旦发生事故或事故预兆,通过计算机判断及时发出处理指令,例如,切断事故发生地点的电源或者总电源,启动自动消防灭火系统,发出事故警报等,并根据事故情况自动通知消防或急救部门。保护系统可将事故消灭在萌芽状态或将事故损失减至最小,同时记录事故详细资料。这种智能保护是一个系统工程,是安全技术发展的方向。

图 2.4.9 计算机智能保护系统

2.5 触电急救与电气消防

2.5.1 触电急救

发生触电事故,千万不要惊慌失措,必须用最快的速度使触电者脱离电源。要记住当触电者未脱离电源前本身就是带电体,同样会使抢救者触电。

脱离电源最有效的措施是拉闸或拔出电源插头。如果一时找不到或来不及找的情况下可用绝缘物(如带绝缘柄的工具、木棒、塑料管等)移开或切断电源线,如图 2.5.1 所示。关键是:一要快,二要不使自己触电。一两秒的迟缓都可能造成无可挽救的后果。

脱离电源后如果病人呼吸、心跳尚存,应尽快送医院抢救;若心跳停止应采用胸外心脏按压法;若呼吸停止应立即做口对口的人工呼吸,参见图 2.5.2;若心跳、呼吸全停,则应同时采用上述两个方法,并向医院告急求救。

图 2.5.1 用绝缘物移开或切断电源线

图 2.5.2 心脏按压法和口对口的人工呼吸

触电急救的关键:
- 要争分夺秒。统计资料指出,触电后 1 min 开始救治者,90% 有良好效果;触电后 12 min 开始救治者,救活的可能性就很小。
- 应尽可能就地进行。只有条件不允许时,才可将触电者抬到可靠地方进行急救;在运送医院途中,抢救工作也不能停止,直到医生宣布可以停止为止。
- 要有耐心,不轻言放弃。触电失去知觉后进行抢救,一般需要很长时间,必须耐心持续地进行。

2.5.2 电气消防

1. 电气消防重在防

随着电器使用快速增长,电气火灾呈上升趋势,危害日益严重,主要防护措施有以下几种。

1)正确选用保护装置

(1)阻隔热源 对正常运行条件下可能产生电热效应的设备采用隔热、散热、强迫冷却等结构,并注重耐热、防火材料的使用。

(2) 技术保护　按规定要求设置包括短路、过载、漏电保护设备的自动断电保护,对电气设备和线路正确设置接地、接零保护,为防雷电安装避雷器及接地装置。

(3) 选择产品　根据使用环境和条件正确设计选择电气设备的档次和品种:恶劣的自然环境和有导电尘埃的地方应选择有抗绝缘老化功能的产品,或增加相应的措施;对易燃易爆场所则必须使用防爆电气产品。

2) 正确安装电气设备

(1) 对易燃、易爆危险场所,严格按有关安全规程安装电气设备。

(2) 电焊作业的下方,不应有易燃品。

(3) 使用灭弧材料将其全部隔围起来。

(4) 电气设备与易燃物料之间必须隔离或离开足够的距离。

3) 正确使用电气设备

(1) 严格执行操作规程　按设备使用说明书的规定操作电气设备。

(2) 保持电气设备的电压、电流、温升等不超过允许值。

(3) 保持各导电部分连接可靠,接地良好。

(4) 保持电气设备的绝缘良好,保持电气设备的清洁,保持良好通风。

2. 电气火灾的扑救

发生火灾后,应立即拨打119火警电话报警。扑救电气火灾时注意触电危险,为此要及时切断电源,通知电力部门派人到现场指导和监护扑救工作。

(1) 发现电子装置、电气设备、电缆等冒烟起火,要尽快切断电源(拉开总开关或失火电路开关)。

(2) 在扑救尚未确定断电的电气火灾时,应该使用砂土、二氧化碳、干粉或四氯化碳等不导电灭火介质,忌用泡沫或水进行灭火。使用二氧化碳、四氯化碳等灭火器要注意防止中毒和缺氧窒息。

(3) 灭火时不可将身体或灭火工具触及导线和电气设备。

3 EDA 与 DFM 简介

随着现代科学技术的发展,科学研究与技术开发行为日益市场化,而远非单纯的学术行为,尤其像电子技术这种与现代化紧密联系的技术科学,对研发周期、成本效益和可靠性非常敏感。为了适应市场需求,要求设计工作必须在较短的时间内出色完成,并且保证设计的产品具有良好的可制造性,进而要求控制制造成本、实现设计的最优化。

3.1 现代电子设计

1. 电子设计与新的挑战

1) 电子设计与电子产品

关于电子设计对产品总成本、制造成本以及生产缺陷的重要性,由下面基本估算可以窥豹一斑:

- 产品总成本 60% 取决于产品的最初设计;
- 75% 的制造成本取决于设计的优化水平;
- 70%~80% 的生产缺陷由设计原因造成。

2) 新的挑战

传统的电子产品研发过程,一般需要经过:实体模型试验—修改设计—试验样机与性能试验—再修改—生产样机与结构工艺性能检验—修订整理设计方案。对于复杂产品或可靠性要求高的产品,过程还要复杂得多。这种方法,不仅开发周期长,而且需要大量手工操作和样机制作。

随着现代电子技术的发展,电子产品越来越小型化、多功能化和复杂化,即使一个普通的电子小产品,例如一个音视频播放器(例如迅速大众化的 MP3/MP4),也包含相当复杂的集成电路硬件和相应软件系统,而且市场变化和产品更新换代的速度前所未有,如果采用传统的电子设计手段,必然显得越来越力不从心。另一方面,如果需要设计实现的数字电路部分规模较大,仍习惯地利用中、小规模数字集成芯片实现,电路的集成度和可靠性在许多应用场合会受到很大限制,甚至根本无法满足要求。作为电路主体的电子器件,特别是集成电路器件功能越来越强大,集成度越来越高,传统设计方式已难以胜任。

有没有能够不动用或少动用电烙铁、试验板就能知道结果的方法呢?结论是有,这就是充分发挥计算机技术优势的现代电子设计技术。

2. 现代电子设计技术

说到电子电路设计与仿真工具这项技术,就不能不提到我们与电子设计与制造强国的差距。我们设计定型一个新产品一般需要半年甚至更长时间,而在那些电子设计与制造发达的国家,则只要两三个月甚至更短。为什么会有这样大的差距呢?因为他们普遍采用了先进的数字虚拟仿真技术,即本章介绍的以电子设计自动化(EDA)与可制造性设计(DFM)为核心的现代电子设计技术。

采用 EDA 与 DFM,利用功能强大的计算机软硬件技术和 EDA 与 DFM 软件工具,充分利用业界积累的 IP 核和其他设计资源,加上本企业、本公司积累的经验和技术成果资源,通过并行设计技术和自顶而下概念驱动方法,由计算机自动完成逻辑编译、化简、分割、综合、优化、布局、布线和仿真,直至特定目标芯片的适配编译、逻辑映射和编程下载等工作,最终形成集成电子系统或专用集成电路,完成芯片级 EDA;然后通过原理图设计和仿真技术完成包括 PCB 布局、布线和仿真、分析、优化以及可制造性审核,完成电子产品的板级设计。采用这种技术,不仅产品软硬件配置合理、电路连接正确、产品功能和性能可以保证,而且具有实际生产可行性和经济性。

应用现代电子设计技术,尽管目标系统是硬件,但整个设计和修改过程如同完成软件设计一样方便和高效。

3. EDA 与 DFM

从电子应用产品设计制造流程和工程角度看,完整的现代电子设计技术还应该包括电子制造环节中以 DFM(可制造性设计)为标志的优化(DFX,具体内容后面讨论)设计内容。因为在应用产品层面上,不仅涉及产品功能和性能,从产业角度说,与结构工艺制造流程有关的产品经济性、质量和可靠性等因素,其重要性一点也不比产品功能和性能差,何况产品的功能和性能最终是通过制造保证的。但是习惯上人们把 DFM/DFX 归入制造工程范畴,认为 DFM/DFX 属于制造工程师的工作,而不是设计工程师的任务。

这种将设计与制造截然分开的理念,已经不适应现代电子产业的发展。一个优秀的电子设计工程师如果不了解产品制造过程和基本工艺,不可能设计出具有市场竞争力的高水平电子产品;同样,一个优秀的电子制造工程师如果不了解产品设计过程和基本流程,不能把由于设计不合理而导致的制造问题消灭在设计阶段,就不能成为高水平工艺专家。

但是习惯上的分工和自然形成的行业、岗位分割是无法回避的,每个领域、每个科技工作者不可能面面俱到,因此我们还是按照传统,把 EDA 与 DFM 作为两个领域、两种技术来讨论。但是系统的、全局的观念是必需的,EDA 与 DFM 是紧密相连的两个环节,对于最终产品的品质和竞争力同样重要,难分伯仲。

从市场产品概念到最终电子产品实现,基本流程如图 3.1.1 所示,以电路原理设计为核心的电子设计和以产品制造流程为核心的电子工艺技术是实现产品物理制造的基本环节,而连接这两个基本环节的就是可制造性设计。无论从技术分工的角度来说,还是从企业内部对职能和部门的分工来说,可制造性设计应该属于"设计"的范畴,因此我们把 EDA 与 DFM 及其相关技术统称为现代电子设计技术。

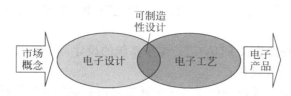

图 3.1.1　从市场产品概念到最终电子产品

3.2　EDA 技术

现在 EDA 领域很广,在机械、电子、通信、航空航天、化工、矿产、生物、医学、军事等各个领域,都有 EDA 的应用。EDA 不仅在企业,而且科研、教学中都广泛使用。

由于本书讨论的范围限于通常意义的电子工艺技术,因此本节讨论的是面向应用电子产品的 EDA 技术。

3.2.1　EDA 概述

1. EDA 技术的含义

什么叫 EDA 技术? EDA 具体包括哪些内容? 虽然 EDA 概念提出已经多年,但由于它是一门迅速发展的新技术,涉及面广,内容丰富;发展过程中多学科交叉,多种技术融合;参与研究和应用的科技人员众多,涉及多种学科和行业领域,由于出发点和目标的差异,对 EDA 的理解和认识各不相同,目前尚无统一的说法。

有人认为 EDA 就是 PLD 编程,就是硬件描述语言和可编程逻辑器件;有人认为 EDA 就是电路仿真分析技术,甚至具体化为 PSPICE,Multisim(EWB),……;有人认为 EDA 就是电路原理图和 PCB 设计技术,甚至具体化为 Protel,Orcad,……

应该说,这些都是 EDA 的一部分,但远不是 EDA 的全部,如同手工焊接是电子工艺的一部分,但不能说电子工艺就是手工焊接一样。

目前业界关于 EDA 技术的含义有两种代表性的说法。

1) 从技术角度

从设计自动化技术本意看,EDA 技术有狭义的 EDA 技术和广义的 EDA 技术之分。

(1) 狭义的 EDA 技术:主要指以大规模可编程逻辑器件为设计载体,应用计算机软、硬件工具最终形成集成电子系统(integrated electronics system,IES)或专用集成电路

(ASIC)的一门新技术,或称为 IES/ASIC 自动设计技术。

(2) 广义的 EDA 技术:除了包含狭义的 EDA 技术外,还包括计算机辅助分析(CAA)技术(如 PSPICE,EWB,MATLAB 等),印制电路板计算机辅助设计 PCB-CAD 技术。

现在电子技术中提到 EDA 指的是这种广义的 EDA 技术。

2) 从应用角度

从应用领域来说,可以把 EDA 分为面向集成电路(IC)和面向电子产品两大类。

2. EDA 特点

利用 EDA 技术(特指狭义 EDA)进行电子系统的设计,具有以下几个特点:

- 用软件的方式设计硬件;
- 用软件方式设计的系统到硬件系统的转换是由有关的开发软件自动完成的;
- 设计过程中可用有关软件进行各种仿真;
- 系统可现场编程,在线升级;
- 整个系统可集成在一个芯片上,体积小、功耗低、可靠性高;
- 从以前的"组合设计"转向真正的"自由设计";
- 设计的移植性好,效率高;
- 非常适合并行工程,即分工设计,团体协作。

因此,EDA 技术是现代电子设计的发展趋势。

3.2.2 芯片级设计基础——ASIC/PLD/SoPC/SoC

在 EDA 应用中,所谓芯片级设计,主要是指专用集成电路(ASIC)设计,其中应用最广泛的是大规模可编程逻辑电路设计。

1. ASIC

ASIC(application specific intergrated circuits)即专用集成电路,ASIC 的特点是面向特定用户的需求,品种多、批量少,要求设计和生产周期短,它作为集成电路技术与特定用户的整机或系统技术紧密结合的产物,与通用集成电路相比具有体积更小、重量更轻、功耗更低、可靠性提高、性能提高、保密性增强、成本降低等优点。

对于数字 ASIC,按版图结构及制造方法分,有半定制、全定制和可编程逻辑器件三种,由于半定制和全定制方法都需要掩膜,因此也把半定制和全定制 ASIC 称为掩膜ASIC。

2. 可编程逻辑器件

可编程逻辑器件(programable logic device,PLD)从应用和制造模式领域来说属于半定制 ASIC,但是与全定制和半定制 ASIC 最大的区别是集成电路制造商提供的是通用 IC,由用户通过编程使其成为专用 IC 而不需要掩膜工艺,因此具有极好的灵活性和便利性。这种器件实际上是没有经过布线的门阵列电路,产品需要的逻辑功能可以由用户通过对其可编程的逻辑结构单元(CLB)进行编程来实现。PLD 的基本结构如图 3.2.1 所示。

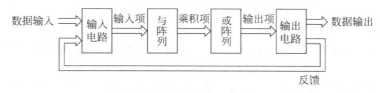

图 3.2.1 PLD 基本结构

1) PLD 的特点
- 电子系统设计人员完成系统设计后,在实验室内就可以烧制出自己的专用芯片,无须 IC 厂家的参与,大大缩短了开发周期;
- 由于不需要掩膜,单件和小批量设计制造成本低于掩膜 ASIC;
- 软件开发工具先进灵活、易学易用;
- 随着集成电路技术的发展,可编程逻辑器件集成度越来越高,每个逻辑单元价格不断降低;
- 用户可以借助 EDA 软件和编程器在实验室或车间中自行进行设计、编程或电路更新;
- 标准产品无需测试、质量稳定以及可实时在线检验。

2) PLD 的应用

PLD 可广泛应用于产品的原型设计和产品中小批量生产(一般在 10 000 件以下)之中,几乎所有门阵列、各种数字集成电路的场合均可应用。

3. 大规模可编程逻辑器件

大规模可编程逻辑器件是指每片逻辑门数量在百万门以上的可编程逻辑器件,也称为高密度 PLD,是由早期可编程阵列逻辑(PAL)、通用阵列逻辑(GAL)和可编程逻辑阵列(PLA)发展而来的。随着集成电路技术的发展,出现了可以实现复杂电路功能的大规模可编程逻辑器件 CPLD 和 FPGA。

1) 复杂的可编程逻辑器件(complex programmable logic device,CPLD)

CPLD 是阵列型高密度可编程控制器,其基本结构形式和 PAL、GAL 相似,都由可编程的与阵列、固定的或阵列和逻辑宏单元组成,但集成规模都比 PAL 和 GAL 大得多。

2) 现场可编程门阵列(field programable gate array,FPGA)

FPGA 是另一种高密度 PLD,它采用类似于掩膜编程门阵列的通用结构,其内部由许多独立的可编程逻辑模块组成,用户可以通过编程将这些模块连接成所需要的数字系统。它具有密度高、编程速度快、设计灵活和可再配置等许多优点,因此 FPGA 自推出后,便受到普遍欢迎,并得到迅速发展。

3) CPLD 和 FPGA 的应用

这两种高密度 PLD 及其应用,是当前电子设计领域中最具活力和发展前途的一项技术,它的影响不亚于 20 世纪 70 年代单片机应用的技术热潮。利用这种高密度 PLD,能够完成任何数字器件的功能，上至高性能 CPU、DSP，下至简单的 74 电路，都可以用这种高密度 PLD 来实现。PLD 如同一张白纸或是一堆积木，工程师可以通过传统的原理图输入法，或是硬件描述语言自由地设计一个数字系统。通过软件仿真，我们可以事先验证设计的正确性。

尤其值得称道的是，在 PCB 设计组装完成以后，还可以利用 PLD 的在线修改能力，随时修改设计而不必改动硬件电路。使用 PLD 来开发数字电路，可以大大缩短设计时间，减少 PCB 面积，提高系统的可靠性。

4. SoC 与 SoPC

SoC(system on chip)和 SoPC(system on programmable chip)是指以嵌入式系统为核心，集软、硬件于一体，并追求产品系统最大包容的集成器件，是目前嵌入式应用领域的先进技术。

SoC 和 SoPC 的先进性在于成功实现了微电子、计算机和 EDA 多学科的交叉与融合，达到现代电子信息技术的新高度。

1) SoC

SoC 称为系统级芯片，也称片上系统，意指它是一个完整的产品电路，是一个有专用目标的集成电路，其中包含完整系统并有嵌入软件的全部内容。从狭义角度讲，它是信息系统核心的芯片集成，是将系统关键部件集成在一块芯片上；从广义角度讲，SoC 是一个微小型系统，如果说 CPU 是大脑，那么 SoC 就是包括大脑、心脏、眼睛甚至四肢的完整系统。

2) SoPC 及 PSoC

用可编程逻辑技术把整个系统放到一块硅片上，称作 SoPC(system on a programmable chip)，即可编程片上系统。SoPC 是一种特殊的嵌入式系统：首先它是 SoC，即由单个芯片完成整个系统的主要逻辑功能；其次，它是可编程系统，具有灵活的设计方式，可裁剪、可扩充、可升级，并具备软硬件在系统可编程的功能。

近年，有公司开发一种新型可编程 MCU（单片机）产品——PSoC（programmable system on chip）。在传统 MCU 基础上增加了模拟单元和可编程功能，形成可通过软件编程配置硬件资源的系统级芯片（SoC）。PSoC 可以看作 SoPC 的别称，也可以看作 SoPC 的一个品种。

5. IP 核

1) 什么是 IP 核

IP(intellectual property)即知识产权。IP 核是集成电路设计领域的一个专业术语。在 IC 设计制造中，特别是 ASIC、ASSP、PLD 领域，将一些电路中常用的功能块，例如 FIR 滤波器、SDRAM 控制器、PCI 接口等已验证的、可重复利用的、具有某种确定功能的模块，作为一种具有知识产权的产品推向市场，形成 IP 核产品。可以把 IP 核理解为软件中的模块。

2) IP 核的类型

(1) 软 IP 核是一种软件功能模块，即采用硬件描述语言（HDL）来描述功能块的源码。

软核只描述功能块的行为,不涉及用什么电路和电路元件实现这些行为,与具体生产工艺无关,其最终产品相当一种应用软件。

(2) 硬 IP 核是完成了综合的功能块,是针对具体工艺的配置,已有固定的布局和布线,提供设计的最终阶段产品——掩膜。

(3) 固 IP 核是完成了综合的功能块,有较大的设计深度。除了完成软 IP 核所有的设计外,以门电路级网表的形式提交客户使用。如果客户与固 IP 核使用同一个生产线的单元库,固 IP 核的成功率会比较高。

3) IP 核的来源及产权

由于集成电路规模越来越大,电路越来越复杂,调用 IP 核能避免重复劳动,缩短新产品开发周期,因此使用 IP 核是集成电路技术发展的趋势,已经成为 IC 设计的一项独立技术,成为实现 SoC/SoPC 设计的技术支持以及 ASIC 设计方法学中的学科分支。

从设计来源上说,单纯靠 IC 厂商设计 IP 模块已远不能满足应用系统设计师的要求,IP 库来源除了芯片设计公司的自身积累外,还来自代工厂、EDA 厂商、设计服务公司以及新兴专业 IP 公司等。不论出自谁家,只要是优化的设计,与同类模块相比达到芯片面积更小、运行速度更快、功率消耗更低、工艺容差更好,就可以申请注册这个模块的版权,因此也就可以纳入 IP 库。

3.2.3 硬件描述语言

硬件描述语言(hardware describe language,HDL)是 EDA 技术的重要组成部分,它是一种用形式化方法描述数字电路和系统的语言。利用这种语言,数字电路系统的设计可以从上层到下层(从抽象到具体)逐层描述自己的设计思想,用一系列分层次的模块来表示极其复杂的数字系统。然后,利用电子设计自动化(EDA)工具,逐层进行仿真验证,再把其中需要变为实际电路的模块组合,经过自动综合工具转换到门级电路网表。接下去,再用专用集成电路 ASIC 或现场可编程门阵列 FPGA 自动布局布线工具,把网表转换为要实现的具体电路布线结构。

HDL 种类繁多,常见的主要有 VHDL、Verilog HDL、AHDL、SystemVerilog 和 SystemC。

1. HDL 双雄——VHDL 与 Verilog HDL

VHDL 和 Verilog HDL 开发较早,且都获得 IEEE 认可,是驰骋 HDL 多年、拥有很多用户的典型硬件描述语言。

VHDL 的英文全名是 VHSIC(very high speed integrated circuit),自 IEEE 公布了 VHDL 的标准版本(IEEE Std 1076)之后,各 EDA 公司相继推出了自己的 VHDL 设计环境,或宣布自己的设计工具支持 VHDL。此后,VHDL 在电子设计领域得到了广泛应用,并逐步取代了原有的非标准硬件描述语言,得到全部流行的 EDA 工具软件的支持。

Verilog HDL 是另一种硬件描述语言,也是在 20 世纪 80 年代中期开发出来的作为 IEEE 确认的标准硬件描述语言,其随着 EDA 技术发展而不断完善并且得到广泛应用。

1) VHDL 和 Verilog HDL 的特点
- 功能强大、设计灵活；
- 支持广泛、易于修改；
- 强大的系统硬件描述能力；
- 独立于器件的设计、与工艺无关；
- 很强的移植能力；
- 易于共享和复用。

2) VHDL 和 Verilog HDL 的差异

（1）Verilog HDL 的基础是 C 语言，最大特点就是易学易用，如果有 C 语言的编程经验，可以很快学习和掌握；与之相比，VHDL 的学习要困难一些。

（2）由于 VHDL 历史较久、用户较多，因而积累的设计资源比较丰富。

（3）由于 Verilog HDL 语法比较自由，容易造成初学者犯一些错误。

（4）Verilog HDL 开发公司偏重于 IC 硬件的设计。

基于二者的特点，如果偏重于集成电路的设计，选择 Verilog HDL 较宜，若要进行大规模系统设计，选择 VHDL 更具有发展前景。

2. HDL 新秀——MAXplus Ⅱ 与 Quartus Ⅱ

MAXplus Ⅱ 与 Quartus Ⅱ 都是 Altera 公司根据自己公司生产的 MAX 系列器件和 FLEX 系列器件的特点专门设计的硬件描述语言，是可编程芯片设计和应用领域优秀开发平台之一，也被称为 AHDL（Altera hardware description language）。

MAXplus Ⅱ 是早期版本，适合开发早期的中小规模 PLD/FPGA，目前仍然在应用；Quartus Ⅱ 是其新版本，应用于新器件和大规模 FPGA 的开发，从功能和应用方面说，已经完全可以取代 MAXplus Ⅱ。

由于 Altera 可编程逻辑器件产品在市场占有率及其作为可编程芯片系统（SoPC）解决方案倡导者的优势，对于选用该公司可编程逻辑器件以及开发和应用 SoPC 领域，MAXplus Ⅱ 与 Quartus Ⅱ 无疑是较好的选择。

3. 满足 SoC 时代的需求——系统级设计语言（SLDL）

随着片上系统（SoC）设计复杂程度的增加，传统的设计方法已经不能够满足电子系统设计的要求，需要一种新的系统设计高级语言，这种语言必须满足：
- 电路设计和验证同时满足；
- 系统设计、硬件设计和软件设计通用；
- 能够完成系统到门级各个层次的设计描述和验证。

这种语言被称为系统级设计语言（system level description language，SLDL），目前有 SystemVerilog 和 System C 两种，它们都先后获得 IEEE 支持，成为 IEEE 硬件描述语言的新标准。

3.2.4 EDA 工具

EDA 软件工具在 EDA 技术中具有极其重要的作用。因为 EDA 技术的重要特点是利用了计算机的强大和高速度的数据处理能力来完成电子系统的设计。因此,基于计算机硬、软件平台基础之上的一系列 EDA 软件工具,在实现 EDA 技术时是必不可少的开发环境支持。

EDA 软件工具类型及其发展趋势如图 3.2.2 所示。

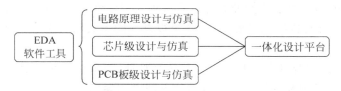

图 3.2.2　EDA 软件工具类型及其发展趋势示意图

EDA 工具种类繁多、层出不穷。各种工具各具特色,都在某一方面或几方面有较强的功能;一般可用于几个方面,例如很多软件都可以进行电路原理设计与仿真,同时也可以进行 PCB 自动布局布线,可输出多种网表文件与第三方软件接口等,因而都有一定的用户群和发展空间。

1. 电子电路(原理图)设计与仿真工具

电子电路设计与仿真工具很多,目前在我国应用较多的有 SPICE/PSPICE、EWB、Matlab、SystemView、MMICAD 等,下面简单介绍前三个软件。

1) PSPICE

SPICE(simulation program with integrated circuit emphasis)是功能最为强大的模拟和数字电路混合仿真 EDA 软件,在电路设计中应用非常广泛。基于 SPICE 的微机版称为 PSPICE,其最新版本可以进行各种各样的电路仿真、激励建立、温度与噪声分析、模拟控制、波形输出、数据输出,并在同一窗口内同时显示模拟与数字的仿真结果。无论对哪种器件、哪些电路进行仿真,都可以得到精确的仿真结果,并可以自行建立元器件及元器件库。

2) multiSIM(EWB 的最新版本)

multiSIM 及其早期版本的 EWB 相对于其他 EDA 软件,具有更加形象直观的人机交互界面,仿真功能强,特别是其仪器仪表库中的各种仪器仪表与操作真实实验非常相似,而且能提供常见的各种元器件精确建模,进行 VHDL 仿真和 Verilog HDL 仿真,因而在我国教育界应用比较广泛。与仿真器的出色表现比较,其 PCB 设计软件 Ultiboard 逊色很多,实际应用也比较少。

3) Matlab

Matlab 是 MathWorks 公司的适合多学科、多种工作平台的功能强大的大型软件产品,其基本数据单位是矩阵,包括拥有数百个内部函数的主包和三十几种工具包。其中面向 EDA 应用的工具包和仿真模块,包含完整的函数集,用于在图像信号处理、控制系统设计、神经网络等特殊应用中进行分析和设计；具有数据采集与分析，数值和符号计算，工程与科学绘图，数字图像信号处理，建模、仿真、原型开发，以及图形用户界面设计等功能。Matlab 产品族可广泛应用于信号与图像处理、控制系统设计、通信系统仿真等诸多领域。开放式的结构使 Matlab 很容易针对特定的需求进行扩充，因而适应性很强。

2. 芯片级设计与仿真工具

对于电子应用系统设计而言，芯片级设计与仿真工具主要指可编程器件设计工具，特别是近年来 CPLD/FPGA 由于功能强大并且具有很大灵活性，已经成为电子系统设计的重要部分。随着 SoC 的日益成熟和发展，适合系统级设计的工具将具有较大的发展空间和市场应用前景。

各种硬件描述语言都具有芯片级设计与仿真功能，不同公司的产品具有不同的发展背景和用户群，这主要是因为它们具有各自的特点和应用领域。

以下是芯片级设计与仿真工具的几个模块。

- 设计输入编辑器：接受包括硬件描述语言、原理图等多种形式的设计输入。
- 综合器：对设计输入文件进行逻辑化简、综合、优化和适配，最后生成编程用的编程文件。
- 仿真器：将设计描述转换成一个与之对应的软件模型，供设计者在电脑上对其设计进行仿真和定时分析。其目的是检验设计描述的逻辑功能是否正确，同时测试目标器件在最差情况下的时间关系等。
- 适配器：将由综合器产生的网表文件配置于指定的目标器件中，产生最终的下载文件。
- 下载器：将适配后产生的下载文件下载到相应的 CPLD 或 FPGA 等可编程逻辑器件中，除了前面介绍的几种硬件描述语言工具外，使其成为一个具有设计功能的专用集成芯片。

3. PCB 设计软件

一般所谓 PCB 设计软件，包括三个基本模块。

- 电路图设计：包括原理图输入，元器件库及元器件编辑，原理图编辑等；
- 电路仿真：包括数字电路仿真、模拟电路仿真、数字/模拟混合电路仿真、高速电路信号完整性分析、电磁兼容分析等功能模块；
- 电路板设计：包括 PCB 布局/布线及电性能检查（DRC）等。

PCB 设计软件种类很多，下面主要介绍在我国应用较多的几种。

1) 大众化 EDA 工具——从 Protel 到 Altium Designer

Protel 是 PROTEL（现为 Altium）公司在 20 世纪 80 年代推出的 CAD 工具，是 PCB 设计大众化软件。从 20 世纪 80 年代的 DOS 版本 TANGO 开始，Protel for Windows、protel 99 及其升级版 protel 99se，包含了电路原理图绘制、模拟电路与数字电路混合信号仿真、多层印制电路板设计（包含印制电路板自动布线）、可编程逻辑器件设计、图表生成、电子表格生成、支持宏操作等功能。Protel 是目前使用的人员最多的 EDA 工具,其新版本称为 Altium Designer。

2) 企业应用很广的 EDA 软件——ORCAD 及 PSPICE

ORCAD 是由 ORCAD 公司于 20 世纪 80 年代末推出 EDA 软件,早在工作于 DOS 环境下的 ORCAD 4.0,就集成了电路原理图绘制、印制电路板设计、数字电路仿真、可编程逻辑器件设计等功能,而且界面友好、直观。之后几十年随着计算机技术和微电子技术的发展,ORCAD 不断推出功能更强、性能更完善的新版本。

ORCAD 并购了著名的 PSPICE,使其拥有一流的电路仿真能力。并购后 PSPICE 除了与 ORCAD 产品整合外,仍然作为一个单独产品提供。

PSPICE Release 9.0 不但能对模拟电路进行仿真,还能对数字电路、数/模混合电路进行仿真;在对电路进行直流、交流和瞬态分析的基础上,对较复杂电路还能实现蒙特卡罗分析、最坏环境分析及优化分析;在电路图绘制完成后,不仅可以直接进行电路仿真,还可随时分析观察仿真结果。

3) 产品名目繁多的 EDA 软件——从 PorwerPCB/PADS 到 Mentor 系列工具

Mentor Graphics 公司生产的 PCB 设计软件种类全全、名目繁多。在我国 EDA 领域知名度很高的是 PowerPCB/PADS,其实这只是 Mentor 产品链中的一小部分,在 PCB 设计领域也只是设计工具的一个模块而已。

由于 Mentor 公司雄厚的技术实力和服务能力,以及其旗下产品完善的功能和卓越的性能,在我国 EDA 应用领域正在得到认可,使用者也在日益增加。

4) 囊括 EDA 全程——Cadence 设计平台

Cadence 的 EDA 产品涵盖了电子设计从前端芯片到后端 PCB 设计的整个产业链,包括系统级设计,功能验证,IC 综合及布局布线,模拟、混合信号及射频 IC 设计,全定制集成电路设计,IC 物理验证,PCB 设计和硬件仿真建模等,涵盖了数字 IC、ASIC 设计、FPGA 设计和 PCB 板设计。

Cadence 软件工具主要面向复杂电子产品研发的用户,因此在大中型电子企业中有较高认知度。

4. 一体化电子系统设计平台

由于电子产品复杂性日益增加而开发周期不断缩短,要求电子系统设计把以整体功能要求为中心的电路总体设计、以 CPLD/FPGA 为重点的芯片级设计,和以物理实现为目标的 PCB 板级设计整合的需求催生了一体化电子系统设计平台的发展。众多 EDA 软件工具企业都在自己产品基础上或通过并购、或通过研发扩展,使自己产品具备一体化电子系统设计环境功能。2005 年 Protel 软件的厂商 Altium 公司推的 Altium Designer 就是较早推出的具有这种功能的产品。

Altium Designer 是业界一种完整的一体化电子产品开发设计解决方案。它以强大的设计输入功能为特点,在 FPGA 和板级设计中,同时支持原理图输入模式和 HDL 硬件描述输入模式;同时支持基于 VHDL 的设计仿真、混合信号电路仿真、布局前/后信号完整性分析。Altium Designer 6.0 的布局布线采用完全规则驱动模式,并且在 PCB 布线中采用了无网格的 SitusTM 拓扑逻辑自动布线功能;同时,将完整的 CAM 输出功能的编辑结合在一起。Altium Designer 拓宽了芯片级设计和板级设计的传统界限,将设计流程、集成化 PCB 设计、可编程器件(如 FPGA)设计、SoPC 设计和基于处理器设计的嵌入式设计软件开发功能整合在一起,具有将设计方案从概念转变为最终成品所需的全部功能。

这种集成化系统化研发平台由于功能强大、使用方便,应该是 EDA 软件工具的未来发展方向。

3.2.5 设计流程

进入 20 世纪 90 年代以来,电子信息类产品的开发明显出现 3 个特点:一是多品种小批量成为主流;二是产品的复杂程度增加;三是产品的上市时限紧迫。传统的基于门级描述的单层次设计,设计的所有工作(包括设计输入仿真和分析,设计修改等)都是在基本逻辑门这一层次上进行,显然这种设计方法不能适应新的形势。为此引入了一种新的、高层次的电子设计方法,也称为系统级的设计方法。设计人员无须通过门级原理图描述电路,而是针对设计目标进行功能描述。由于摆脱了电路细节的束缚,设计人员可以把精力集中于创造性的方案与概念构思上,一旦这些概念构思以高层次描述的形式输入计算机后,EDA 系统就能以规则驱动的方式自动完成整个设计。这样,新的概念得以迅速有效的成为产品,大大缩短了产品的研制周期。

这种方法一般经过系统级分析、芯片级设计和板级设计 3 个基本流程。

1. 自顶向下的系统级分析

系统级分析是产品开发的第一步,也是最关键的一步。系统级分析要解决的问题是"概念驱动式"设计,即根据产品功能和性能要求,确定电路设计总体方案。

- **硬件与软件划分** 现代电子产品数字化成为主流,特别是日新月异、层出不穷的数码产品,很多功能既可以采用硬件方式实现,又可以采用软件方式实现,二者各有千秋,取决于产品要求和设计思路。由于软件的灵活性和低成本,现在能够采用软件实现的功能,一般不用硬件。

- **硬件选择** 硬件电路功能可以由通用电路(通用 IC、ASSP)搭配实现,也可以针对本产品设计 ASIC 实现。根据产品功能要求,SoC 应该是硬件首选。其次由于现代 CPLD/FPGA 的强大功能和日益下降的价格,使得原来需要多块集成电路才能实现的功能可以集成在一块自己设计的 PLD 上,因此现在的设计原则是优先选用 CPLD/FPGA,最后才考虑使用通用 IC 和分立器件。

- **电路功能块的划分** 将确定由硬件实现的电路按照功能划分为若干个功能块,以便按功能块选择 IP 核、寻求制造厂家综合库支持或者进行模块设计。

2. 面向 CPLD/FPGA 的芯片级设计

面向 CPLD/FPGA 的芯片级设计如图 3.2.3 所示。

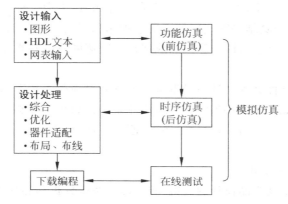

图 3.2.3　面向 CPLD/FPGA 的芯片级设计

具体流程如下：

1）设计输入

设计有图形法和文本法两种。

- 图形法　图形输入通常包括原理图输入、状态图输入和波形图输入等方法。
- 文本法　这种方式与传统的计算机软件语言编辑输入基本一致，就是将使用了某种硬件描述语言（HDL）的电路设计文本，如 VHDL 或 Verilog 的源程序，进行编辑输入。

2）设计编译

将以上的设计输入编译成标准的 VHDL 文件。对于大型设计，还要进行代码级的功能仿真，主要是检验系统功能设计的正确性，因为对于大型设计，综合、适配要花费数小时，在综合前对源代码仿真，就可以大大减少设计重复的次数和时间，一般情况下，可略去这一仿真步骤。

3）综合优化

利用综合器对 VHDL 源代码进行综合优化处理，生成门级描述的网表文件，这是将高层次描述转化为硬件电路的关键步骤。综合优化是针对 ASIC 芯片供应商的某一产品系列进行的，所以综合的过程要在相应的厂家综合库支持下才能完成。综合后，可利用产生的网表文件进行适配前的时序仿真，仿真过程不涉及具体器件的硬件特性，是较为粗略的，一般设计，这一仿真步骤也可略去。

4）仿真校验

利用适配器将综合后的网表文件针对某一具体的目标器件进行逻辑映射操作，包括底层器件配置、逻辑分割、逻辑优化、布局布线。适配完成后，产生多项设计结果：

- 适配报告，包括芯片内部资源利用情况，设计的布尔方程描述情况等；

- 适配后的仿真模型；
- 器件编程文件。

根据适配后的仿真模型，可以进行适配后的时序仿真，因为已经得到器件的实际硬件特性(如时延特性)，所以仿真结果能比较精确的预期未来芯片的实际性能。如果仿真结果达不到设计要求，就需要修改 VHDL 源代码或选择不同速度品质的器件，直至满足设计要求。

5) 测试下载

将适配器产生的器件编程文件通过编程器或下载电缆载入到实际芯片 FPGA 或 CPLD 中；然后将载入了设计的 FPGA 或 CPLD 的硬件系统进行统一测试，以便最终验证设计项目在目标系统上的实际工作情况，以排除错误，改进设计，最终完成 FPGA/CPLD 编程设计工作。

3. 硬件实现之板级设计

板级设计工作是实现产品设计的关键一步，即在系统分析和芯片级设计基础上，设计包含 PLD 芯片的电路板，为完成产品设计的最终物理实现奠定基础。板极设计的流程如图 3.2.4 所示。

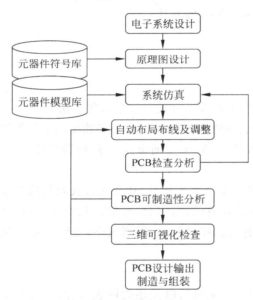

图 3.2.4　板级设计流程图

1) 电路原理图输入

电子工程师接受系统设计任务后，首先确定设计方案，同时要选择能实现该方案的合适元器件，然后根据具体的元器件设计电路原理图。

2) 第一次仿真

第一次仿真包括数字电路的逻辑模拟、故障分析，模拟电路的交直流分析、瞬态分析。系统在进行仿真时，必须要有元件模型库的支持，计算机上模拟的输入输出波形代替了实际电路调试中的信号源和示波器。这一次仿真主要是检验设计方案在功能方面的正确性。

3) 自动布局布线

仿真通过后，根据原理图产生的电气连接网络表进行 PCB 板的自动布局布线。一般情况下需要部分人工干预和调整，特别是对于比较复杂的电路，自动布局往往不能尽如人意。人工干预的量和程度因软件工具和电路板要求而异。

4) 设计规则检查

设计规则检查主要根据系统要求，进行设计规则以及电磁兼容、信号完整性、噪声及串扰分析，可靠性分析，热性能分析等，也称为第二次仿真。检验设计方案在自动布局后电路连接关系方面的正确性，检验 PCB 板在实际工作环境中的可行性。

5) 可制造性分析检查

关于印制电路板可制造性设计及其审核,将在后面专门介绍。

6) 三维可视化检查——结构仿真(非必需流程)

一部分 EDA 工具软件提供 PCB 三维可视化引擎,让设计者在完成 PCB 设计工作后,可以观察到逼真的板卡实际组装后的效果。通过三维可视化检查功能,设计者可以对 PCB 布局布线结果、板卡组装工艺结构及整机组装制造工艺进行审核,了解设计的物理特性,必要时对布局结构进行调整,保证设计质量和可制造性。

7) 设计输出

全部设计检查完成后,为制造工程部门提交精确输出文件,供 PCB 制造、元器件采购、PCB 组装部门作为生产技术文件,进而完成电子设计产品化工程。

由此可见,现代先进的 EDA 技术使电子工程师在实际的电子系统产生前,就可以全面地了解系统的功能、性能和部分物理特性,从而将开发风险消灭在设计阶段,达到缩短开发时间,降低开发成本的目标。

3.2.6 EDA 实验开发系统

在应用 EDA 系统开发电子产品中,可编程器件是非常重要的一个环节。一般在可编程器件编程、调试以及最终完成 PLD 过程中,需要一种与计算机配套使用的装置,称为 EDA 实验开发系统。实验开发系统提供芯片下载电路及 EDA 实验开发的外围资源(类似于用于单片机开发的仿真器),以供硬件验证用。

实验开发系统一般包括:

- 实验或开发所需的各类基本信号发生模块,包括时钟、脉冲、高低电平等;
- FPGA/CPLD 输出信息显示模块,包括数码显示、发光管显示、声响指示等;
- 监控程序模块,提供"电路重构软配置";
- 目标芯片适配座以及上面的 FPGA/CPLD 目标芯片和编程下载电路。

图 3.2.5 所示是 EDA 实验开发系统实例。

图 3.2.5 EDA 实验开发系统实例

实验开发系统的柔性是必须考虑的重要方面,要求开发系统可兼容主流的可编程芯片,而且支持各个公司不同规模不同型号的可编程芯片,包括数字和模拟(ispPAC)两种可编程器件,主芯片可根据用户需要自己选择。

目前商品 EDA 实验系统在功能模块的组成上大同小异,都能够完成一般的学习和开发工作。但一个实验开发资源丰富、完全开放给用户、功能完备、结构简洁、便于理解和使用的开放式 EDA 实验开发系统,将给使用者带来便利。

3.3 DFM

随着现代制造业规模日益扩大,设计与制造技术越来越复杂,设计与制造(确切地说指制造工艺或制造流程)这两个原本制造技术的密不可分的基本环节逐步分离,并且随着现代制造发展而愈演愈烈,引起了两个环节之间衔接的一系列问题。可制造性设计(design for manufcture,DFM)应运而生,把设计与制造联系起来,成为现代制造业在世纪之交的热门话题和关键技术。

3.3.1 DFM 及其发展

1. DFM 的起源

DFM 的理念源于机械制造业,作为现代工业基础的机械制造,最先感受到设计与制造分离带来的问题,早在 20 世纪 70 年代就提出 DFM 概念。20 世纪 90 年代,逐步成为现代经济支柱产业的现代电子制造业突飞猛进,随着产业规模日益扩大、设计与制造技术日新月异,特别是电子产业全球化、网络化的趋势,设计与制造的衔接呼之欲出,DFM 顺理成章成为电子行业关键技术。

2. 电子制造行业 DFM

电子制造行业 DFM 技术,从行业领域可以分为集成电路制造 DFM(通常称为芯片级 DFM)和电子组装制造 DFM(通常称为 PCB 板级 DFM),分别对应半导体行业和电子产品制造行业。集成电路制造是电子制造的龙头和技术核心,但由于该行业的高度集中性和很强的专业性,应用范围和从业技术人员比电子组装要差很多。在本书范围内,我们讨论的 DFM 指的是和电子组装制造领域(即与 PCB 板级组装)有关的 DFM。

近年来,电子组装行业 DFM 研究和应用日益广泛,不仅 DFM 概念扩展延伸到 DFX、内涵丰富多彩,而且随着虚拟制造、网络制造技术的发展,相关软件和系统化理念日益成熟,把 DFM 推向更高的阶段。

3. 可制造与最优化

DFM 是最优化设计中直接与产品制造的可行性、经济性和产品可靠性相关的技术,也是 DFX 中应用最普及的技术。DFM 通常称为可制造性设计,是人们的称谓习惯,实际上可制造只是 DFM 的最低基本要求,有些设计尽管不合理、制造成本高、生产效率低,但还是可制造的；而优化和最优化(确切地说应该是更优化)除了可制造,还有降低制造成本、缩短研发周期、提高生产效率、节能减排、保护环境等方面的要求。达到最优化才是一个合格设计工程师的追求。

3.3.2 DFM 与 DFX

1. 什么是 DFX

随着现代电子制造发展,DFM 概念扩展延伸为 DFX,即包括 DFM 在内充分考虑各种与制造有关的因素,追求更优化的设计方案,这就是所谓最优化设计。

现代设计 DFX(最优化设计)系列主要包括：可采购设计(design for procurement, DFP)、可制造性设计(design for manufacturing, DFM)、可测试性设计(design for test, DFT)、环保设计(desibn for enviroment, DFE)、PCB 可加工性设计(design for fabrication of the PCB, DFF)、面向物流的设计(design for sourcing, DFS)、可靠性设计(design for reliability, DFR)等。

以上 DFX 为基本内容,各项都有比较确定的内涵和要求。此外,近年来在业界关于 DFX 的内容还在不断扩展,例如：面向后勤的设计(design for logistics, DFL)、面向服务的设计(design for serviceability, DFS)、可装配性设计(design for aseembly, DFA)、可分析性设计(design for diagnosibility, DFD)、面向法规的设计(design for law, DFL)、成本设计(design for cost, DFC)、面向质量的设计(design for quality, DFQ)、可拆卸性设计(design for dismantlement, DFD)等。

以上扩展内容,有些可以包括在基本内容中,例如 DFA 其实可以包括在 DFM 中；DFD(可分析性设计)可以包括在 DFT 中；DFL(面向法规的设计)和 DFD(可拆卸性设计)主要是针对环保法令,可以包括在 DFE 中；而 DFL(面向后勤的设计)和 DFS(面向服务的设计)的主要内容也可以包括在 DFS(面向物流的设计)中；DFC(成本设计)实际上在 DFM、DFT、DFP、DFS 中都是主要内容,只不过这里单独提出,强调成本的重要性；而 DFQ(面向质量的设计)显然与 DFR(可靠性设计)有很大的重复性；因此关于 DFX,还是以基本内容为主要题目。

2. DFX 的必要性

在电子产品设计制造中,往往有这样的现象：PCB 组件在焊接完成后,经常发现许多虚焊、短路等焊点缺陷,需要许多人工做修补,这不仅增加人力成本,降低生产效率,而且人工补焊的质量以及由于补焊引起的产品可靠性问题也不容忽视。其实究其原因可能只是因为产品设计人员不了解 PCB 及零件过锡炉时要考虑方向,有些短路可能只要设计上稍做调整,就可解决问题,这就是 DFX 的重要作用。

实际电子制造产业中,DFX 的必要性表现在诸多方面,概括起来有以下内容：
- 提供设计和制造之间的接口和共同语言——通过 DFX 规范,将设计和制造部门有机地联系起来,有利于彼此沟通与交流；

- 建立企业技术能力资源库——通过实施DFX,建立和完善本企业DFX规范,形成技术人员经验积累和数字化,不会因为人员流动和产品变化导致企业技术资源流失,有利于企业技术传承和技术培训;
- 有利于设计制造流程的标准化——通过建立DFX规范,推进本企业设计与制造流程的标准化,同时达到生产、测试设备标准化;
- 提高企业创新能力——实施DFX可以提前对产品开发进行验证,减少投产后出现各种产品设计更改,降低新技术导入成本,加速新产品研发速度,提升企业竞争能力;
- 降低制造成本——实施DFX可以改善供货能力,有效利用资源,减少测试工艺开发的庞大费用,低成本、高质量、高效率地制造出产品;
- 有利于企业实现最优化策略——由于实施DFX便于技术转移,在引进设计和制造外包时,有助于各方拥有共同的技术沟通语言,能够实现产品技术的专业化转移,以最优化策略迅速实现从设计到制造的过程,应对市场变化的挑战。

3.3.3 DFX 简介

在 DFX 中,DFM 获得最大认同并且在多年发展中逐步完善,已经形成比较系统的方法和应用规则,后面将单独介绍。DFM 以外的其他项目,现在还没有系统的研究和资料,下面就其基本内容简单介绍。

1. DFP(可采购设计)

DFP 的要点是设计阶段考虑元器件采购的成本、市场供应现状及其趋势等。
- 元器件品种、规格尽可能少,考虑不同产品使用共同组件;
- 优先选择市场上有大批量供应的元器件品种、规格;
- 考虑非大众化元器件的替代型号规格;
- 长线产品考虑元器件类型及封装的发展趋势;

2. DFT(可测试性设计)

DFT 的要点是设计阶段考虑 PCB 组件或部件、整机的检测问题,下面是部分实例:
- 元器件排列尽可能规范、方向一致;
- 测试点均布、测试焊盘上无阻焊膜;
- 测试点设计要考虑测试探针与相邻元器件的距离;
- 不能用边缘连接器、元器件引脚做测试点;
- 符合测试焊盘设计规则。

3. DFE(环保设计)

环保设计是目前内容最复杂、涉及范围极其广泛的一种设计理念和要求,迄今没有明确的界定和具体方法,目前涉及 PCB 组件制造的内容大体有:
- PCB 材料选择,无卤素材料;
- PCB 涂覆层、元器件镀层、焊料等金属材料符合 RoHS 要求,无铅化;

- PCB 组件工艺结构可拆卸性设计；
- 组装工艺过程节能减排设计；
- 系统设计考虑能源效率。

4. DFF(PCB 可加工性设计)

PCB 可加工性设计要点是设计阶段考虑 PCB 制造的可行性和积极性，内容涉及 PCB 制造工艺和设备，比较复杂。一般需要考虑以下内容：

- PCB 外形、尺寸设计，尽可能简化并符合相关标准；
- PCB 种类(刚性、柔性、单层、多层等)选择符合简化和标准化要求；
- 选择适当板厚度；
- 采用标准网格化参考基准；
- 图形宽度、间距及其精确度，孔径等要求符合制造厂加工能力；
- 表面涂覆层选择考虑加工厂工艺水平。

5. DFS(面向物流的设计)

面向物流的设计是 DFX 中涉及范围极其广泛的一种设计理念和规范。由于现代物流不仅单纯地考虑从生产者到消费者的货物配送问题，而且还考虑从供应商到生产者对原材料的采购，以及生产者本身在产品制造过程中的运输、保管和信息等各个方面，全面地、综合性地提高经济效益和效率的问题。

6. DFR(可靠性设计)

可靠性设计在 DFX 中，从重要性来说是无与伦比的。从前面的介绍我们已经可以看出，DFM、DFT、DFP、DFS 等主要涉及制造的效率与成本，而 DFR 则涉及产品安全的重大问题，是与人类的社会活动密切相关的问题。它小则影响人们的日常生活和工作，大则危及人们的生命，甚至能给一项事业、一个企业造成灾难性的后果。

3.3.4 DFM 简介与技术规范举例

DFM 的核心是将有关 DFM 专业知识、企业的资源和技术人员的经验一起应用于产品的开发、设计和制造过程；从产品开始就充分考虑到制造全过程与工艺细节，使设计与制造之间珠联璧合，实现从设计到成功制造的最优路线，达到缩短开发周期、降低制造成本、提高产品质量的目的。

1. DFM 的内容

DFM 技术不仅仅是设计规范，还包括企业文化、管理和软件工具的选择与应用等，如图 3.3.1 所示。

2. DFM 一般规范

1) PCB 总体考虑

- PCB 外形和尺寸应与结构设计一致,器件选型应满足结构件的限高要求,元器件布局不应导致装配干涉；

```
        ┌ DFM 企业文化——DFX 应该是企业文化的一部分,
        │                必须得到各级管理层的有力支持
        │ DFM 技术规范——通用技术规范与本企业工艺、设备能力结合;
        │                根据产品要求选择组装工艺,元器件,PCB;
DFM ┤                面向制造工艺的 PCB 优化设计
        │ DFM 技术管理与团队建设——建立专门的 DFM 队伍,加强信息沟通,
        │                专人负责与团队协作;制定内部标准、
        │                DFM 文件指南
        └ DFM 软件工具——选择适合本企业 DFM 软件工具;
                         融合了本企业特点的 DFM 软件工具应用
```

图 3.3.1 DFM 的内容

- PCB 外形以及定位孔、安装孔等的设计应考虑 PCB 制造的加工误差以及结构件的加工误差;
- PCB 布局选用的组装流程应使生产效率最高;
- 设计者应考虑板形设计是否最大限度地减少组装流程的问题,例如多层板或双面板的设计能否用单面板代替;
- PCB 每一面是否能用一种组装流程完成?能否最大限度地不用手工焊?使用的插装元件能否用贴片元件代替?

2) 元器件封装与布局布线考虑

- 选用元件的封装应与实物统一,焊盘间距、大小满足设计要求;
- 元器件均匀分布,特别要把大功率的器件分散开,避免电路工作时 PCB 上局部过热产生应力,影响焊点的可靠性;
- 考虑大功率器件的散热设计;
- 在设计许可的条件下,元器件的布局尽可能做到同类元器件按相同的方向排列,相同功能的模块集中在一起布置;
- 相同封装的元器件等距离放置,以便元件贴装、焊接和检测;
- 丝印清晰可辨,极性、方向指示明确,且不被组装好后的器件遮挡住;
- 元件分布均匀,方向尽量统一。

3) 组装工艺考虑

- 采用回流焊工艺时,元器件的长轴应与工艺边方向(即板传送方向)垂直,这样可以防止在焊接过程中出现元器件在板上漂移或"立碑"的现象;
- 采用波峰焊工艺时,无源元件的长轴应垂直于工艺边方向,这样可以防止 PCB 受热产生变形时导致元件破裂,尤其片式陶瓷电容的抗拉能力比较差;
- 双面贴装的元器件,两面上体积较大的器件要错开安装位置,否则在焊接过程中会因为局部热容量增大而影响焊接效果;

- 小、低元件不要埋在大、高元件群中,影响检测和维修。

3. DFM 技术规范举例

电子组装 DFM 的关键是 PCB 设计,在长期技术实践中,业内工艺和设计技术人员总结、归纳了许多通用技术规范,这些技术规范对大部分 PCB 组装是达到可制造性的基础。以下是几个简单的例子。

1) 拼板

当 PCB 尺寸小于 50 mm×50 mm,为了适应机器组装加工要求,提高生产效率,需要进行拼板,如图 3.3.2 所示。

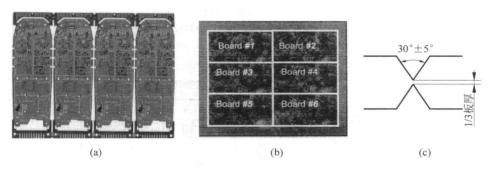

图 3.3.2 PCB 拼板
(a) 手机 PCB 拼板实例;(b) 邮票板;(c) V-CUT 槽

当一块拼板上单元板比较多时,其排列类似邮票,因此有时也把这种拼板方式称为邮票板,如图 3.3.2(b)所示。

拼板的单元板间在最终组装完成前是通过某种方式连接在一起,例如 V-CUT 槽方式,如图 3.3.2(c)所示。

2) 工艺边

为了适应机器焊接组装加工要求,在电路板机器夹持处需要留一定尺寸作为工艺边,一般情况下为 5 mm,如图 3.3.3(b)所示。

3) 基准点(mark 点)

在机器组装中需要在 PCB 上设置基准标志(mark),作为机器定位的基准,目前主要是采用光学识别基准点。

设置基准点,根据 PCB 方式分为 PCB 拼板基准点、单元基准点和局部基准点几种,如图 3.3.4 所示。

基准点需要设置两个,一般设置在对角线位置,局部基准点应用于引线数较多的集成电路焊盘图形。

基准点一般用实心圆,如图 3.3.4(c)所示;基准点作为 PCB 图形一部分,与焊盘一样是铜箔金属,并且可以与焊盘一样有表面镀层,但在包括禁止布线区在内的区域不能涂覆阻

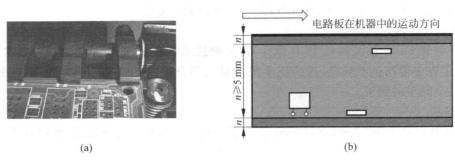

图 3.3.3 工艺边示意图
(a) 机器夹持电路板；(b) 工艺边示意图

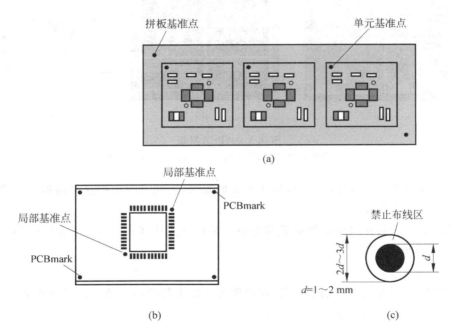

图 3.3.4 基准点示意图
(a) 拼板基准点和单元基准点；(b) PCB 基准点和局部基准点；(c) 基准点形状与要求

焊层。

4) 遮蔽现象及其防止

当采用波峰焊工艺时，由于一定高度的元器件封装会对锡波产生遮蔽作用，而使位于 PCB 运动方向后部的焊点不能充分获得锡波作用，从而产生焊接缺陷，这种现象称为遮蔽现象或阴影效应，如图 3.3.5 所示。

为了避免遮蔽现象，需要改变元器件排列方向，如图 3.3.6 所示。

3 EDA 与 DFM 简介

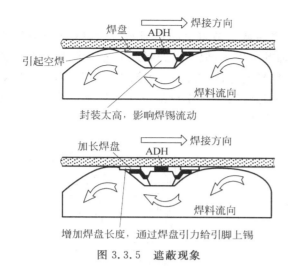

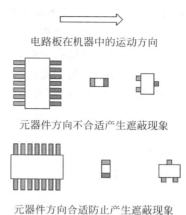

图 3.3.5 遮蔽现象

图 3.3.6 元器件排列方向与遮蔽现象

另外,当 PCB 上元器件尺寸差别较大时,为了避免遮蔽现象,同尺寸元件的端头在平行于焊料波方向排成一直线;不同尺寸的大小元器件应交错放置;小尺寸的元件要排布在大元件的前方;防止元件体遮挡焊接端头和引脚。当不能按以上要求排布时,元件之间应留有 3～5 mm 间距。

5) 偷锡焊盘

当采用波峰焊工艺时,当集成电路引线数较多,并且引线间距小于 1 mm 时,位于 PCB 运动方向最后的两个焊盘容易产生桥接的短路缺陷。为了解决这种缺陷,我们在最后一个焊盘之后再加一个工艺焊盘,将留在最后两个焊盘上有可能造成短路的锡"偷"到工艺焊盘上,从而防止桥接缺陷。这种工艺焊盘业界称为偷锡焊盘。推荐采用椭圆形焊盘或加偷锡焊盘,偷锡焊盘尺寸一般与元器件焊盘相同或略大,间距也相同,见图 3.3.7。

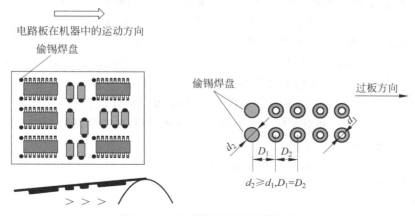

图 3.3.7 偷锡焊盘设置及其作用

6) 焊盘连线设计

在 PCB 设计中,从电路原理来说,只需考虑两个节点之间连通与否,具体到 PCB 图形上,一个焊盘与连线的连接很简单,只要连通就可以了;但考虑到制造工艺要求,特别是回流焊中润湿力作用时,问题就不那么简单了。同样的连接,方向、位置与连线宽带不同,最终焊接结果可能不一样,甚至相差很大。考虑可制造性对生产中产品一次通过率可能产生很大影响,如图 3.3.8 所示,是部分不同连接方式实例。

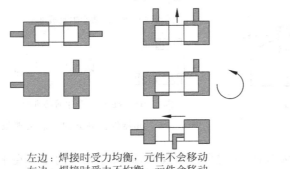

左边:焊接时受力均衡,元件不会移动
右边:焊接时受力不均衡,元件会移动
(a)   (b)

图 3.3.8 焊盘连线设计实例
(a) 不同连接方式;(b) 焊盘连线方式实例

3.3.5 DFM 软件

1. DFM 软件及其种类

1) DFM 软件

电子产品的可制造性设计正在受到越来越多的重视,但是实施可制造性分析是个非常复杂的过程,通常要具备丰富经验的技术人员花费大量时间和精力才能完成,对于经验不足的新手来说,即使付出繁重的劳动,也未必达到好的效果。同时,由于个人经验及其他局限性,实施可制造性分析中遗漏和失误很难避免,从而使 DFM 成为一个令人望而生畏的难题。正因为如此,各种 DFM 软件应运而生,图 3.3.9 是一个企业采用 DFM 软件前后新产品研制工作流程缩短、一次成功率提高的示意图。

DFM 软件就其实质而言应该属于虚拟制造范畴,但 DFM 软件在发展和应用中更加强调与实际制造的紧密结合和对实际工艺流程的分析和管理,可以说是设计与工艺,虚拟与实际制造之间的最重要的连接平台之一。

与虚拟 PCBA 技术处于起步发展阶段相比,DFM 软件工具目前相对成熟,已经应用于实际生产制造中并且产生很好效益。

2) DFM 软件的种类

目前作为商品的 DFM 软件有三类。

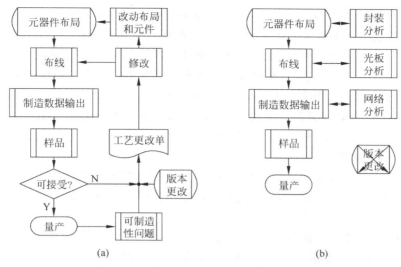

图 3.3.9 使用 DFM 工具前后的工艺流程
(a) 传统的工序流程；(b) 使用 DFM 软件后的工序流程

(1) 规则检查工具

这类软件是面向 PCB 设计到组装前作为一种 DFM 规则检查的工具软件,例如 Gerber 检查系统软件。这种软件功能简单实用,可以根据设计规范和标准对 Gerber 网络的正确性进行检查,可以在制造之前发现 Gerber 网络问题。此外还有布线、布局等设计的规则、可测试性设计的规则等检查功能的软件。

这类软件由于功能简单、应用方便、成本较低,因而容易推广并且为中小企业所接受。但从发展趋势而言,它正在被功能更强的第二类组装优化的工具软件所取代。

(2) 组装优化的工具

这类软件是面向整个组装制造流程优化的工具,也是目前 DFM 软件的主流。这类软件不仅包括了 DFM 规则检查的内容,而且涵盖了组装制造的全过程,例如从设计文件的 CAD/CAM 输入、网板优化、器件编辑、组装设备工艺编程、检测设备编程、设备产能优化、设备和工艺过程的监控、生产线设备产能平衡,以及制作工艺指导书等工艺流程和一部分生产管理功能。

这类 DFM 软件由于功能强大,应用范围广而成为大多数企业的首选。从发展趋势而言,虽然不如功能更强的制造系统工具,但由于它相对低的价位和使用成本,在未来相当时期将与制造系统工具并存。

(3) 制造系统工具

这类软件是面向组装制造系统优化的工具,其范围不仅包括整个组装制造流程优化,而且涵盖物流和技术、生产管理的整个制造系统。这类软件是建立在数字化、网络化和自动化基础上,对使用者有较高素质和企业管理能力要求;当然它为企业带来的综合能力提升和经济效益也是显而易见的。

这类DFM软件由于功能更强大，具有全局解决问题的系统化优势，尽管其价位高高在上，仍然是大型高端企业的选择重点，也是未来DFM软件发展的趋势。

除了上述三类DFM软件外，电子组装设备生产厂商针对自己设备配置的软件中大多数也具有部分DFM功能，例如主要贴片机厂商推出的新型贴片机中都具备优化设备能力、增强柔性化和过程监控等功能。此外，一些大型企业有自己设计的工艺技术控制和全面管理软件系统，而DFM软件只是作为其中的一部分或一个模块。这些公司的DFM软件是其独有的知识产权，一般不作为商品对外提供。

2. 典型DFM软件简介

Trilogy 5000组装及测试工程软件是Valor公司的DFM软件的一个重要产品，也是一种组装优化的工具。它可实现与设计过程同步，使用者可以针对任何的PCB产品模拟从设计、制造到组装的整个生产流程。

Trilogy 5000一个最大的优势在于其开发的并成为业内标准的开放数据库ODB++，这样客户可以建立统一的数据库，而不用依赖于不同型号的设备建立纷繁复杂的多种数据库。同时，Valor具有强大的分析和优化处理能力，能够使元件和生产资料的利用率达到最高，并确保产品的性能稳定可靠，大大提高了生产效率。

Trilogy 5000主要具有以下功能：

- 强大的CAD/CAM输入功能　可以适应市场多种CAD系统和各种各样的Gerber数据，以及其他的CAM格式；
- 直接的功能快速编程　可适应生产中的各种变化，例如元器件品种、规格、封装更改等引起的生产数据变化；
- 完善的SMT编程功能　系统支持市面上大部分有名的SMT设备供货商，确保产品能在最短的时间投放到SMT设备中上料生产，确保品质方面不出错；
- 钢网自动优化功能　只需制定规范放进系统，便能自动生成所需网板图型，网板加工商只需1∶1生成网板，不必人手修改，降低成本，减少错误及人工检查；
- 各种测试设备编程功能　系统亦提供AOI、AXI和ICT编程功能，确保产品能在最短的时间投放到检测设备中进行检测；
- 完善的优化设备产能功能；
- 生产线设备产能平衡功能　基于单一设备优化，同时考量多种同类设备或不同类、不同品牌设备，如高速机加多功能机；
- 适应多品种小批量的分组上料功能　针对小批量、多样品的生产模式，快速完成送料器设定、减少设备闲置时间；
- 制作操作指导书功能。

总体来说，目前DFM软件在我国正处在发展阶段，国外DFM软件厂商占据了市场主导地位，特别是高端的系统级软件更是国外企业的一统天下。但是随着我国电子制造产业升级换代，由制造大国向制造强国的进程，我国DFM软件必将逐步兴起。

4 电子元器件

任何一个电子装置、设备或系统,无论简单或复杂,都是由少则几个到几十、多则成千上万个作用各不相同的电子元器件组成的。可以这样说,没有高质量的电子元器件,就没有高性能的电子设备。从事电子设计制造的技术人员都知道,欲使电路具有优良的性能,达到预定的高指标,必须确实掌握、精心选择、正确使用元器件。

4.1 电子元器件的分类及特点

电子元器件是电子产业发展的基础,是组成电子设备的基础单元,位于电子产业的前端,电子制造技术每次升级换代都是由于元器件的变革引起的;同时元器件也是学习掌握电子工艺技术的基础,无论初学者还是进一步提高,都离不开元器件这个基本环节。

4.1.1 电子元器件概念

什么是电子元器件？不同领域电子元器件概念是不一样的。

1. 狭义电子元器件

在电子学中电子元器件的概念是以电原理来界定的,即能够对电信号(电流或电压)进行控制的基本单元。因此只有电真空器件(以电子管为代表)、半导体器件和由基本半导体器件构成的各种集成电路才称为电子元器件。电子学意义上的电子元器件范围比较小,可称为狭义的电子元器件。

2. 通义电子元器件

在电子技术特别是应用电子技术领域,电子元器件的定义是具有独立电路功能、构成电路的基本单元,其范围扩大了许多,除了狭义电子元器件外,不仅包括了通用的电抗元件(通常称为三大基本元件的电阻、电容、电感器)和机电元件(连接器、开关、继电器等),还包括了各种专用元器件(包括电声器件、光电器件、敏感元器件、显示器件、压电器件、磁性元件、保险元件以及电池等)。一般电子技术类书刊(本书亦然)提到电子元器件指的就是它们,因此可称为通义的电子元器件。

3. 广义电子元器件

在电子制造工程中,特别是产品制造领域,电子元器件范围又扩大了,凡是构成电子产品的各种组成部分,都称为元器件。除了通义的电子元器件,还包括各种结构件(包括电线电缆,电子五金件、塑料件等)、功能件(包括散热器,屏蔽件)、电子专用材料(包括电热材料、电子玻璃、光学材料、功能金属等)、电子组件、模块部件(例如稳压/稳流电源,AC/DC、DC/DC电源转换器,可编程控制器,LED/液晶屏组件以及逆变器、变频器等)、印制板(一般指未装配元器件的裸板)、微型电机(伺服电机、步进电机等)等,都纳入元器件的范围。这种广义电子元器件概念,一般只在电子产品生产企业供应链范围内应用。

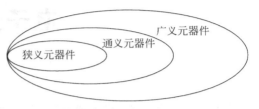

图 4.1.1 三种元器件概念的关系

三种元器件概念的关系见图4.1.1。

4.1.2 电子元器件的分类

电子元器件有多种分类方式,应用于不同的领域和范围。

1. 按制造行业划分——元件与器件

元件与器件的分类是按照元器件制造过程中是否改变材料分子组成与结构来区分的,是行业划分的概念。在元器件制造行业,器件是由半导体企业制造,而元件则由电子零部件企业制造。

元件:加工中没有改变分子成分和结构的产品。例如电阻、电容、电感器、电位器、变压器、连接器、开关、石英/陶瓷元件、继电器等。

器件:加工中改变分子成分和结构的产品,主要是各种半导体产品。例如二极管、三极管、场效应管,各种光电器件、各种集成电路等,也包括电真空器件和液晶显示器等。

随着电子技术的发展,元器件的品种越来越多、功能越来越强,涉及范围也在不断扩大,元件与器件的概念也在不断变化,逐渐模糊。例如有时说元件或器件时实际指的是元器件,而像半导体敏感元件实际按定义应该称为器件等。

2. 按电路功能划分——分立与集成

分立器件:具有一定电压电流关系的独立器件,包括基本的电抗元件、机电元件、半导体分立器件(二极管、双极三极管、场效应管、晶闸管)等。

集成器件:通常称为集成电路,指一个完整的功能电路或系统采用集成制造技术制作在一个封装内,组成具有特定电路功能和技术参数指标的器件。

分立器件与集成器件的本质区别是,分立器件只具有简单的电压电流转换或控制功能,不具备电路的系统功能;而集成器件则可以组成完全独立的电路或系统功能。实际上,具有系统功能的集成电路已经不是简单的"器件"和"电路",而是一个完整的产品,例如数字电视系统,已经将全部电路集成在一个芯片内,习惯上仍然称其为集成电路。

3. 按工作机制划分——无源与有源

无源元件与有源元件,也称为无源器件与有源器件,是根据元器件工作机制来划分的,一般用于电路原理讨论。

无源元件:工作时只消耗元件输入信号电能的元件,本身不需要电源就可以进行信号处理和传输。无源元件包括电阻、电位器、电容、电感、二极管等。

有源元件:正常工作的基本条件是必须向元件提供相应的电源,如果没有电源,器件将无法工作。有源元件包括三极管、场效应管、集成电路等,是以半导体为基本材料构成的元器件,也包括电真空元件。

4. 按组装方式划分——插装与贴装

在表面组装机术出现前,所有元器件都是以插装方式组装在电路板上。在表面组装技术应用越来越广泛的现代,大部分元器件都有插装与贴装两种封装,一部分新型元器件已经淘汰了插装式封装。

插装:组装到印制板上时需要在印制板上打通孔,引脚在电路板另一面实现焊接连接的元器件,通常有较长的引脚和体积。

贴装:组装到印制板上时无需在印制板上打通孔,引线直接贴装在印制板铜箔上的元器件,通常是短引脚或无引脚片式结构。

5. 按使用环境分类——元器件可靠性

电路元器件种类繁多,随着电子技术和工艺水平的不断提高,大量新的器件不断出现,对于不同的使用环境,同一器件也有不同的可靠性标准,相应不同可靠性有不同的价格,例如同一器件军用品的价格可能是民用品的十倍,甚至更多,工业品介于二者之间。

民用品:对可靠性要求一般,性价比要求高的家用、娱乐、办公等领域;

工业品:对可靠性要求较高,性价比要求一般的工业控制、交通、仪器仪表等;

军用品:对可靠性要求很高,价格不敏感的军工、航天航空、医疗等领域。

6. 电子工艺关于元器件的分类

电子工艺对元器件的分类,既不按纯学术概念去划分,也不按行业分工划分,而是按元器件应用特点来划分。常用元器件分类如图 4.1.2 所示。

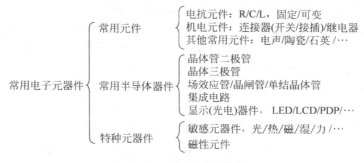

图 4.1.2 常用元器件分类

分类只是把元器件作为知识而做的归纳和总结,不同领域有不同分类是不足为怪的,迄今也没有一种分类方式可以完美无缺。实际上在元器件供应商那里,分类是没有一定之规的,例如某大型元器件供应商网站关于元器件分类如图4.1.3所示。

| 集成电路 | 二极管/三极管 | 电阻器/电位器 | 电容器 | 电感/磁性元件/线圈/变压器 | 电连接器 | 光电器件 | 显示器件及组件 | 开关 | 继电器/接触器 | 印制PCB板 | 波导/同轴/微带元件 | 电声器件 | 晶振/压电/滤波器 | 光纤互连器件 | 电线、电缆 | 光纤、光缆 | 电子管 | 灯 | 电池 | 微特电机 | 电路保护器件 | 敏感元件及传感器 | 激光器 | 电子模块 | 电子材料 | 电子元器件外壳 | 电子仪器 | 其他电子元器件 |

图 4.1.3　元器件供应商关于元器件分类

4.1.3　电子元器件的发展趋势

现代电子元器件正在向微小型化、集成化、柔性化和系统化方向发展。

1. 微小型化

元器件的微小型化一直是电子元器件发展的趋势,从电子管、晶体管到集成电路,都是沿着这样一个方向发展。各种移动产品、便携式产品以及航空航天、军工、医疗等领域对产品微小型化、多功能化的要求,促使元器件越来越微小型化。

但是单纯的元器件的微小型化不是无限的。片式元件01005封装的出现使这类元件微小型化几乎达到极限,集成电路封装的引线节距在达到0.3 mm后也很难再减小。为了产品微小型化,人们在不断探索新型高效元器件、三维组装方式和微组装等新技术、新工艺,将产品微小型化不断推向新的高度。

2. 集成化

元器件的集成化可以说是微小型化的主要手段,但集成化的优点不限于微小型化。集成化的最大优势在于实现成熟电路的规模化制造,从而实现电子产品魔幻普及和发展,不断满足信息化社会的各种需求。集成电路从小规模、中规模、大规模到超大规模的发展只是一个方面,无源元件集成化,无源元件与有源元件混合集成,不同半导体工艺器件的集成化,光学与电子集成化,以及机、光、电元件集成化等,都是元器件的集成化的形式。

3. 柔性化

元器件的柔性化是近年出现的新趋势,也是元器件这种硬件产品软化的新概念。可编程器件(PLD)特别是复杂的可编程器件(CPLD)和现场可编程阵列(FPGA)以及可编程模拟电路(PAC)的发展,使得器件本身只是一个硬件载体,载入不同程序就可以实现不同电路功能。可见,现代的元器件已经不是纯硬件了,软件器件以及相应的软件电子学的发展,极大拓展了元器件的应用柔性化,适应了现代电子产品个性化、小批量多品种的柔性化趋势。

4. 系统化

元器件的系统化,是由系统级芯片(SoC)、系统级封装(SiP)和系统级可编程芯片(SoPC)的发展而发展起来的,通过集成电路和可编程技术,在一个芯片或封装内实现一个电子系统的功能,例如数字电视SoC可以实现从信号接收、处理到转换为音视频信号的全部功能,一片电路就可以实现一个产品的功能,元器件、电路和系统之间的界限已经模糊了。

集成化、系统化使电子产品的原理设计简单了,但有关工艺方面的设计,例如结构、可靠性、可制造性等设计内容更为重要,同时,传统的元器件不会消失,在很多领域还是大有可为的。从学习角度看,基本的半导体分立器件、基础的三大元件仍然是入门的基础。

4.2 电抗元件

电抗元件包括电阻器(含电位器)、电容器和电感器(含变压器)。它们在电子产品中应用非常广泛,特别是电阻器和电容器,往往能占一个产品元器件数量的50%以上,所以也称它们为三大基础元件。

4.2.1 电抗元件的标称值与标志

1. 标称值与偏差

由于工厂商品化生产的需要,电抗元件产品的规格是按特定数列提供的。考虑到技术上和经济上的合理性,目前主要采用 E 数列作为电抗元件规格。

所谓 E 数列是按通项公式:

$$a_n = (\sqrt[E]{10})^{n-1}, \quad n = 1, 2, 3, \cdots$$

E 取不同数值时,计算所得数值四舍五入取近似值,形成数值系列。当 E 取 6,12,24 所得值构成的数列,分别称为 $E6, E12, E24, \cdots$ 系列。电抗元件的数值就是按此数列分布的,同时对应于不同的数列,允许偏差值也不同,数值分布越疏,偏差越大。常用 $E6, E12, E24$ 对应的偏差为 $\pm 20\%, \pm 10\%, \pm 5\%$,见表 4.2.1。

表 4.2.1 常用电抗元件标称系列

标称系列	E24	E12	E6	E24	E12	E6
允差	±5%	±10%	±20%	±5%	±10%	±20%
阻值系列	1.0	1.0	10	3.3	3.3	3.3
	1.1			3.6		
	1.2	1.2		3.9	3.9	
	1.3			4.3		
	1.5	1.5	1.5	4.7	4.7	4.7
	1.6			5.1		
	1.8	1.8		5.6	5.6	
	2.0			6.2		
	2.2	2.2	2.2	6.8	6.8	6.8
	2.4			7.5		
	2.7	2.7		8.2	8.2	
	3.0			9.1		

由表 4.2.1 中不难看出,同一数列中标称值的偏差极限是衔接或重叠的(有少数因取舍化整的缘故略有间隙),因此工厂生产的电抗元件都可归入某一标称值,使经济技术指标优化。

在市场上买不到 50 kΩ 的电阻,26 μF 的电容与 5.9 mH 的电感,而只能根据精度要求在相应系列中选接近的规格。除非电路性能特别要求,一般尽可能选择普通系列规格。

精密电抗元件可用 $E48$(偏差±2%),$E96$(偏差±1%),$E192$(偏差±0.5%)等系列,由于制造、筛选及测试成本增高,使用数量较少,这些元件价格要比常用系列高数倍至数十倍。

2. 单位与偏差标准符号

将表 4.2.1 中的数列乘以 $10n$(n 为正整数或负整数)就组成各种不同规格的电抗元件规格,为称呼和使用方便,通常采用标准字符代表倍数,电抗元件常用字符如表 4.2.2 所示。

表 4.2.2 电抗元件常用倍率符号

因数	原文	中文	电阻	电容	电感
10^{12}	T(tera)	太	TΩ		
10^{9}	G(giga)	吉	GΩ		
10^{6}	M(mega)	兆	MΩ		
10^{3}	k(kilo)	千	kΩ		
10^{0}		基本单位	Ω	F	H
10^{-3}	m(milli)	毫	mΩ	mF	mH
10^{-6}	μ(micro)	微		μF	μH
10^{-9}	n(nano)	纳		nF	nH
10^{-12}	p(pico)	皮		pF	

偏差也由标准符号代表,表 4.2.3 表示常用偏差符号与精度级数的对照。

表 4.2.3 常用电抗元件偏差符号表

偏差百分数/%	±0.1	±0.25	±0.5	±2	±1	±5	±10	±20	+20 −10	+30 −20	+50 −20	+80 −20	+100 0
字母代号	B	C	D	G	F	J	K	M		S	Z		H
曾用符号					0	Ⅰ	Ⅱ	Ⅲ	Ⅳ	Ⅴ	Ⅵ		
备注	精密元件				一般元件				适用于一部分电容				

3. 电抗元件标志

这里介绍的是电抗元件的电阻值、电容值、电感值及其偏差的标志,其他如功率、电压、电流等标志将在后面章节分别介绍。

1) 直标法

在元件表面直接标出数值与偏差,如图 4.2.1 所示。

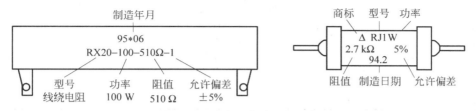

图 4.2.1 电抗元件直标法示例

直标法中可以用单位符号代替小数点,例如 0.33 Ω 可标为 Ω33,3.3 kΩ 可标为 3k3。直标法一目了然,但只适用于体积较大的元件。

2) 数码法

用三位数字表示元件标称值,如图 4.2.2 所示。从左至右,前二位数表示有效数,第三位为零的个数,即前二位数乘以 $10^n (n=0\sim 8)$,当 $n=9$ 时为特例,表示 10^{-1}。例如电容 479 表示 4.7 pF。电阻单位为 Ω,电容单位为 pF,电感一般不用数码表示。数码法通过数码后面的字母(参见表 4.2.3)表示偏差。

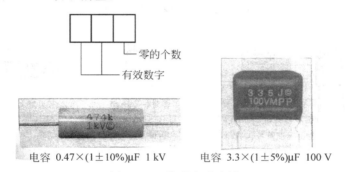

图 4.2.2 数码法及示例

3) 色码法

用不同颜色代表数字,可表示标称值和偏差。最常用的是电阻及部分电容,电感也有用色码标志的。表 4.2.4 及图 4.2.3、图 4.2.4、图 4.2.5 分别表示各种颜色所代表的意义及电阻、电容、电感的色码标志法。

4. 缩写与习惯标识

在电子技术资料中,追求简捷和约定俗成的习惯使元器件标识简化。例如,用 μ 表示 μF,相应 pF,nF 亦简化为 p,n。为了计算机操作方便而把 μ 用小写 u 代替已被认同。同样电阻的数值一般也省掉"Ω"符号,如果一个电阻没有度量单位,就被认为是欧姆。在电感器中常用的 mH。mH,μH 亦可简化为 m,μ(或 u)。但在标准的教科书或有可能引起误解的场合还是应该使用标准标识方法。

表 4.2.4　色标法

颜色	有效数字	乘数	允许偏差/%	颜色	有效数字	乘数	允许偏差/%
无色	—	—	±20	黄色	4	10^4	—
银色	—	10^{-2}	±10	绿色	5	10^5	±0.5
金色	—	10^{-1}	±5	蓝色	6	10^6	±0.25
黑色	0	10^0	—	紫色	7	10^7	±0.25
棕色	1	10^1	±1	灰色	8	—	—
红色	2	10^2	±2	白色	9	—	+50～-20
橙色	3	10^3	—				

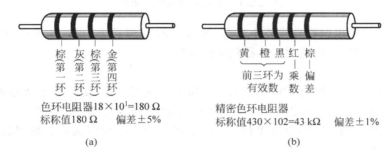

图 4.2.3　电阻器色环标志法

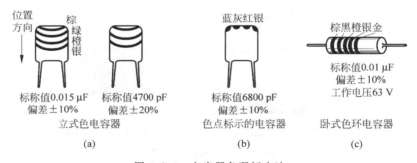

图 4.2.4　电容器色码标志法

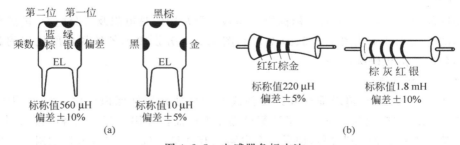

图 4.2.5　电感器色标志法
(a) EL 型电器；(b) SL 型电感器

4.2.2 电阻器

1. 电阻器的分类与型号

电阻器可分为固定电阻器(含特种电阻器)和可变电阻器(电位器)两大类,本节主要介绍固定电阻器。固定电阻器分类参见图 4.2.6,型号及命名参见表 4.2.5。

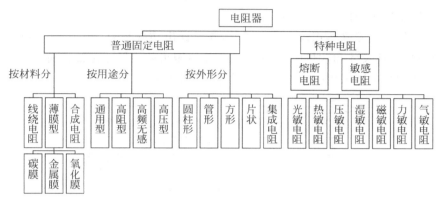

图 4.2.6 电阻器分类

表 4.2.5 电阻器型号和命名

第一部分:主称		第二部分:电阻体材料		第三部分:类型		第四部分:序号
字母	含义	字母	含义	符号	产品类型	用数字表示
R	电阻器	T	碳膜	0		常用个位数或无数字表示
		H	合成膜	1	普通型	
				2	普通型	
		S	有机实芯	3	超高频	
				4	高阻	
		N	无机实芯	5	高阻	
		J	金属膜	6		
				7	精密型	
		Y	金属氧化膜	8	高压型	
		C	化学沉积膜	9	特殊型	
				G	高功率	
		I	玻璃膜	W	微调	
				T	可调	
		X	线绕	D	多圈	

2. 电阻器主要参数

1) 负荷功率

电阻实质上是吸收电能转换成热能的能量转换元件,消耗电能并使自身温度升高,其负荷能力取决于电阻长期稳定工作的允许发热温度。根据标准,不同类型的电阻有不同系列的额定功率。通常功率系列有 0.05~500 W 之间的数十种规格。选择电阻功率,应使额定值高于在电路中实际值的 1.5~2 倍以上。

实际使用的电阻器除体积较大的电阻外,并没标出功率参数。由于额定功率主要取决于电阻体材料、几何尺寸和散热面积,因此同类型电阻可采用尺寸比较法确定功率。

实际电路图中电阻采用一定符号标志功率,见图 4.2.7。

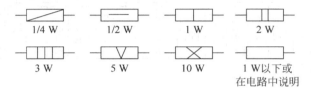

图 4.2.7 电阻器功率的标示

2) 温度系数

所有材料的电阻率,都随温度变化而变化,电阻的阻值同样如此,在衡量电阻温度稳定性时,使用温度系数:

$$a_r = \frac{R_2 - R_1}{R_1(t_2 - t_1)}$$

式中,a_r 为电阻温度系数,单位为 1/℃;R_1 和 R_2 分别为温度 t_1 和 t_2 时电阻的阻值,单位为 Ω。

金属膜、合成膜等电阻,具有较小的温度系数,适当控制材料及加工工艺,可以制成温度稳定性高的电阻。

3) 非线性

流过电阻的电流与加在两端的电压不成正比变化时,称为非线性。电阻的非线性用电压系数表示,即在规定电压范围内,电压每改变 1 V,电阻值的平均相对变化量为

$$K = \frac{R_2 - R_1}{R_1(U_2 - U_1)} \times 100\%$$

式中,U_2 为额定电压;U_1 为测试电压;R_1,R_2 分别是在 U_1,U_2 条件下所测电阻。

4) 噪声

噪声是产生于电阻中一种不规则的电压起伏,包括热噪声和电流噪声两种。任何电阻都有热噪声,降低电阻的工作温度,可以减小热噪声;电流噪声与电阻内的微观结构有关,合金型无电流噪声,薄膜型较小,合成型最大。

5) 极限电压

电阻两端电压增加到一定数值时,会发生电击穿现象,使电阻损坏。根据电阻的额定功率可计算电阻的额定电压,即 $U=P/(5R)$,当额定电压升高到一定值不允许再增加时的电压,为极限电压。极限电压受电阻尺寸及结构的限制。

一般常用电阻器功率与极限电压为:(0.25 W,250 V)、(0.5 W,500 V)、(1~2 W,750 V),更高电压应选用高压型电阻器。

3. 常用电阻器介绍(见表 4.2.6)

4.2.3 电位器

1. 电位器与可变电阻(变阻器)

电位器与可变电阻从原理上说是一致的,电位器就是一种可连续调节的可变电阻器。除特殊品种外,对外有三个引出端,靠一个活动端(也称为中心抽头或电刷)在固定电阻体上滑动,可以获得与转角或位移成一定比例的电阻值。

当电位器用作电位调节(或称分压器)时习惯称为电位器。它是一个四端元件,如图 4.2.8(a)所示,输入电压 V_i 加在 AB 端,由 CB 端可获得随 C 点在 R_P 上移动而变化的电压 V_o。

而电位器作为可调电阻使用时,是一个二端元件,如图 4.2.8(b)所示,将 R_P 的 A,C 端连接,调节 C 点位置,则 AB 端电阻随 C 点位置改变。

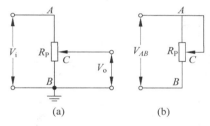

图 4.2.8 电位器与可调电阻

可见电位器与可变电阻是使用方式的不同而演变出的不同称呼,有时统称为可变电阻。习惯上人们将带有手柄易于调节的称为电位器;而将不带手柄或调节不方便的称为可调电阻(也称微调电阻)。

2. 电位器分类与型号

常用电位器分类如图 4.2.9 所示。图 4.2.9 中非接触式电位器是一种新型元件,通过光或磁的传感方式取代通常电位器的机械结构,达到低噪声和长寿命的目的。另外还有目前使用逐渐增多的电子电位器或数字电位器,实际是数控模拟开关加一组电阻器构成的功能电路,仅借用"电位器"的名称而已。目前已有多种型号的数字电位器集成电路上市,其特性和应用与一般集成电路相同。

3. 电位器的参数

1) 额定功率

电位器上两个固定端允许耗散的最大功率为额定功率。使用中应注意,额定功率不等于中心轴头与固定端的功率。线绕电位器功率系列(W)为 0.25,0.5,1,2,3,5,10,16,25,40,63,100;非线绕电位器功率系列(W)为 0.025,0.05,0.1,0.25,0.5,1,2,3 等。

表 4.2.6 常用电阻器

名称	外形	结构	阻值及功率	特点	应用
碳膜电阻(RT)		陶瓷管架上高温沉积碳氢化合物电阻材料膜,通过刻厚度和刻槽整制阻值,表面涂保护漆	1 Ω~10 MΩ 0.125~10 W	稳定,变电压和频率影响小,负湿度系数,价廉	民用中低档消费电子产品
金属膜电阻(RJ)		陶瓷管架上用真空蒸发或溅渗法形成金属膜(镍铬合金)	1 Ω~620 MΩ 0.125~5 W	耐热,稳定性及湿度系数均优于碳膜,体积小,精度可达 0.5%~0.05%	要求较高的电子产品
合成膜电阻(RH)		用炭黑,石墨,填料及黏合剂覆在绝缘管架上经热聚合而成	10 Ω~106 MΩ 0.25~5 W	宽阻值范围,耐压可达 35 kV,抗湿性差,噪声大,稳定性差	高压电器
线绕电阻(RX)		合金丝(康铜,锰铜或镍铬合金)绕在瓷管架上表面涂保护漆或玻璃釉	0.1 Ω~5 MΩ 0.125~500 W	低噪声,高线性度,温度系数小,稳定精度可达 0.01%,工作温度达 315℃	大功率,高稳定性,高温工作场合
金属氧化膜电阻(RY)		金属盐溶液(SnCl₄ 和 SbCl₃)在陶瓷管架上水解沉积成膜而成	1 Ω~200 kΩ 大功率 25 W~50 kW	抗氧化和热稳定性优于金属膜,阻值范围小	补充金属膜电阻大功率及低阻部分
玻璃釉电阻(RI)		由贵金属银,钯,铬,钌等的氧化物和玻璃形釉黏合剂涂覆在陶瓷基体高温烧结而成	5.1 Ω~200 MΩ 0.5~2 W,大功率的	有 5~500 W 耐高温、宽阻值、温度系数小、耐湿性好	高阻、低温度系数应用场合
合成实芯电阻(RS)		用炭黑,石墨,填料及黏合剂混合热压而成实芯	470 Ω~22 MΩ 0.25~2 W	机械强度高,过载能力强,噪声高,分布参数大,稳定性差	主要用于电力,电子等高压大电流领域
圆柱形/矩形表贴式电阻		由厚膜或薄膜工艺制成	1 Ω~10 MΩ 1/16~1 W	体积小,可靠性高,电磁兼容性好;以矩形贴片式为主	要求微小型化产品及抗干扰
集成电阻(排阻)(B-YW)		采用高稳定金属膜在陶瓷基体上蒸发或溅射而成的高精度电阻网络	51 Ω~33 kΩ	高精度,高稳定,低噪声,温度系数小,高频特性好;有排装(排阻)及贴片式两种封装形式	计算机、仪表仪表以及 AD/DA 等电路

4 电子元器件

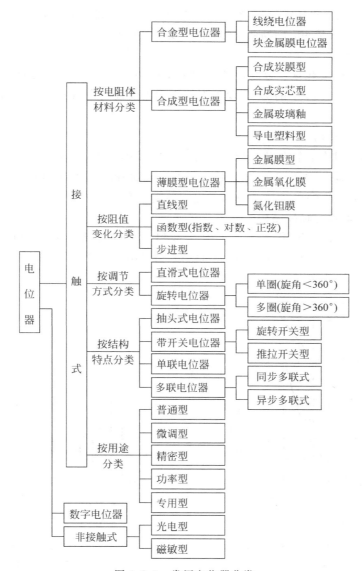

图 4.2.9 常用电位器分类

2) 滑动噪声

当电刷在电阻体上滑动时,电位器中心端与固定端的电压出现无规则的起伏现象,称为电位器的滑动噪声。它是由电阻体电阻率分布不均匀性和电刷滑动时,接触电阻的无规律变化引起的。

3) 分辨力和机械零位电阻

电位器对输出量可实现的最精细的调节能力,称为分辨力。线绕电位器不如非线绕电位器的分辨力高。理论上机械零位时,图4.2.8(b)中$R_{AB}=0$,实际由于接触电阻和引出端的影响,电阻一般不是零。某些应用场合对此电阻有要求,应选用机械零位电阻尽可能小的品种。

4) 阻值变化规律

常见电位器阻值变化规律分线性变化(图4.2.10中的X)、指数变化(图4.2.10中的Z)和对数变化(图4.2.10中的D)。此外根据不同需要还可制成按其他函数规律变化的电位器,如正弦、余弦等。

5) 启动力矩与转动力矩

启动力矩指转轴在旋转角范围内启动时所需的最小力矩,转动力矩指维持转轴以某一速度均匀旋转时所需的力矩,两者相差越小越好。在自控装置中与伺服电机配合使用的电位器要求力矩小,转动灵活;而用于调节的电位器需要有一定力矩感。

6) 电位器的轴长与轴端结构

轴长:安装基准面到轴端的尺寸,如图4.2.11(a)所示。轴长尺寸(mm)系列有6,10,12,16,25,30,40,50,63,80;轴的直径(mm)系列有2,3,4,6,8,10。轴端结构种类很多,常用的如图4.2.11(b)所示。

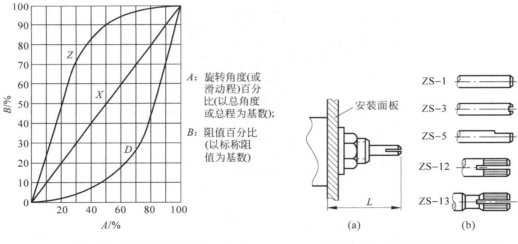

图4.2.10 阻值变化规律　　图4.2.11 电位器轴长与轴端结构
　　　　　　　　　　　　　　　(a) 轴长;(b) 轴端结构

4. 常用电位器简介

几种常用电位器特性参数及应用参数见表4.2.7。

4.2.4 电容器

1. 电容器的分类及型号

电容器种类繁多,分类方式有多种,通常按绝缘介质材料分类,有时也按容量是否可调分类。图4.2.12所示为通常电容器分类方法。

表 4.2.7 常用电位器参数

名称	外形	结构	阻值范围	功率	特点	应用
合成膜电位器（WH）		用炭黑、石墨、碳粉、黏合剂等覆在绝缘基体上经加热聚合而成	100 Ω～4.7 MΩ	0.1～2 W	1. 阻值范围宽，分辨力高；2. 寿命长，价廉；3. 非线性、噪声大；4. 温度系数大	民用中低档产品及一般仪器仪表电路，如 WH4、WH14、WH23 等
有机实芯电位器（WS）		由炭黑、石墨、碳粉及有机黏合剂经热压制成实芯电阻体	100 Ω～4.7 MΩ	0.25～2 W 常见 0.5 W	1. 耐热、耐磨；2. 体积小，过载能力强；3. 温湿度系数、噪声大；4. 耐湿性差，精度低，价格高于 WH	对可靠性、温度反过载能力要求较高的电路，如 W512、W23 等
线绕电位器（WX）		电阻丝绕在基体上并弯成圆形电刷在电阻丝上滑动	4.7 Ω～100 kΩ	0.25～25 W	1. 功率大，精度高；2. 温度系数小、耐高温、稳定性好；3. 分辨性能低，耐磨性能差，高频性能差；4. 耐湿性能好，价格较高	高温、大功率电路及精密调节电路，常用 WXX-5、WX8、WXD-23 等
金属玻璃釉电位器（WI）		将金属粉末、玻璃釉粉及黏合剂混合烧结在基体上而成	100 Ω～1 MΩ	0.25～0.75 W	1. 耐磨、耐湿、耐热、强度高；2. 分辨力，可靠性高；3. 高频性能好；4. 接触电阻电流噪声大	要求较高的各种电路及高频电路，常用 WI110、WIW21、WIW23 等
金属陶瓷微调电阻 3×××系列		与金属玻璃釉电位器类似	20 Ω～2 MΩ	0.5～0.75 W	1. 阻值范围宽、体积小；2. 温度系数小，稳定性好；3. 分辨力高；4. 机械寿命较短（<200 次）	各种要求较高的电路微调用，如 3323、3006 单圈 0.5 W、0.75 W、3296 15 圈 0.75 W 25 圈 0.5 W
表贴式调电阻		与金属玻璃釉金属陶瓷相同	与金属玻璃釉金属陶瓷相同	与金属玻璃釉金属陶瓷相同	表贴式、体积小	微小型化产品
数字电位器		数模模拟开关一组同值电阻	1～100 kΩ	1～16 mW 中心抽头电流<1 mA	长寿命、易数字化，输出为离散量	音视频设备、数字系统

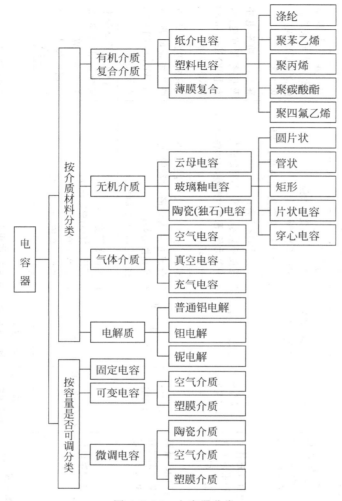

图 4.2.12 电容器分类

固定电容器型号一般由四部分组成,举例说明如下:

```
C C 2 3
│ │ │ └── 第四部分  数字表示产品序号
│ │ └──── 第三部分  数字或字母表示外形,结构等分类,2为管形
│ └────── 第二部分  字母表示介质材料,C为高频陶瓷
└──────── 第一部分  用C表示电容
```

一般使用主要掌握第二、三部分即可,表 4.2.8 和表 4.2.9 分别给出它们的具体意义。有些产品在第四部分后再加字母表示产品某一型号的差异,可参考相应产品手册。

表 4.2.8　第二部分字母含义

字　母	电容介质材料	字　母	电容介质材料
A	钽电解	L(L、S 等)	聚酯等极性有机薄膜（常在 B 后再加一字母区分具体材料）
B(BB、BF)	聚苯乙烯等非极性薄膜（常在 B 后再加一字母区分具体材料）	N	铌电解
C	高频陶瓷	O	玻璃膜
D	铝电解（普通电解）	Q	漆膜
E	其他材料电解	S T	低频陶瓷
G	合金电解	V X	云母纸
H	纸膜复合	Y	云母
I	玻璃釉	Z	纸介
J	金属化纸介		

表 4.2.9　第三部分数字（字母）含义

数字或字母	瓷介电容	云母电容	有机电容	电解电容
1	圆形	非密封	大密封	箔式
2	管形	非密封	非密封	箔式
3	叠片	密封	密封	烧结粉，非固体
4	独石	密封	密封	烧结粉，固体
5	穿心		穿心	
6	支柱形等			
7				无极性
8	高压	高压	高压	
9			特殊	特殊
G			高功率	
T			叠片式	
W			微调电容	

2. 电容器主要参数

1) 额定电压

电容器中的电介质能够承受的电场强度是有限的。当施加在电容器上电压达到一定值时，由于电介质漏电击穿而造成电容器失效。在允许环境温度范围内，能够连续长期施加在电容器上的最大电压有效值称为额定电压，习惯也叫耐压。

额定电压通常指直流工作电压(也有部分专用于交流电路中的电容器标有交流电压)，若电容器工作于脉动电压下，则交直流分量的总和须小于额定电压。在交流分量较大的电路中(例如滤波电路)，电容器的耐压应有充分的裕量。但也不是越大越好，除了经济(耐压越高体积越大，价格越高)、外形的约束外，对电解电容而言，高耐压电容用于低电压电路中，额定电容量会减小，例如在一个 5 V 电源电路中用 50 V 额定电压的电容，其电容量约减少一半。

电容器额定电压也有规定的系列值，见表 4.2.10。一般电解电容和体积较大的电容器都将电压直接标在电容器上，较小体积的电容则只能依靠型号判断。

表 4.2.10　电容额定电压系列　　　　　　　　　　　　　　V

1.6	4	6.3	10	16
25	(32)	40	(50)	63
100	(125)	160	250	(300)
400	(450)	500	630	1000
1600	2000	2500	3000	4000
5000	63 000	8000	10 000	15 000
20 000	25 000	30 000	35 000	40 000
45 000	50 000	60 000	80 000	100 000

注：带括号者仅为电解电容所用。

2) 绝缘电阻及漏电流

由于电容器中的介质非理想绝缘体，因此任何电容器工作时都存在漏电流。漏电流过大会使电容器性能变坏引起电路故障，甚至电容器发热失效，电解电容器爆炸。

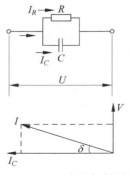

图 4.2.13　电容器损耗因数的等效示意图

电解电容器由于采用电解质作介质，漏电流较大，通常给出漏电流参数，一般铝电解电容漏电流可达 mA 数量级(与电容量、耐压成正比)。而其他电容器漏电流极小，用绝缘电阻表示其绝缘性能。一般电容器绝缘电阻都在数百 MΩ 到数 GΩ 数量级。

3) 损耗因数($\tan\delta$)

电容器的损耗因数是有功损耗与无功损耗之比，即：

$$\frac{P}{P_q} = \frac{UI\sin\delta}{UI\cos\delta} = \tan\delta$$

式中，P 为有功损耗；P_q 为无功损耗；U 为电容上电压有效值；I 为电容上电流有效值；δ 为损耗角。

图 4.2.13 表示电容器损耗因数的等效示意图。实际电容

器相当理想电容器上并联一个等效电阻。当电容器工作时一部分电能通过 R 变成无用有害的热能，造成电容器的损耗。显然损耗因数 $\tan\delta$ 表征电容器损耗的大小。特别在交流、高频电路中损耗因数是一个重要的参数。不同介质电容的 $\tan\delta$ 值相差很大，一般在 $10^{-4} \sim 10^{-2}$ 数量级范围内。

4）温度系数

电容器容量随温度变化的程度，可用温度系数 a_C 表示：

$$\alpha_C = \frac{1}{C} \cdot \frac{\Delta C}{\Delta t} \times 10^{-6}$$

式中，C 为室温下的电容量；$\frac{\Delta C}{\Delta t}$ 为电容量随温度的变化率。

当电容器温度稳定性较差时，用容量相对变化率 ΔC 表示，即：

$$\Delta C = \frac{C_2 - C_1}{C_1} \times 100\%$$

式中，C_1 为室温下电容量，(20 ± 5)℃；C_2 为极限温度电容量。

为使电路工作稳定，电容器的温度系数越小越好。不同电容器温度系数参见表 4.2.11。

3. 常用电容器

常用固定电容器和可变电容器如表 4.2.11 和表 4.2.12 所示。

4.2.5　电感器

电感器一般又称电感线圈，在谐振、耦合、滤波、陷波等电路应用十分普遍。与电阻器、电容器不同的是电感线圈没有品种齐全的标准产品，特别是一些高频小电感，通常需要根据电路要求自行设计制作，本书主要介绍标准商品电感线圈。

1. 电感线圈分类

电感线圈可按不同方式分类，见图 4.2.14，一般低频线圈为减少线圈匝数、增大电感量和减小体积，大多采用铁芯或磁芯（铁氧体芯），而中高频电感则采用高频磁芯或空心线圈。

2. 电感器主要参数

1）电感量及误差

在没有非线性导体物质存在的条件下，一个载流线圈的磁通与线圈中的电流成正比。其比例常数称为自感系数，用 L 表示，简称电感，即 $L = \frac{\varphi}{I}$。

电感的基本单位是 H，常用的有 mH、μH 和 nH。

同电阻器、电容器一样，商品电感器的标称电感量也有一定误差，常用电感器误差在 5%～20% 之间。

表 4.2.11 常用固定电容器

名称	外形	结构特点	主要参数				主要特点	应用
			电容量	额定电压	tan δ (1 kHz)	α_C ($10^{-6}/℃$)		
聚酯(涤纶)电容(CL)		卷绕式密封	470 pF～4 μF	63～630 V	0.005	+200～+600	小体积,大容量,耐湿,稳定性差	对稳定性和损耗要求不高的低频电路
聚苯乙烯电容(CB)		卷绕式非密封	10 pF～1 μF	100 V～30 kV	0.0002	±200	稳定,低损耗,体积较大	对稳定性和损耗要求较高的电路
聚丙烯电容(CBB)		卷绕式或叠片式	1000 pF～10 μF	63～2000 V	0.0005	−100～−300	性能与聚苯相似但体积小,稳定性略差	代替大部分聚苯或云母电容,用于要求较高的电路
云母电容(CY)		叠片式密封外壳	10 pF～0.1 μF	100 V～7 kV	0.0005	±60～±200	高稳定性,高可靠性,温度系数小	高频振荡,脉冲等要求较高电压的电路

续表

名称	外形	结构特点	主要参数 电容量	主要参数 额定电压	主要参数 $\tan\delta$ (1 kHz)	主要参数 α_C (10^{-6}/°C)	主要特点	应用
高频瓷介电容(CC)		Ⅰ型陶瓷叠片密封	1～6800 pF	63～500 V	0.02	±30	高频损耗小，稳定性好	高频电路
低频瓷介电容(CT)		Ⅱ类陶瓷叠片密封	10 pF～4.7 μF	50～100 V	0.001	$\Delta C+22\%$ ～ 56% (10～83°C)	体积小，价廉，损耗大，稳定性差	要求不高的低频电路
玻璃釉电容(CI)		玻璃片叠片密封	10 pF～0.1 μF	63～400 V	0.001	±120	稳定性较好，损耗小，耐高温(200°C)	脉冲、耦合、旁路等电路
矩形表贴式		片状陶瓷叠片密封	10 pF～10 μF	25～50 V	0.02～0.001	依陶瓷材料	体积小，电磁兼容性好	微小型化产品

续表

名称	外形	结构特点	主要参数				主要特点	应用
			电容量	额定电压	tan δ (1 kHz)	α_C ($10^{-6}/℃$)		
铝电解电容（CD）		铝箔卷绕式密封	0.47~10 000 μF	6.3~450 V	0.02~0.05	1000~2000	体积小,容量大,损耗大,漏电大	电源滤波、低频耦合、去耦、旁路等
表贴式铝电解电容		铝箔卷绕式密封	1~470 μF	4~50 V	0.02~0.05	1000~2000	有圆柱和片状两种封装,体积小,适合表贴工艺	微小型化产品
钽电解电容（CA）铌电解电容（CN）		固体型采用钽粉烧结、液体型同铝电解电容	0.1~1000 μF	6.3~125 V	0.05	100~500	损耗、漏电小于铝电解电容	在要求高的电路中代替铝电解电容
表贴式钽电解电容		固体型采用钽粉烧结、液体型同铝电解电容	0.1~470 μF	4~50 V	0.05	100~500	损耗、漏电小于铝电解电容,体积更小	微小型化产品

表 4.2.12 常用可变电容器

分类		外形	可变范围	主要特点	应用
可变电容器	空气介质		100～1500 pF	1. 损耗低,效率高; 2. 可根据要求制成直接式、直接波长式、直接频率式及对数式等	电子仪器,广播电视设备等
	薄膜介质		15～550 pF	1. 体积小,质量轻; 2. 损耗较空气介质的大	通信、广播接收机等
微调电容器	薄膜介质		1～29 pF	损耗较大,体积小	收录机、电子仪器等电路作电路补偿
	陶瓷介质		0.3～22 pF	损耗较小,体积小	精密调谐的高频振荡回路
	表贴式		0.3～30 pF	损耗较小,体积小	精密调谐的高频振荡回路,适合表贴工艺

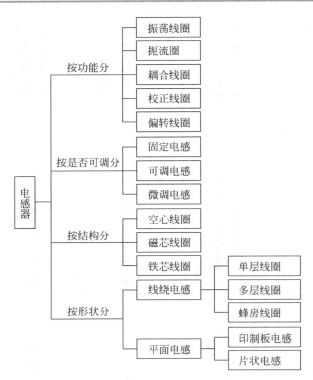

图 4.2.14 电感器分类

2) 固有电容和直流电阻

线圈匝与匝之间的导线,通过空气、绝缘层和骨架而存在着分布电容,此外,屏蔽罩之间,多层绕组的层与层之间,绕组与底板间也都存在着分布电容,这样电感实际可等效成图 4.2.15 所示。

等效电容 C_0 就是固有电容,由于固有电容和直流电阻的存在,会使线圈的损耗增大,品质因数降低。

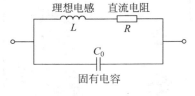

图 4.2.15 实际电感器等效电路

3) 品质因数(Q 值)

电感线圈的品质因数定义为

$$Q = \frac{2\pi f L}{R}$$

式中,f 为电路工作频率;L 为线圈的电感量;R 为线圈的总损耗电阻(包括直流电阻、高频电阻及介质损耗电阻)。

Q 值反映线圈损耗的大小,Q 值越高,损耗功率越小,电路效率越高,选择性好。一般谐振电路要求 Q 值高。

4) 额定电流

线圈中允许通过的最大电流为额定电流,主要对高频扼流圈和大功率的谐振线圈而言。

5) 稳定性

线圈产生几何变形、温度变化引起的固有电容和漏电损耗增加,都会影响电感的稳定性。电感线圈的稳定性,通常用电感温度系数 α_L 和不稳定系数 β_L 两个量来衡量,它们越大,表示稳定性越差。

3. 线圈结构与常用磁芯

通常线圈由骨架、绕组、磁芯、屏蔽罩等组成。除线圈绕组外其余部分根据使用场合各不相同,图 4.2.16 是几种常见电感线圈的结构,收音机中振荡线圈即采用图 4.2.16(a)的结构,其中屏蔽罩金属在电路中接地可起到隔离作用。图 4.2.17 则表示常用的线圈磁芯。

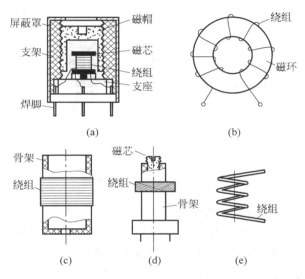

图 4.2.16 电感器结构
(a) 小型振荡线圈;(b) 带磁环的线圈;(c) 不带磁芯的线圈;(d) 带磁芯的线圈;(e) 空芯线圈

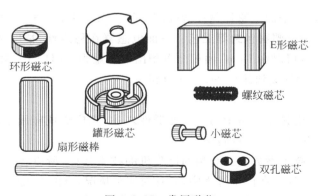

图 4.2.17 常用磁芯

4. 几种常用的电感器

1) 小型固定电感器

小型固定电感器有卧式(LG1型)和立式(LG2)两种,电感器外形如图4.2.18所示。

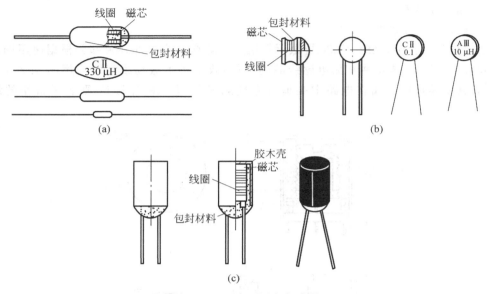

图4.2.18 小型固定电感器

这种电感器是将漆包线或丝包直接绕在棒形、工字形、王字形等磁芯上,外表裹环氧树脂或封装在塑料壳中,它具有体积小、质量轻、结构牢固(耐振动、耐冲击)、防潮性好、安装方便等优点,一般常用在滤波、扼流、延迟、陷波等电子线路中。

小型固定电感器的电感量一般为 $0.1\,\mu H \sim 33\,mH$,Q 值为 $40 \sim 80$,额定电流分为 A,B,C,D,E 五挡,电流分别为 50,100,150,300,700,1600(mA)。

2) 平面电感器

如图4.2.19所示,平面电感器是在陶瓷或微晶玻璃基片上沉积金属导线而成。主要采用真空蒸发,光刻电镀及塑料包封等工艺。平面电感器在稳定性、精度及可靠性方面较好。在目前的工艺水平上,可以在 $1\,cm^2$ 面积上沉积出电感量为 $2\,\mu H$ 的平面电感。平面电感应用在频率范围为几十MHz到几百MHz的电路中。

3) 振荡线圈

振荡线圈是无线电接收设备中的主要元器件之一,它广泛地应用于调幅、调频收音机、电视接收机、通信接收机等电子设备中。

由于振荡线圈的技术参数直接影响到接收机的技术指标,所以各种接收机中的振荡线圈的参数,都不完全一致。在使用过程中,可针对实际情况,查阅有关性能参考表,从而正确地选用。目前,我们常见到的振荡线圈外形结构大致都一样,见图4.2.20。

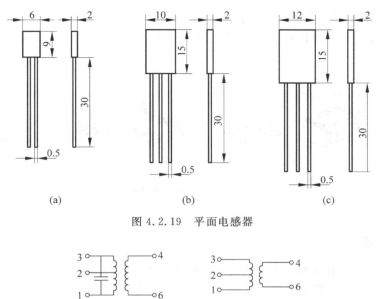

图 4.2.19 平面电感器

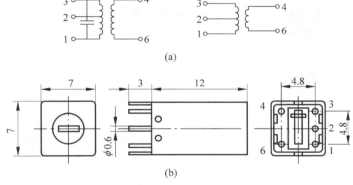

图 4.2.20 振荡线圈外形结构与接线位置
(a) 接线位置；(b) 外形尺寸

4) 罐形磁芯线圈

采用铁氧体罐形磁芯(见图 4.2.17)制作的电感器,因具有闭合磁路,有较高磁导率和电感系数,在体积较小的情况下,可制出较大的电感量。如在中心柱上开适当的气隙,不但可改变电感系数,而且可提高 Q 值和减小电感温度系数。该线圈可广泛应用于 LC 滤波器、谐振回路、匹配回路等方面。

5) 表贴式电感

与其他电抗元件一样,电感器也有表贴式封装形式。表贴电感器可分为小功率电感器及大功率电感器两类。小功率电感器主要用于视频及通信方面(如选频电路、振荡电路等);大功率电感器主要用于 DC/DC 变换器(如用作储能元件或 LC 滤波元件)。

小功率贴片式电感器有 3 种结构:绕线型片状电感器、多层式片状电感器、高频型片状电感器。大功率电感器都是绕线型结构。

表贴式电感器的型号亦未统一,不同生产厂家的规格各不相同,其主要参数与插装式类似。

表贴式电感器有 3 种封装结构,如图 4.2.21(a)所示;图 4.2.21(b)所示为表贴式电感器实例。

图 4.2.21 表贴式电感器
(a)表贴式电感器封装结构;(b)表贴式电感器实例

4.2.6 变压器

变压器也是一种电感器。它是利用两个电感线圈靠近时的互感应现象工作的。在电路中可以起到电压变换和阻抗变换的作用,是电子产品中十分常见的元件。

1. 变压器分类

变压器种类很多,我们这里主要介绍的是电子产品中的小型变压器,见图 4.2.22。

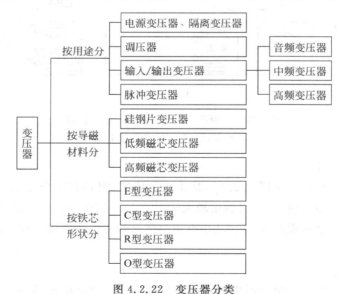

图 4.2.22 变压器分类

2. 变压器主要特征参数

1) 变压比(或变阻比)

变压比是变压器初级电压(阻抗)与次级电压(阻抗)的比值。通常变压比直接标出电压变换值,如 220 V/10 V;变阻比则以比值表示,如 3∶1 表示初次级阻抗比为 3∶1。

2) 额定功率

额定功率是变压器在指定频率和电压下能长期连续工作,而不超过规定温升的输出功率,用 V·A 表示,习惯称 W 或 kW。电子产品中变压器功率一般都在数百瓦以下。

3) 效率

效率是输出功率与输入功率之比。一般变压器的效率与设计参数、材料、制造工艺及功率有关。通常 20 W 以下的变压器效率为 70%～80%,而 100 W 以上变压器可达 95%以上。

4) 空载电流

变压器在工作电压下次级空载时初级线圈流过的电流称为空载电流。空载电流一般不超过额定电流的 10%,设计、制作良好的变压器空载电流可小于 5%。空载电流大的变压器损耗大、效率低。

5) 绝缘电阻和抗电强度

变压器线圈之间、线圈与铁芯之间以及引线之间绝缘与抗电强度,指的是在规定时间内(如 1 min)变压器可承受的电压,它是变压器特别是电源变压器安全工作的重要参数。不同工作电压、不同使用条件和要求的变压器对绝缘电阻和抗电强度要求不同。常用的小型电源变压器绝缘电阻不小于 500 MΩ,抗电强度大于 2000 V。

3. 常用变压器的简介

1) 电源变压器

几种常用的电源变压器特性及应用见表 4.2.13。

表 4.2.13　常用电源变压器

类 型	外 形	主 要 特 点	应 用
E 型		结构简单,价格低,效率较低	各种民用电器及小型仪器设备
C 型	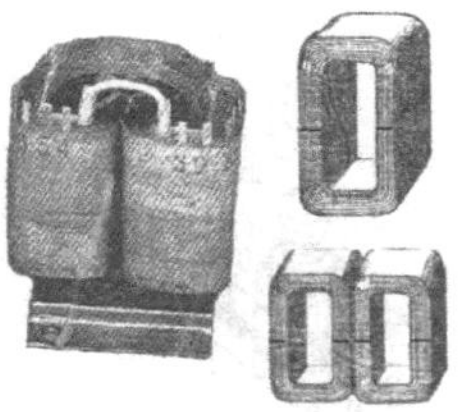	效率高于 E 型,制造成本较高	工业电器及电子仪器设备

续表

类 型	外 形	主 要 特 点	应 用
R 型		漏磁小,体积小,损耗低,寿命长,噪声低,质量轻,干扰小,效率高	要求较高的电气设备及数字设备
O 型		体积小,质量轻,效率高,漏磁小,无噪声,励磁电流小,温升低,安装方便	电子仪器,视听设备,医疗器械,卫星广播接收设备,办公自动化设备,工业控制设备等电子领域
开关电源用变压器		用铁氧体磁芯,工作频率高,体积小,效率高	开关电源及各种电源变换
表贴式变压器		体积小,适应表贴工艺	微小型化产品

2) 中频变压器

中频变压器在音频、视频设备和测量仪器中都有应用。一般工作在一个固定的频率且有电磁屏蔽的要求。

中频变压器一般由磁芯线圈支架,底座和屏蔽外壳组成(图 4.2.23),调节磁芯在线圈中位置可以改变电感量,使电路在特定频率谐振。

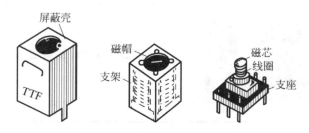

图 4.2.23 中频变压器结构

4.3 机电元件

利用机械力或电信号的作用,使电路产生接通、断开或转接等功能的元件,称为机电元件。常见于各种电子产品中的开关、连接器(又称接插件)等都属于机电元件。

机电元件工作原理及结构较为直观简明,容易为设计及整机制造者所轻视。实际上机电元件与电子产品安全性、可靠性及整机水平的关系很大,而且是故障多发点。正确选择、使用和维护机电元件是提高电子工艺水平的关键之一。

机电元件品种繁多,中外各异,本节仅对常用机电元件作简单介绍,如要深入了解请参考相关手册或产品样本。

4.3.1 开关

1. 开关的种类

开关是接通或断开电路的一种广义功能元件,种类繁多,图 4.3.1 是几种分类方式。一般提到开关习惯指的是手动式开关,像压力控制、光电控制、超声控制等具有控制作用的开关,实际已不是一个简单的开关,而是包括较复杂的电子控制单元。至于常见于书刊中的电子开关则指的是利用晶体管、可控硅等器件的开关特性构成的控制电路单元,不属机电元件的范畴,为应用方便,也将它们列入开关的行列。

开关的极和位是了解开关类型必须掌握的概念。所谓的极指的是开关活动触点(过去习惯叫刀);位则指静止触点(习惯也称为掷)。例如图 4.3.2 中图(a)为单极单位开关,只能通断一条电路;图(b)为单极双位开关,可选择接通(或断开)两条电路中的一条;而图(c)为双极双位,可同时接通(或断开)2 条独立的电路,多极多位开关可依次类推。

2. 开关的主要参数

(1) 额定电压　正常工作状态开关可以承受的最大电压,对交流电源开关来说,则指交流电压有效值。

(2) 额定电流　正常工作时开关所允许通

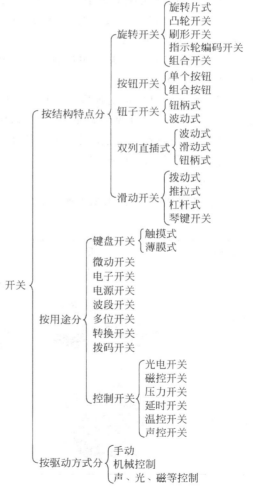

图 4.3.1　开关分类

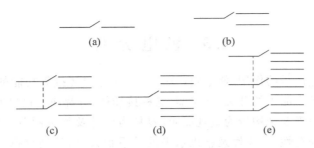

图 4.3.2 开关的"极"和"位"
(a) 单极单位；(b) 单极双位；(c) 双极双位；(d) 单极六位；(e) 三极三位

过的最大电流,在交流电路中指交流电流电压有效值。

(3) 接触电阻 开关接通时,相通的两个接点之间的电阻值,此值越小越好,一般开关接触电阻应小于 20 mΩ。

(4) 绝缘电阻 开关不相接触的各导电部分之间的电阻值。此值越大越好,一般开关在 100 MΩ 以上。

(5) 耐压 也称抗电强度,指开关不相接触的导体之间所能承受的电压值。一般开关耐压大于 100 V,对电源开关而言,要求耐压不小于 500 V。

(6) 工作寿命 开关在正常工作条件下的使用次数,一般开关为 5000～10 000 次,要求较高的开关可达 $5\times10^4 \sim 5\times10^5$ 次。

3. 常用开关

几种常用开关如表 4.3.1 所示。

表 4.3.1 常用开关

名 称	外 形	主 要 参 数	主 要 特 点	应 用
钮子开关		AC 250 V 0.3～5 A $R_c \leqslant 20$ mΩ 单极/双极 双位/三位	螺纹圆孔安装,加工方便	小型电源开关 电路转换
波动开关		AC 250 V 0.3～15 A 单极双位 双极双位	嵌卡式安装,操作方便	一般电气设备电源开关,电路转换

续表

名 称	外 形	主 要 参 数	主 要 特 点	应 用
旋转开关		AC 220 V 0.05 A $R_c \leq 20$ mΩ 单极至8极 2～11位	极数、位数多种组合，安装方便	仪器仪表等电子设备电路转换
按键开关		AC 220 V 3A $R_c < 20$ mΩ 双极双位	嵌卡式安装可靠，指示灯，轻触式操作	家用电器及仪器仪表电源开关，电路转换
直键开关（琴键开关）		AC 250 V 0.1～2 A $R_c < 20$ mΩ 多极双位 多种组合	每只开关可有2极、4极、8极，可多只组合或自锁、互锁、无锁等多种形式	仪器仪表及各种电子设备中多极电路转换
滑动开关（拨动开关）		AC 30 V 0.2～0.3 A 单极至4极 2～3位	结构简单，价格低	收音机、录音机等小电器及普及型仪器仪表
轻触开关		DC 12 V 0.02～0.05 A R_c 为 0.01～0.1 mΩ	体积小，质量轻，可靠性好，寿命长，无锁	键盘等数字化设备面板控制
双列拨动开关		DC 5 V 0.1 A 或 25 V 0.025 A $R_c < 0.05$ mΩ 4,6,8,10,12极 双位	体积小，安装方便，可靠性高	不经常动作的数字电路转换

续表

名 称	外 形	主 要 参 数	主 要 特 点	应 用
微型按键开关		DC 30~60 V 0.3~0.1 A R_c 为 30 mΩ 工作寿命约 1 万次	体积小,质量轻,操作方便	微小型仪器仪表及电器,作电路转换用
薄膜开关		DC 30V 0.1 A 寿命可达 300 万次	体积小,质量轻,寿命长,外观美,面板/开关/指示一体化并可密封	各种仪器仪表及电器的控制面板开关
贴片式开关			上面的微型按键开关、双列拨动开关、轻触开关、滑动开关等品种均有表贴封装形式,其参数及使用与插接式基本相同,只是体积较小,且适应表面贴装工艺	

4.3.2 连接器

连接器是电子产品中用于电气连接的一类机电元件,使用十分广泛。习惯上把连接器称为接插件,有时也把连接器中的一部分称为接插件,为了方便我们用连接器称呼这一类元件。

在电子产品中一般有以下几类连接。

A 类:元器件与印制电路板的连接;

B 类:印制电路板与印制电路板或导线之间连接;

C 类:同一机壳内各功能单元相互连接;

D 类:系统内各种设备之间的连接。

除了我们在其他章节中讲到的焊接、压接、绕接等连接方式外,采用连接器是提高效率、便于装配、方便调试、便于维修的普通工艺。

1. 连接器的种类

1) 按外形分类

(1) 圆形连接器,主要用于 D 类连接、端接导线、电缆等,外形为圆筒形。

(2) 矩形连接器,主要用于 C 类连接,外形为矩形或梯形。

(3) 条形连接器,主要用于 B 类连接,外形为长条形。

(4) 印制板连接器,主要用 B 类连接,包括边缘连接器、板装连接器、板间连接器。

(5) IC 连接器,用于 A 类连接,通常称插座。

(6) 导电橡胶连接器,用于液晶显示器件与印制板连接。

2) 按用途分类

(1) 电缆连接器,连接多股导线、屏蔽线及电缆,由固定配对器组成。

(2) 机柜连接器,一般由配对的固定连接器组成。

(3) 音视频设备连接器。

(4) 电源连接器,通常称为电源插头插座。

(5) 射频同轴连接器,也称高频连接器,用于射频、视频及脉冲电路。

(6) 光纤光缆连接器。

(7) 其他专用连接器,如办公设备、汽车电器等专用的连接器。

2. 连接器的主要参数

普通低频连接器的技术参数与开关相同,主要由额定电压、电流及接触电阻来衡量,而且从外观及配合容易判断性能。对同轴连接器及光纤光缆连接器,则有阻抗特性及光学性能等参数,应用时请参考相关资料。

3. 常用连接器

1) 圆形连接器

圆形连接器主要有插接式和螺纹接式两大类,见图 4.3.3。插接式通常用于插拔较频繁、连接点数少且电流不超过 1 A 的电路连接。螺纹接式俗称航空插头插座,它有一个标准的旋转锁紧机构,在多接点和插拔力较大的情况连接较方便,抗振性极好;同时还容易实现防水密封以及电场屏蔽等特殊要求,适用于电流大、不需经常插拔的电路连接。本类连接接点数量从 2 到近百个,额定电流可从 1 A 到数百 A,工作电压均在 300~500 V 之间。

图 4.3.3 圆形连接器

2) 矩形连接器

见图 4.3.4,矩形排列能充分利用空间位置,所以被广泛应用于机内互连。当带有外壳或锁紧装置时,也可用于机外的电缆和面板之间的连接。

本类插头座,可分插针式和双曲线簧式;有带外壳和不带外壳的;有锁紧式和非锁紧式。接点数目、电流、电压均有多种规格,应根据电路要求选用。

图 4.3.4 矩形连接器

3) 印制板连接器

见图 4.3.5,印制板连接器的结构形式有直接型、绕接型、间接型等,主要规格有排数(单排、双排)、芯数、间距(相邻接点簧片间的距离)和有无定位等。

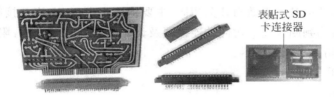

图 4.3.5 印制板连接器

另外,连接器的簧片有镀金、镀银之分,要求较高的场合应用镀金插座。

近年应用广泛的存储卡插座也属于印制板连接器一类,常用的如 SD 卡插座(图 4.3.5)采用表贴式封装,直接焊接在 PCB 表面上。

4) D 形连接器

见图 4.3.6,D 形连接器具有非对称定位和连接锁紧机构,常用连接点数为 9,15,25,37 等几种,可靠性高,定位准确,广泛用于各种电子产品机内及机外连接。

图 4.3.6 D 形连接器

5) 带状电缆连接器

见图 4.3.7,带状电缆连接器多用于数字信号传输。

6) AV 连接器

AV 连接器也称音视频连接器或视听设备连接器,用于各种音响、录放像设备、CD、VCD 等,以及多媒体计算机声卡、图像卡等部件的连接。

图 4.3.7　带状电缆连接器

(1) 音频连接器。图 4.3.8 中所示的连接器通常用于音频设备信号传输,按插头插孔的尺寸有 ϕ2.5 mm,ϕ3.5 mm,ϕ6.35 mm 三种,ϕ2.5 mm 用于微型收音机耳机,ϕ6.35 mm 用于台式设备音频信号,ϕ3.5 mm 广泛用于各种袖珍式及便携式音响产品及多媒体计算机设备中。一般使用屏蔽线与插头连接,工作电压 30 V,电流 50 mA,不宜用于电源连接。

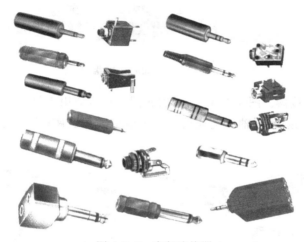

图 4.3.8　音频连接器

(2) 直流电源连接器。图 4.3.9 是小型电器产品直流电源连接器,插头外径×内孔直径有 3.4 mm×1.3 mm,5.5 mm×2.5 mm 和 5.5 mm×2.1 mm 三种规格,选用时注意插头与插座配套,传输电流一般在 2 A 以下。

图 4.3.9　直流电源连接器

(3) 同心连接器。图 4.3.10 所示的同心连接器也称莲花插头座,常用于音响及视频设备中传输音视频信号,使用时一般用屏蔽线与插头座连接,屏蔽线芯线接插头座中心接点。连接器工作额定电压 50 V(AC),电流 0.5 A,机械寿命约 100 次。

图 4.3.10　同心连接器

(4) 射频同轴连接器。图 4.3.11 所示射频同轴连接器用于射频信号和通信、网络等数字信号的传输,与专用射频同轴电缆连接。其中卡口式插头座(通称 Q9 型)也用于示波器等脉冲信号的传输。

图 4.3.11　射频同轴连接器

7) 条形连接器

图 4.3.12 所示为几种常用条形连接器,主要用于印制电路板与导线的连接,在各种电子产品中都有广泛的应用。常用的插针间距有 2.54 mm 和 3.96 mm 两种;插针尺寸也不

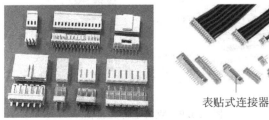

表贴式连接器

图 4.3.12　条形连接器

同;工作电压为 250 V;工作电流为 1.2 A(间距 2.54 mm)、3 A(间距 3.96 mm);接触电阻约 0.01 Ω。此种连接器插头与导线一般采用压接,压接质量对连接器可靠性影响很大。连接器机械寿命约 30 次。

8) USB 连接器

USB 连接器原来是一种计算机通用串行总线,随着数码和移动通信产品的普及,现在已经成为用途广泛的通用多媒体连接器。USB 连接器不仅可以连接音箱、调制解调器(Modem)、显示器、游戏杆、扫描仪、鼠标、键盘等外围设备,而且可以实现手机、MP3 音乐播放器、视频播放器、数码相机等产品与计算机交换数据及充电,并且可以进行热插拔。USB 接口标准有 1.0、2.0 和 3.0,其中 1.0 和 2.0 连接器相同,均为 4 线结构(如图 4.3.13(a)、(b)所示);3.0 连接器兼容低版本,但改成 9 线结构(如图 4.3.13(c)所示)。

图 4.3.13 USB 连接器

4.3.3 继电器

继电器是一种电气控制常用的机电元件,可以看作一种由输入参量(如电、磁、光、声等物理量)控制的开关。电子产品中常用继电器有以下几种:

(1) 电磁继电器分交流与直流两大类,利用电磁吸力工作;

(2) 磁保持继电器用极化磁场作用保持工作状态;

(3) 高频继电器专用于转换高频电路并能与同轴电缆匹配;

(4) 控制继电器按输入参量不同,有温度继电器、热继电器、光继电器、声继电器、压力继电器等类别;

(5) 舌簧继电器是利用舌簧管(密封在管内的簧片在磁力下闭合)工作的继电器;

(6) 时间继电器是有时间控制作用的继电器;

(7) 固态继电器实际是一种输入(控制信号)与输出隔离的电子开关,功能与电磁继电器相同。

这些继电器中使用最普遍的是电磁继电器和固态继电器,电磁继电器的接触点负荷又可分为四类:

(1) 微功率继电器接通电压为 28 V 时，负载(阻性)电流<0.2 A；

(2) 小功率继电器接通电流为 0.5～1 A；

(3) 中功率继电器接通电流为 2～5 A；

(4) 大功率继电器接通电流为 10～40 A。

固态继电器是近年来新发展的控制元件，实际是一种采用电力电子器件作为开关元件的可控电子电路模块。尽管从工作原理上说它不属于机电元件，在大多数使用场合可以取代机电继电器，而且在降低功耗和使用寿命上有显著的优势，因此在很多应用领域已成为继电器元件的首选品种。

继电器的技术参数除与开关相同部分外，主要是输入信号参数(如输入电压、电流)。选用继电器要考虑的内容也比开关多，可参阅有关产品手册。图 4.3.14 所示为几种常用的继电器。

图 4.3.14　几种常用的继电器

4.4　半导体分立器件

半导体分立器件包括二极管、三极管及半导体特殊器件。尽管近年来由于集成电路的发展使它退出相当多的应用领域，但受频率、功率等因素制约，分立器件仍然是电子元器件家族中不可缺少的成员。

由于半导体分立器件在电子学等学科中讲述较多，故本书主要涉及器件的选用及安装工艺的相关内容。

4.4.1　半导体分立器件的分类与命名

半导体器件分类方法很多，按半导体材料可分为锗管和硅管，按制造工艺、结构可分为点接触型、面结型、平面型，以及三重扩散(TB)、多层外延(ME)、金属半导体(MS)等类型。按封装则有金属封装、陶瓷封装、塑料封装及玻璃封装等。

1. 分类

通常二极管以应用领域分类；三极管以功率、频率分类；晶闸管以特性分类；而场效管则以结构特点分类,具体分类情况如表 4.4.1 所示。

表 4.4.1　分立器件的分类

半导体二极管	普通二极管	整流二极管、检波二极管、稳压二极管、恒流二极管、开关二极管等
	特殊二极管	微波二极管、SBD、变容二极管、雪崩管、TD 管 PIN、TVP 防静电管等
	敏感二极管	光敏、温敏、压敏、磁敏等
	发光二极管	可见光、红外等
双极型晶体管	锗管	高频小功率管(合金型、扩散型) 低频大功率管(合金型、扩散型)
	硅管	低频大功率管、大功率高压管(扩散型、扩散台面型、外延型) 高频小功率管、超高频小功管、调整开关管(外延平面工艺) 低噪声管、微波低噪声管、超 β 管(外延平面工艺、薄外延、钝化技术) 高频大功率管、微波功率管(外延平面型、覆盖式、网状结构、复合型)
晶闸管	单向晶闸管	普通晶闸管、高频(快速)晶闸管
	双向晶闸管	
	可关断晶闸管	
	特殊晶闸管	正(反)向阻断管、逆导管等
场效应晶体管	结型	硅管	N 沟道(外延平面型)、P 沟道(双扩散型)
		硅管	隐埋栅、V 沟道(微波大功率)
		砷化	肖特基势垒栅(微波低噪声、微波大功率)
	MOS(硅)	耗尽	N 沟道、P 沟道
		增强	N 沟道、P 沟道

2. 半导体分立器件命名

(1) 中国半导体分立器件命名,见表 4.4.2。

(2) 部分国外半导体分立器件命名。改革开放以来,大量国外电子元器件进入国内市场,其中以日、美、欧洲产品最多,其命名法见表 4.4.3、表 4.4.4 和表 4.4.5。

4.4.2　常用半导体分立器件外形封装及引脚排列

部分常用半导体分立器件见图 4.4.1,引脚排列及应用特点见表 4.4.6。

表 4.4.2 中国半导体分立器件型号命名法

第一部分		第二部分		第三部分			第四部分	第五部分
用数字表示器件的电极数目		用汉语拼音字母表示器件的材料和极性		用汉语拼音字母表示器件的类型			用数字表示器件的序号	用汉语拼音字母表示规格号
符号	意义	符号	意义	符号	意义			
2	二极管	A	N型,锗材料	P	普通管			
		B	P型,锗材料	V	微波管			
		C	N型,硅材料	W	稳压管			
		D	P型,硅材料	C	参量管			
3	三极管	A	PNP型,锗材料	Z	整流器			
		B	NPN型,锗材料	L	整流堆			
		C	PNP型,硅材料	S	隧道管			
		D	NPN型,硅材料	N	阻尼管			
		E	化合物材料	U	光电器件			
				X	低频小功率管 ($f_{hb}<3$ MHz, $P_c<1$ W)			
				G	高频小功率管 ($f_{hb}\geq3$ MHz, $P_c<1$ W)			
				D	低频大功率管 ($f_{hb}<3$ MHz, $P_c\geq1$ W)			
				A	高频大功率管 ($f_{hb}\geq3$ MHz, $P_c\geq1$ W)			
				T	场效应器件			
				B	雪崩管			
				J	阶跃恢复管			
				CS	声表面波器件			
				BT	半导体特殊器件			
				FH	复合管			
				PIN	PIN型管			
				JG	激光器件			

例1: 3 D G 201 C —— 规格号, 序号, 高频小功率管, 硅材料, NPN型, 三极管

例2: CS 1 B —— 规格号, 序号, 场效应器件

注: 场效应器件、半导体特殊器件、复合管和激光器件的型号命名只有第三、四、五部分。

表 4.4.3 美国半导体分立器件型号命名法

第一部分		第二部分		第三部分		第四部分		第五部分	
用字母表示器件使用的材料		用字母表示器件的类型及主要特性				用数字或字母加数字表示登记号		用字母对同一型号器件进行分档分析	
符号	意义	符号	意义	符号	意义	符号	意义	符号	意义
A	锗材料(禁带为 0.6~1.0 eV)	A	检波二极管、开关二极管、混频二极管	M	封闭磁路中的霍尔元件	三位数字	代表通用半导体器件的登记序号	A、B、C、D、E、…	表示同一型号的半导体器件按某一参数进行分档的标志
B	硅材料(禁带为 1.0~1.3 eV)	B	变容二极管	P	光敏器件				
C	砷化镓材料(禁带大于 1.3 eV)	C	低频小功率三极管 (R_η>15℃/W)	Q	发光器件				
D	锑化铟材料(禁带小于 1.3 eV)	D	低频大功率三极管 (R_η≤15℃/W)	R	小功率可控	一个字母两个数字	代表专用半导体器件的登记序号		
R	复合材料	E	隧道二极管	S	小功率开关管 (R_η>15℃/W)				
		F	高频小功率三极管 (R_η>15℃/W)	T	大功率可控硅				
		G	复合器件及其他器件	U	大功率开关管 (R_η>15℃/W)				
		H	磁敏二极管	X	倍增管				
		K	开放磁路中的霍尔元件	Y	整流二极管				
		L	高频大功率三极管 (R_η≤15℃/W)	Z	稳压二极管				

例1: B U 208
- 器件登记号
- 大功率开关管
- 硅材料

例2: B Z Y 88 C
- 容许误差±5%
- 专用器件登记号
- 稳压二极管
- 硅材料

表 4.4.4 日本半导体分立器件型号命名方法

第 一 部 分		第 二 部 分		第 三 部 分		第 四 部 分		第 五 部 分	
用数字表示器件有效电极数或类型		日本电子工业协会(JEIA)注册标志		用字母表示器件使用材料极性和类型		器件在日本电子工业协会(JEIA)的登记号		同一型号的改进型产品标志	
符号	意 义	符号	意 义	符号	意 义	符号	意 义	符号	意 义
0	光电二极管或三极管及包括上述器件的组合管	S	已在日本电子工业协会(JEIA)注册登记的半导体器件	A	PNP 高频晶体管	多位数字	这一器件在日本电子工业协会(JEIA)的登记号,性能相同,但不同厂家生产的器件可以使用同一个登记号	A, B, C, D, …	表示这一器件是原型号产品的改进型
1	二极管			B	PNP 低频晶体管				
2	三极管或具有三个电极的器件			C	NPN 高频晶体管				
3	具有四个有效电极的器件			D	NPN 低频晶体管				
…	…			F	P 控制极可控硅				
n-1	具有 n 个有效电极的器件			G	N 控制极可控硅				
				H	N 沟道场效应管				
				J	P 沟道场效应管				
				K	N 双向可控硅				

例 1: 2 S A 42
- JEIA 登记号
- PNP 高频晶体管
- JEIA 注册产品
- 三极管

例 2: 2 S C 945 A
- 2SC502 的改进型
- JEIA 登记号
- NPN 高频晶体管
- JEIA 注册产品
- 3 个有效电极

表 4.4.5 美国半导体分立器件型号命名法

第一部分 用符号表示器件类别		第二部分 用数字表示 PN 结数目		第三部分 美国电子工业协会(EIA)注册标记		第四部分 美国电子工业协会(EIA)登记号		第五部分 用字母表示器件分档	
符号	意义	符号	意义	符号	意义	符号	意义	符号	意义
JAN J	军用品 非军用品	1 2 3 ⋮ n	二极管 三极管 三个 PN 结器件 ⋮ n 个 PN 结器件	N	该器件已在美国电子工业协会(EIA)注册登记	多位数字	该器件在美国电子工业协会(EIA)的登记号	A、B、C、D、	同一型号的不同档别

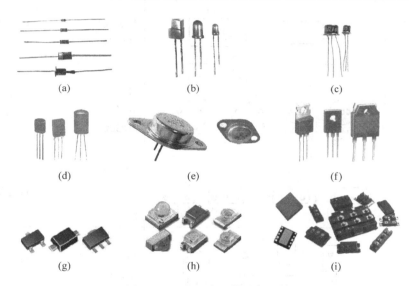

图 4.4.1 常用半导体分立器件
(a)二极管；(b)发光二极管；(c)金属封装三极管；(d)塑料封装三极管；
(e)金属封装功率管；(f)塑料封装功率管；(g)贴片式二极管和三极管；
(h)贴片式发光二极管；(i)晶体管模块

表 4.4.6 常用半导体分立器件引脚排列及应用

类别	外形封装及引脚排列	实例	特点及应用
半导体二极管 玻璃封装		1N758 1N4148 2CK73	低造价,小功率

续表

类　别		外形封装及引脚排列	实　例	特点及应用
半导体二极管	塑料封装	信号二极管　功率二极管　功率二极管	1N4148 1N5401 FR107	低造价，较大功率
	发光二极管		FG314003 FG114130	各种颜色及顶部形状，用于各种显示
	贴片式二极管		封装代号 PSM/SOT23	体积小，适合表贴工艺
半导体三极管	小功率金属封装	GT-3　TO-1　TO-39　79-03 CT-6	3DK2 3DJ7 3DG6C	可靠性高，散热好，造价高
	小功率塑封管		3DG6A S9013 S8050	低造价，应用广
	大功率塑封管	TO-126　TO-202　TO-220　TOP-3	BD237 BU208 2SD1943	可方便加散热片，造价低，应用广
	贴片式三极管		封装代号 SOT23/SC-61	体积小，适合表贴工艺
	大功率金属封装	TO-3　TO-66	3DD102C 3AD30	功率大，散热性好，造价较高

4.5 集成电路

集成电路是最能体现电子产业日新月异、飞速发展的一类电子元器件。它不仅品种繁多,而且新品种层出不穷,要熟悉各种集成电路几乎是不可能的,实际也没有必要。但对常用的集成电路有所了解则非常必要。本节从实用角度介绍常用集成电路的分类、封装、引脚识别等应用知识。

4.5.1 集成电路分类

1. 按制造工艺和结构分

可分为半导体集成电路、膜集成电路(又可细分为薄膜、厚膜两类)和混合集成电路。通常提到集成电路指的是半导体集成电路,也是应用最广泛、品种最多的集成电路;膜(薄、厚膜)集成电路和混合集成电路一般用于专用集成电路,通常称为模块。

2. 按集成度分

集成度指一个硅片上含有元件数目,表 4.5.1 是早期对集成度的分类。

表 4.5.1 集成度分类

缩写	名称	数字 MOS	数字双极	模拟
SSIC	小规模	<100		<30
MSIC	中规模	100～1000	100～500	30～100
LSIC	大规模	1000～10 000	500～2000	100～300
VLSIC	超大规模	>10 000	>2000	>300

一般常用集成电路以中、大规模电路为主,超大规模电路主要用于存储器及计算机 CPU 等专用芯片中。

由于微电子技术的飞速发展,上述分类已不足于反映集成度的规模。一个硅片上集成千万只晶体管已经实现,若干年内可达 10 亿只以上。

3. 按应用领域分

同一功能的集成电路按应用领域规定不同的技术指标,而分为军用品、工业用品和民用品(又称商用)三大类。

在军事、航空航天等领域,其使用环境条件恶劣、装置密度高,对集成电路的可靠性要求极高,产品价格退居次要地位。

民品则在保证一定可靠性和性能指标的前提下,性能价格比是产品能否成功的重要条件之一。显然如果在普通电子产品中选用了军品是达不到高性能价格比的。

工业品则是介于二者之间的一种产品，但不是所有集成电路都有这三个品种。

4. 按使用功能分

按使用功能划分集成电路是国外很多公司的通用方法，一些国际权威数据出版商就是按使用功能划分集成电路数据资料的。图 4.5.1 是这种分类的一个典型方法。

集成电路
- 音频/视频电路
  - 音频放大器，音频/射频信号处理器
  - 视频电路，电视电路
  - 音频/视频数字电路
  - 特殊音频/视频电路
- 数字电路
  - 门电路，触发器，计数器，加法器，延时器，锁存器
  - 算术逻辑单元，编码/译码器，脉冲产生/多谐振荡器
  - 可编程逻辑电路(PAL，GAL，FPGA，ISP)
  - 特殊数字电路
- 线性电路
  - 放大器，模拟信号处理器
  - 运算放大器，电压比较器，乘法器
  - 电压调整器，基准电压电路
  - 特殊线性电路
- 微处理器
  - 微处理器，单片机电路
  - 数字信号处理器(DSP)
  - 通用/专用支持电路
  - 特殊微处理器电路
- 存储器
  - 动态/静态RAM
  - ROM，PROM，EPROM，E^2PROM
  - 特殊存储器件
- 接口电路
  - 缓冲器，驱动器
  - A/D，D/A，电平转换器
  - 模拟开关，模拟多路器，数字多路/选择器
  - 取样/保持电路
  - 特殊接口电路
- 光电电路
  - 光电通信/传送器件
  - 发光器件，光接收器件
  - 光电耦合器，光电开关器件
  - 特殊光电器件

图 4.5.1 按使用功能分类集成电路

5. 按半导体工艺分

1）双极型电路

在硅片上制作双极型晶体管构成的集成电路，由空穴和电子两种载流子导电。

2）MOS 电路

参加导电的是空穴或电子一种载流子：

（1）NMOS 由 N 沟道 MOS 器件构成；

（2）PMOS 由 P 沟道 MOS 器件构成；

（3）CMOS 由 N、P 沟道 MOS 器件构成互补形式的电路。

3）双极型-MOS 电路（BIMOS）

双极型晶体管和 MOS 电路混合构成集成电路，一般前者作输出极，后者作输入极。

双极型电路驱动能力强但功耗较大，MOS 电路则反之，双极型-MOS 电路兼有二者优点，MOS 电路中 PMOS 和 NMOS 已趋于淘汰。

6. 专用集成电路（ASIC）

专用集成电路是相对通用集成电路而言的。它是为特定应用领域或特定电子产品专门研制的集成电路，目前应用较多的有：

（1）门阵列（GA）；

（2）标准单元集成电路（CBIC）；

（3）可编程逻辑器件（PLD）；

（4）模拟阵列和数字模拟混合阵列；

（5）全定制集成电路。

其中（1）～（4）项制造厂仅提供母片，由用户根据需要完成专用集成电路，因此也称为半定制集成电路（SCIC）。专用集成电路性能稳定、功能强、保密性好，具有广泛的前景和广阔的市场。

4.5.2 集成电路命名与替换

集成电路的命名与分立器件相比规律性较强，绝大部分国内外厂商生产的同一种集成电路，采用基本相同的数字标号，而以不同的字头代表不同的厂商，例如 NE555，LM555，μPC1555，SG555 分别是由不同国家和厂商生产的定时器电路，它们的功能、性能、封装、引脚排列也都一致，可以相互替换。

我国集成电路的型号命名采用与国际接轨的准则，如表 4.5.2 所示。其示例如图 4.5.2 所示。

但是也有一些厂商按自己的标准命名，例如型号为 D7642 和 YS414 实际上是同一种微型调幅单片收音机电路，因此在选择集成电路时要以相应产品手册为准。

另外，我国早年生产的集成电路型号命名另有一套标准，现在仍可在一些技术资料中见到，可查阅有关新老型号对照手册。

表 4.5.2　国产半导体集成电路命名

第0部分		第一部分		第二部分	第三部分		第四部分	
用字母表示器件符合国家标准		用字母表示器件的类型		用阿拉伯数字表示器件的系列和品种代号	用字母表示器件的工作温度范围		用字母表示器件的封装	
符号	意义	符号	意义		符号	意义	符号	意义
C	中国制造	T H E C F D W J B M μ	TTL HTL ECL CMOS 线性放大器 音响、电视电路 稳压器 接口电路 非线性电路 存储器 微型机电路	（与国际接轨）	C E R M	0～70℃ −40～85℃ −55～85℃ −55～125℃	W B F D P J K T	陶瓷扁平 塑料扁平 全密封扁平 陶瓷直插 塑料直插 黑陶瓷直插 金属菱形 金属圆形

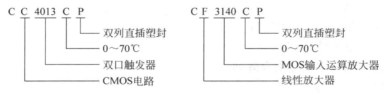

图 4.5.2　示例

4.5.3　集成电路封装与引脚识别

集成电路封装种类繁多,不同国家和地区的分类和命名方法也不一样,具体应用时需要查阅相关资料。表 4.5.3 是常见集成电路封装、引脚识别方法及特点。

表 4.5.3　常用集成电路封装、引脚识别及特点

名　称	封装标记及引脚识别管	引脚数/间距	特点及应用
金属圆形 CanTO-99		8,12	可靠性高,散热,屏蔽性良好,价格高,主要用于高档产品
功率塑封 ZIP-TAB		3,4,5,8,10,12,16	散热性能好,用于大功率器件

续表

名 称	封装标记及引脚识别管	引脚数/间距	特点及应用
双列直插 DIP,SDIP DIPtab		8,14,16,18,20,22,24,28,40 2.54/1.778 标准/窄间距	塑封造价低,应用最广泛,陶瓷封耐高温,造价较高,用于高档产品
单列直插 SIP,SSIP SIPtab		3,5,7,8,9,10,12,16 2.54/1.778 标准/窄间距	造价低且安装方便,广泛用于民品
双列表面安装 SOIC SOP/SSOP		6,8,14,16,18,20,22,24,28,40,48 标准 1.27/0.8 窄间距 0.65/0.5/0.4/0.3	外形小,代替 DIP 用于表贴工艺
双列表面小外形 J 形引脚		同 SoP	• J 形引脚不易变形,外形尺寸小; • 焊点检查困难
扁平矩形 QFP SQFP		32,44,64,80,120,144,168 0.8/0.65/0.5/0.4/0.3 QFP/SQFP	• 引脚数较多,用于大规模集成电路; • 组装要求高
塑封引线芯片载体 PLCC		18~84 1.27/0.8	• J 形引脚不易变形; • 外形尺寸小; • 焊点检查困难
球栅阵列 BGA		数十到数千条 1.5/1.27/1.0/0.8/0.65/0.5	• 引脚数多数千条; • 封装效率高
矩形无引脚 QFN		数条到数十条 1.5/0.8/0.65/0.5	• 封装效率高; • 可利用 PCB 散热; • 焊点检查困难
软封装		直接将芯片封在 PCB 上	低造价,主要用于低价格民品,如玩具 IC 等

4.6 电子元器件选择及应用

在电路原理图中,元器件是一个抽象概括的图形文字符号,而在实际电路中是一个具有不同几何形状、物理性能、安装要求的具体实物。一个电容器符号代表几十个型号,几百甚至成千上万种规格的实际电容器,正确选择才能既实现电路功能,又保证设计性能。对一件电子产品而言,至关重要的是经济性和可靠性。本节从应用角度出发介绍元器件选用要领。

4.6.1 元器件的性能及工艺性

在电子技术课程中学习元器件主要关注的是它的电气参数,而在电子工艺技术中则更注意元器件的工艺性能,例如焊接性能、机械性能等。

1. 电子元器件的电气性能参数

电气性能参数用于描述电子元器件在电子电路中的性能,主要包括电气安全性能参数、环境性能参数和电气功能参数。

电气安全性能参数反映元器件在使用安全方面的性能。通常,技术标准对这类参数都规定了严格的要求,主要技术参数有耐压、绝缘电阻、阻燃等级等。环境性能参数反映了环境变化对元器件性能的影响,主要技术参数有温度系数、电压系数、频率特性等。电气功能参数通常表示该元器件的电气功能,不同的元器件使用的主要功能参数是不一样的。例如,电阻、电容、电感和三极管的主要功能参数分别为电阻值、电容量、电感量和电流放大倍数。为了准确地描述一个元器件,可以使用多个功能参数,例如三极管的功能参数有电流放大倍数、开关时间等。

2. 电子元器件的使用环境参数

任何电子元器件都有一定的使用条件,环境参数规定了元器件的使用条件,主要包括气候环境参数和电源环境参数。

气候环境主要是指元器件的工作温度、湿度和储存温度、湿度等。一般而言,通常规定最高温度、湿度和最低温度、湿度。

电源环境是指电子元器件工作的电源电压、电源频率和空间电磁环境等。电子元器件在不同的电源环境下,其电气性能是不同的。如空间无线电波对元器件的影响,雷电对元器件的影响等。其主要参数有额定工作电压、最大工作电压、额定功率、最大功率等。

3. 电子元器件的机械结构参数

任何电子元器件都具有一定的形状和体积,在电子产品组装时,必须在结构和空间上合理安装元器件。机械结构参数主要包括外形尺寸、引脚尺寸、机械强度等。

在实际生产过程中,设备的振动和冲击是无法避免的。如果选用的元器件的机械强度不足,就会在振动时发生断裂,造成损坏,使电子设备失效。所以,在设计制作电子产品时,应该尽量选用机械强度高的元器件,并从机械结构方面采取抗振动、耐冲击的措施。

4. 电子元器件的焊接性能

因为大部分电子元器件都是靠焊接实现电路连接的,所以元器件的焊接性能也是它们的主要参数之一。

电子元器件的焊接性能一般包括两个方面:一是引脚的可焊性,二是元器件的耐焊接性。可焊性是指焊接时引脚上锡的难易程度,为了提高焊接质量应该尽量选用那些可焊性良好的元器件。

焊接时,一般温度达到230℃以上,无铅焊接更是到了260℃。元器件能否在短时间(5~10 s)内经住焊接时的高温,是衡量元器件焊接性能的主要性能指标之一。

5. 电子元器件的寿命与可靠性

随着时间的推移或工作环境的变化,元器件的性能参数发生改变。当它们的参数变化到一定限度时,尽管外加的工作条件没有改变,也会导致元器件不能正常工作或失效,元器件能够正常工作的时间就是元器件的使用寿命。显然,寿命是衡量元器件性能稳定可靠的重要指标。

电子元器件的电气性能参数指标与其性能稳定可靠是两个不同的概念。性能参数良好的元器件,其可靠性不一定高;相反性能参数差一些的元器件,其可靠性也不一定低。电子元器件的大部分性能参数都可以通过仪器仪表立即测量出来,但是它们的可靠性或稳定性必须经过各种复杂的可靠性试验,或者经过大量的、长期的实际使用之后才能得出结论。

4.6.2 元器件选择

1. 电子元器件选用基本准则与考虑

1) 基本准则

- 元器件的技术条件、技术性能、质量等级等均应满足装备的要求;
- 优先选用经实践证明质量稳定、可靠性高、有发展前途的标准元器件,慎重选择非标准及趋于淘汰的元器件;
- 应最大限度地压缩元器件的品种规格和生产厂家;
- 未经设计定型的元器件不能在可靠性要求高的产品中正式使用;
- 优先选用有良好的技术服务、供货及时、价格合理的生产厂家的元器件;
- 关键元器件要进行供应商资质及质量能力认定;
- 在性能价格比相近时,应优先选用国产元器件。

2) 基本考虑

(1) 留有余地

经验表明,元器件失效的一个重要原因,是由于它在工作中超过允许的应力水平。因此为了提高元器件可靠性,延长其使用寿命,必须有意识地降低施加在元器件上的工作应力(电、热、机械应力),以使实际使用应力低于其规定的额定应力。这就是选择元器件性能指标时必须留有余地的原因。

(2) 散热考虑

电子元器件的热失效是由于高温导致元器件的材料劣化而造成的。由于现代电子设备所用的电子元器件的密度越来越高，使元器件之间通过传导、辐射和对流产生热耦合，热应力已成为影响元器件可靠性的重要因素之一。因此在元器件的布局、安装等过程中，必须充分考虑到热的因素，采取有效的热设计和环境保护设计。

(3) 辐射问题

在航天器中使用的元器件，通常要受到来自太阳和银河系的各种射线的损伤，进而使整个电子系统失效，因此设计人员必须考虑辐射的影响。目前国内外已陆续研制了一些抗辐射加固的半导体器件，在需要时应采用此类元器件。

(4) 静电损伤

半导体器件在制造、存储、运输及装配过程中，由于仪器设备、材料及操作者的相对运动，均可能因摩擦而产生几千伏的静电电压，当器件与这些带电体接触时，带电体就会通过器件"引出腿"放电，引起器件失效。不仅 MOS 器件对静电放电损伤敏感，在双极器件和混合集成电路中，此项问题亦会造成严重后果。

(5) 操作损伤

操作过程中容易给半导体器件和集成电路带来机械损伤，应在结构设计及装配和安装时引起重视。如引线成形和切断，印制电路板的安装、焊接、清洗，装散热板，器件布置，印制电路板涂覆等工序，应严格贯彻电装工艺规定。

(6) 储存保管

储存和保管不当是造成元器件可靠性降低或失效的重要原因，必须予以重视并采取相应的措施。如库房的温度和湿度应控制在规定范围内，不应导致有害气体存在；存放器件的容器应采用不易带静电及不引起器件化学反应的材料制成；定期检查有测试要求的元器件等。

2. 质量控制

理论上讲，凡是作为商品提供给市场的电子元器件，都应该是符合一定质量标准的合格产品。但实际上，由于各个厂商生产要素的差异(例如设备条件、原材料质地、生产工艺、管理水平、检测、包装等诸方面)导致同种产品不同厂商之间的差异，或同一厂商不同生产批次的差异。这种差异对使用者而言就产生质量的不同。例如同样功能性能的一种集成电路，甲厂生产的比乙厂生产的产品引线可焊性好，那么采用甲厂的产品对整机产品的成品率、产品质量和可靠性都将得以提高。对电子产品设计制造厂而言，准确地选用甲厂产品应该是毫无异议的，但实际工作中并不是那么简单的。且不论生产厂商不正当竞争(这在商品经济中几乎是不可避免的)造成的误导，由于设计者观念、知识水平和经验不足也可能造成误选，从而造成整个电子产品质量低下。

为了控制电子产品质量，国际标准化组织的质量保证委员会(ISO/T C176)制定了国际性质量管理标准 ISO 9000 系列标准，它以结构严谨、定义明确、规定具体实用得到国际社会的认可和欢迎,成为国际通用的质量标准。我国按照 ISO 9000 标准颁发了国家质量标准 GB/T 19000《质量管理和质量标准系列》,并成立相应的质量保证和质量认证委员会。通过 ISO 9000 质量认证的产品,是设计者选取元器件的首选。

对于大批量生产电子产品,元器件特别是关键元器件的选择是十分慎重的,一般地说要经过以下步骤才能确认:

(1) 选点调查。到有关厂商调查了解生产装备、技术装备、质量管理等情况,确认质量认证通过情况。

(2) 样品抽取试验。按厂商标准进行样品质量认定。

(3) 小批量试用。

(4) 最终认定。根据试用情况确认批量订购。

(5) 竞争机制。关键元器件应选两个制造厂商,同时下订单,防止供货周期不能保证、缺乏竞争而质量不稳定的弊病。

对一般小批量生产厂商或科研单位,不可能进行上述质量认定程序,比较简单而有效的做法是:

(1) 选择经过国家质量认证的产品;

(2) 优先选择国家大中型企业及国家、部属优质产品;

(3) 选择国际知名的大型元器件制造厂商产品;

(4) 选择有信誉保证的代理供应商提供的产品。

3. 统筹兼顾

同样功能的电子元器件,不同厂商生产的产品由于品质、品牌的差异,价格可有较大差别;即使同一厂商,针对不同使用范围也有不同档次的产品。如何在保证质量前提下达到可靠性与经济性的统一,是元器件选择的统筹兼顾技巧。

(1) 首要准则是要算综合账。在严酷的竞争市场上,产品的经济性无疑是设计制造者必须考虑的关键因素。但是如果片面追求经济,为了降低制造成本不惜采用低质元器件,结果造成产品可靠性降低,维修成本提高,反而损害了制造厂的经济利益。粗略估算,当一个产品在使用现场因某个电子元器件失效而出现故障,生产厂家为修复此元件花费的代价,通常为该元器件购买费用的数百倍至数万倍。这是因为通常一个电子产品元器件数量都在数百乃至数千,复杂的有数万至数十万件,有时要进行彻底检查才能确定失效元器件,加上运输、工作人员交通等费用,造成产品维修费用的上升。这里还未计算因可靠性不高造成企业信誉的损失。

从技术经济的角度讲,可靠性与经济性之间不是水火不容的,而是有个最佳点,如图 4.6.1 所示。选用优质元器件,会使研制生产费用增加,但同时

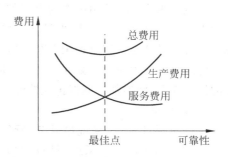

图 4.6.1 产品可靠性与费用关系示意图

会使使用和维修费用降低,若可靠性指标选择合适,可使总费用达到最低水平。更何况由于产品可靠性提高会使企业信誉提高,品牌无形资产增加。综合算账,经济性提高。

(2) 其次要根据产品要求和用途选用不同品种和档次的元器件。例如很多集成电路都有军品、工业品和民用品三种档次,它们功能完全相同,仅使用条件和失效率不同,但价格可差数倍至数十倍,甚至百倍以上。如果在普通家用电器采用军品级元器件,将使成本大幅度提高,性能却不一定提高多少。这是因为有些性能指标对家电来说没有多少实际意义,例如工作温度,民品一般为 0~70℃,军品为 −55~+125℃,在家电正常使用环境中是不会考虑这些条件的。

对于可靠性要求极高的产品,例如航天飞机,相对于极高的造价,使用军品电子元器件并不算昂贵。而对一般消费类低价格电子产品如普通收音机、录音机而言,如果盲目选用高档元器件则是不经济的:一方面这些产品通常生产厂家利润率都不高,元器件选用不当可能会将有限的利润全部"吃"掉;另一方面,高档元器件的长寿命对于更新换代越来越快的家用电器并不具有太大意义。所以按需选用才是最佳选择。

(3) 最后还要提及的是即使在一种电子产品中,也要按最佳经济性合理选择元器件品种和档次。例如有的电子产品在采用最先进集成电路的同时却选用低档的接插件和开关,结果由于这些接插件和开关的故障将集成电路的先进性能冲得一干二净。再如某仪器上与电位器串联的电阻器采用精密电阻,无疑是一种浪费。

4. 合理选择

这是讲选择元器件时必须考虑电子产品使用的最不利条件,特别在涉及安全性能时尤其要注意。

一方面我们在选择元器件时要从最不利条件出发并留有余地,例如一般家用电器产品,考虑元器件工作温度时,必须考虑到夏天居室内最高温度约 40℃,同时又要注意机内温度将比环境高 10~20℃,留有一定余量,则机内所有元器件和安装配件,材料耐热温度都不能低于 70℃。再如电器的电源线,一般使用条件下是不承受机械力的,但考虑用户使用中有可能移动、挤压电源线,选择时必须考虑有一定的抗拉抗压能力。

另一方面,考虑不利因素要适当并且可以考虑其他保护措施,以防考虑不适当增加元器件开销。例如采用 220 V 市电作为电源的电力电子产品,如果考虑电源接错出现 380 V 或电网千伏以上尖峰脉冲而采用 1000 V 甚至更高电压等级的元器件,将使产品造价大幅度上升。实际上这类产品考虑到裕度选用 600 V 的元器件就可以胜任。偶然的因素或尖峰脉冲可采用加保护电路的方式解决。例如在电源上并联适当的压敏电阻或瞬态电压抑制二极管都可起到有效的保护作用,而增加这些保护元器件增加的成本远远低于提高主元器件电压等级的成本。

5. 设计简化

按照可靠性理论,系统愈复杂,所用元器件愈多,系统可靠性越低(这里不包括为了增加系统可靠性而采用冗余系统而增加的元器件)。因此在满足电子产品性能质量要求的前提下尽量简化方案,减少所用元器件数目,是提高产品可靠性的重要因素。以下几点是最少选择的要点。

（1）尽量选择采用微处理器和可编程器件的方案，充分发挥软件效能，减少硬件数量。目前各种微处理器、单片机、数字信号处理器(DSP)、在线可编程处理器(ISP)、可编程模拟电路(PAC)、复杂的可编程逻辑器件(CPLD)、现场可编程门阵列(FPGA)以及可编程片上系统(SOPC)等器件为简化硬件提供了充分的条件。

（2）确定产品功能和性能指标时要遵循"够用就行"的准则，不要盲目追求多功能、高指标而导致电路复杂，元器件增多。

（3）尽量用集成电路代替分立器件，以集成度高的新器件代替旧器件。例如采用集成稳压器制作电源可使元器件数量减少一半；采用ICM7226制作数字频率计可代替十几块普通集成电路等。

（4）用成熟的电路模块单元代替相关电路，不仅可以简化电路元器件，而且可以提高产品可靠性。例如交直流变换电路AC/DC、直流变换电路DC/DC、压控振荡器电路等都有各种规格可供选择的成熟的电路模块，就不要自己从头去设计。

（5）一般通用元器件尽可能选用与本单位其他产品相同的品种规格，一种产品中尽可能减少元器件品种、规格。

6. 降额使用

电子元器件工作条件对其使用寿命和失效率影响很大，减轻负荷可以有效提高可靠性。实验证明，将电容器的使用电压降低1/5，其可靠性可提高5倍以上。因此实际应用中电子元器件都不同程度降额使用。

不同元器件，不同的参数，用于不同的电子产品，降额范围各不相同，以下经验数据可供参考（降额系数 $S=$ 实际参数/额定参数）：

元器件种类	降额参数	S 范围
通用元器件	温度	≤0.7
固定电阻	功率	≤0.5
可变电阻	功率	≤0.25
敏感元件	功率	≤0.6
薄膜电容	电压	0.5～0.9
电解电容	电压	0.3～0.8
晶体管等分立器件	电压	<0.8
晶体管等分立器件	电流	<0.6
晶体管等分立器件	功率	<0.5
继电器	电流	<0.5
线性IC	输出	<0.5
数字IC	输出	<0.7
电源变压器	功率	<0.8

对于某些元器件并非降额越多越好,例如继电器负载如果 $S<0.1$ 则由于触点接触电阻大而影响系统工作可靠性;电解电容 $S<0.3$ 则会使有效电容量减小等。因此必须保持在一个合理范围内。

所有元器件实际都不同程度降额使用,只不过产品类型和应用环境不同,降额系数不同而已。

4.6.3 元器件检测与筛选

在正规的工业化生产,电子生产企业都有专门的品质管理和质检部门,一般配备专门的检测仪器和装备,由专门的检测筛选车间或工位,按照有关工艺文件对上机的元器件进行严格的检测和筛选。在产品研制或小批量生产中往往不具备这些条件,但要保证装配、调试顺利进行,装焊前的检测和筛选是绝不可少的步骤。否则,等到调试时发现电路不能正常工作,再找原因,检查元器件将浪费大量时间和精力,而且容易造成元器件和印制电路板的损坏。

1. 外观质量检查

外观检查是最简单易行的检验,可以先期发现某些元器件的缺陷和采购包装、运输过程中的某些失误。一般常用元器件外观检查的内容和标准如下:

(1) 型号、规格、厂商、产地应与设计要求符合,外包装应完整无损;

(2) 元器件外观应完好无损,表面无凹陷、划伤、裂纹等缺陷,外部有涂层的元器件应无脱落和擦伤;

(3) 电极引线应无压折和弯曲,镀层完好光洁,无氧化锈蚀;

(4) 元器件上的型号、规格标记应该清晰、完整,色标位置、颜色应符合标准,特别是集成电路上的字符要认真检查;

(5) 有机械结构的元器件要求尺寸合格、螺纹灵活、转动手感合适;开关类元件操作灵活,手感良好;接插件松紧适宜,接触良好等。

各种元器件用于不同的电子产品都有自身特点和要求,除上述共同点外往往还有特殊要求,应根据具体应用区别对待。

2. 电气性能筛选

对于高可靠性产品而言,要使电子产品稳定可靠工作,并能经受环境和其他一些可预见的不利条件的考验,对上机的元器件进行必要的筛选。筛选就是对电子元器件施加一种或多种应力使其固有缺陷暴露。筛选的指导思想是如果试验及施加应力合适,有缺陷的元器件会失效,而优质品会通过。

1) 浴盆曲线

图 4.6.2 所示的电子元器件效能曲线,又称"浴盆曲线",是科技工作者在元器件使用实践中总结出来的规律。

在元器件刚投入使用的时候一般失效率较高(如图 4.6.2 所示Ⅰ区)。这是由于元器件

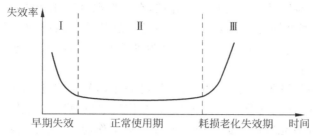

图 4.6.2 产品效能曲线

制造过程中由于原材料、设备、工艺、检验等方面缺陷而造成的,可以通过元器件制造厂的努力降低,但无法杜绝。在正常使用期,一般元器件失效率较低,也称偶然失效期(如图 4.6.2 所示 Ⅱ 区)。过了这一阶段后元器件进入老化失效期(如图 4.6.2 所示 Ⅲ 区),也称损耗失效期,该元器件工作寿命结束。

2) 筛选和老化

筛选可以人为制造元器件早期工作条件,将早期失效的产品在使用之前就剔除,从而提高产品可靠性。

在生产过程中筛选老化的内容有高温存储老化、高低温循环老化、高低温冲击老化和高温功率老化等。其中常用的高温功率老化,要给元器件模拟工作条件通电,同时给元器件加上高达 80~180℃的温度进行数小时到数十小时的老化,然后测试筛选。

元器件筛选应按下述情况进行:

(1) 元器件筛选应由元器件供应单位按元器件技术标准和订货合同要求,进行出厂前的筛选(一次筛选)和订货单位在元器件到货后的补充筛选(二次筛选)。

(2) 二次筛选应在元器件验收合格后,根据需要由订货单位或使用单位委托元器件检测站按有关规定进行,要求能剔除早期失效的元器件。

(3) 筛选试验要求(包括筛选试验项目、试验应力条件等)及筛选后的检验判据,由订货单位根据需要及元器件标准确定。

(4) 有下列情况之一者应进行二次筛选,筛选合格后方能装机使用:

- 元器件供应单位所进行的筛选,其筛选条件(项目和应力)低于订货单位要求时;
- 元器件供应单位虽已按有关文件要求进行了筛选,但不能有效地剔除某种失效模式时;
- 对进口元器件,原则上应按选择的质量等级技术标准进行二次筛选。

老化需要专门的设备,耗费较多的工时和能量。随着元器件生产水平的提高,在实际生产中是根据不同产品要求,根据国家和企业标准选择不同的老化筛选要求和工艺。对可靠性要求极高的产品,如航天电子设备须 100% 严格筛选;一般要求不高的民品则采用抽样检测方式;而一般电子产品研制和制造多采用自然老化和简易电老化方式。

自然老化：将元器件经过一段时间的存储，在自然温度变化条件下释放内部应力，性能趋于稳定，然后进行测试筛选。但元器件存储时间过长将导致引线氧化锈蚀，焊接性能变差，某些元器件如电解电容会因时间过长而产生性能变化，因此自然老化在实际应用中需要慎重，而且时间不宜过长。

电老化：对某些急用和关键部位的元器件可采用简易电老化，即给元器件加上超过工作条件的电压和电流，通电几分钟或更长时间，利用通电发热完成老化过程。

由于电老化过程对元器件施加的应力超过正常工作应力，对于元器件寿命会有一定影响，因而在实践中除了高可靠性要求产品外，一般不需要老化处理。

3. 参数性能检测

经过外观检查及老化的元器件，还必须进行性能指标的测试，淘汰已失效的元器件，有时还要通过检测挑选特殊要求的性能指标。

正规的元器件检测需要多种通用或专门测试仪器，一般性的技术改造和电子制作，利用万用表等普通仪表对元器件检测，也可满足产品要求。

万用表检测的使用要求如下。

(1) 目前常用的万用表有指针式(也称模拟式)和数字式两种，指针表可靠耐用，观察动态过程直观但读数精度和分辨力较低；数字式读数精确直观，输入阻抗高，但使用维护要求较高。一般检测指针表都可胜任，要求精确度高时应采用数字表。

(2) 两种万用表使用时都要求先选功能和插孔：指针表一般测大电流(超过 0.5 A)、高电压时有专门插孔；数字表在测 200 mA 以上电流时用专用插孔(有些型号的表凡测电流挡都用专用插孔)。

(3) 选择量程时应注意指针表指示在约为满刻度的 1/3～2/3 处，此时误差较小。如果被测量难以确定范围，应从最大量程逐渐转换。

(4) 在使用万用表时注意不要使人体接触表笔的金属部分，以保证测量准确和人身安全。

(5) 测量高电压或大电流时不得在测量的同时换挡，需换挡时应断开表笔，否则容易损坏万用表。

(6) 测量有极性元器件(如二极管、三极管、电解电容等)时须注意表笔极性。在电阻挡，指针表和数字表极性及表笔间电压如表 4.6.1 所示。

表 4.6.1 电阻挡指针表和数字表极性及表笔间电压

	红表笔	黑表笔	表笔间电压
指针表	−	+	10 kΩ 挡为 9～22.5 V，其余为 1.5 V
数字表	+	−	所有挡都小于 2.8 V

4.6.4 元器件应用

在进行元器件采购、出入库、检查以及测试、成形以及安装等操作中,如果缺乏基本常识,会产生静电和操作损伤,影响元器件正常使用。

1. 元器件操作防静电

很多电子元器件尤其是 MOS 集成电路属于静电敏感器件,操作中必须按防静电要求进行。

1) 工业生产使用专业防静电装备

- 抗静电工作台——工作台应当具有非导体台面、非导体的托盘、接地的烙铁等;
- 防静电容器——在存储和运输 MOS 器件时,使用由导电材料制成的或特制的集成电路容器,将 MOS 器件所有的引脚短路或者将其与外部接触物隔绝;
- 防静电腕带——处理 MOS 器件的操作人员应当使用防静电腕带将人体接地,将操作者身体上积累的静电荷释放掉;
- 抗静电垫——在防静电工作区域设置抗静电垫,对防静电更方便有效;
- 抗静电服装——处理 MOS 器件的工作人员穿着抗静电服,特别应当避免穿合成纤维服装;
- 安全电烙铁——一些焊接工具输出控制的开关动作会产生电压峰值,它会对 MOS 器件产生有害的影响,故应选低电压的烙铁。

2) 非专业简易防静电措施

- 放电——在操作 MOS 器件前,应当用手触摸一下水龙头、暖气管等暴露金属部分,使身上的静电转移到大地;
- 带包装测试——MOS 器件采用防静电包装,检查、测试时尽量利用该包装;
- 无电焊接——焊接 MOS 器件时,拔出电烙铁插头,利用余热焊接。

2. 元器件防潮

元器件防潮湿不仅仅是因为潮湿环境容易引起元器件表面吸附潮气,特别是元器件引线在潮湿环境中容易受到腐蚀,使焊接性能变差;也因为元器件封装的潮湿敏感性,会造成组装过程中的元器件失效。

1) 潮湿敏感性

一般 IC、电解电容、LED 等都采用树脂封装,是一种非气密性的封装,属于非气密性器件,因而在封装后会形成内外气体浓度差;在一定湿度条件环境中湿气会进入封装内部,而在组装焊接时,由于元器件快速升温,湿气受热膨胀而又来不及析出,从而使元器件内部受力,特别是集成电路芯片会受损而引起元器件失效(如图 4.6.3 所示)。元器件这种与潮湿相关的性质称为潮湿敏感性。

在工业生产中,打开包装后元器件没有在规定时间组装,则在使用前必须进行去潮湿处理。通常是把器件码放在耐高温(大于 150℃)防静电塑料托盘中,在烘箱中按一定工艺程

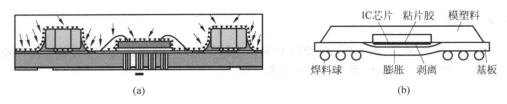

图 4.6.3 元器件的潮湿敏感性
(a) 湿气会进入封装内；(b) 潮湿敏感性引起元器件失效

序进行烘烤。

2）非生产环境的元器件防潮

在科研工作和产品研发，以及电子爱好者使用元器件操作中，如果不涉及波峰焊、回流焊等工艺，可以不考虑元器件潮湿敏感性对封装内部的影响。但考虑到高温湿度对元器件引线的影响，应该在打开包装后尽快使用，没有用完的元器件应该放回原包装妥善保管。但是如果元器件中有 BGA、QFN 等底部引线器件，必须采用回流焊工艺，则视同工业生产环境，必须考虑潮湿敏感性。

印制电路板

在电子系统的所有部件中,除了声名显赫的集成电路,可以说没有比印制电路板更重要的了。印制板和电子元器件一样,是产品的基本要素,也是电子工业重要的支柱之一。几乎所有电子设备,小到电子手表、计算器,大到电子计算机、通信电子设备、军用的武器系统,只要有集成电路等电子元器件,为了对其安装和电气互连,都要使用印制电路板。可以毫不夸张地说,哪里有电子产品和电子装置,哪里就有印制电路板。

在电子产品中,印制板产品的质量直接影响到电子设备的可靠性,特别是在复杂的电子系统中,可能有几十到几百块印制板,只要其中一块印制板上的一个金属化孔出现故障或一根导线出现短路或断路,就会使整个设备发生故障,使系统失效,甚至使导弹、卫星发射失败。

5.1 印制电路板及其互连

5.1.1 印制电路板概述

1. PCB、PWB、PCBA 与 SMB

印制电路板(printed circuit board,PCB)又称印制线路板(printed wiring board,PWB),是指在绝缘基板上,按预定设计形成印制元件或印制线路以及两者结合的导电图形的电子部件。

印制电路板通常简称为印制板或电路板,一般指由覆铜板经加工完成的、没有安装元器件的成品,在电子组装行业,把这种成品板称为裸板或光板,而把完成元器件组装的产品板通称为印制电路板组件(printed circuit board assembly,PCBA 或 PCA),而以 PCBA 形式提供的商品习惯上按其功能或用途称为"某某板"、"某某卡",例如,计算机主板、声卡等。由于表面组装技术对印制板从设计到制造提出许多有别于插装印制板的要求,在表面组装行业,还有把适合表面组装工艺的印制板称为表面组装印制板(surface mounting board,

SMB)。

还有一种把完成印制电路制造、没有安装元器件的板子称为印制线路板(printed wiring board,PWB),而把完成安装元器件的印制线路板(PWB)称为印制电路板(PCB)的说法,但现在很少有人使用。此外,在学术界,从材料学角度把集成电路封装用的高性能印制电路板称为封装基板,相应把元器件组装印制板裸板也称为电路基板,而在 PCB 制造和组装行业,基板一般指的是制造 PCB 的原始板材。这种不同行业、不同领域对于同一个概念的不同表述的现象,现在很普遍,很难一个标准就"一统天下",对于应用实际影响不大,只是对于初学者有些麻烦。

习惯上印制(印刷)电路、印制(印刷)板、电路板和印制(印刷)电路板可通用。

2. 印制电路板的功能

印制电路板在电子系统中有如下功能。

(1) 机械固定和支撑 提供集成电路等各种电子元器件固定、装配的机械支撑。

(2) 电气互连 实现集成电路等各种电子元器件之间的布线和电气连接或电绝缘;即把电能供给每个电子元器件,以及把电信号从一个电子元器件传输到另一个电子元器件(例如晶体管或者集成电路)。

(3) 电气特性 提供所要求的电气特性,如特性阻抗等。因为在高速工作时,要求连接线(微带线)具有特殊的形状和长度以及具有特殊排列的电源面和地线面,使传送的信号没有严重的波形失真,保持信号完整性。导体图形排列、层结构和信号传输线的合理设计可以在信号完整性中发挥作用。

(4) 制造工艺 为自动锡焊提供阻焊图形,为元器件插装、检查、维修提供识别字符和图形,并且由于印制板的一致性,从而避免了人工接线的差错,并可实现电子元器件自动插装或贴装、自动锡焊、自动检测,保证了电子设备的质量、提高了劳动生产率、降低了成本,并便于维修。

印制电路板从单面发展到双面、多层和挠性,并仍保持各自的发展趋势。由于不断地向高精度、高密度和高可靠性方向发展,不断缩小体积、减轻成本、提高性能,使得印制电路板在未来电子设备的发展过程中,仍然保持强大的生命力。

5.1.2 印制电路板的类别与组成

1. 常用印制电路板分类

(1) 按特征分类,习惯上按印制电路的导电层分布划分印制电路板:

单面板——仅一面上有导电图形的印制电路板;

双面板——两面都有导电图形的印制电路板;

多层板——有四层或四层以上导电图形和绝缘材料层压合成的印制电路板。

图 5.1.1 所示是单面/双面/多层板示意图。

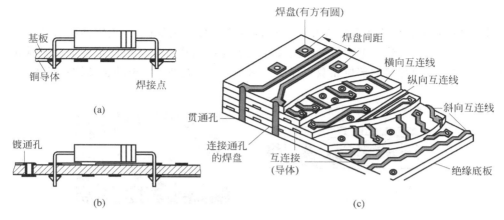

图 5.1.1 单面/双面/多层板示意图
(a) 单面板；(b) 双面板；(c) 多层板

(2) 按机械性能又可分为刚性、挠性和刚挠结合三种(见 5.6 节)。

以上两种分类综合如图 5.1.2 所示。

2. 印制电路板的组成

印制电路板由黏覆铜箔的绝缘板经过几十道工序加工而成，普通印制电路板主要由基板、导电图形、金属表面镀层及保护涂覆层等组成。

(1) 基板　由基材构成的起承载元器件和结构支撑作用的绝缘板。基材品种很多，大体上分为两大类，即有机类基板材料和无机类基板材料。有机类基板材料是指用增强材料如玻璃纤维布(纤维

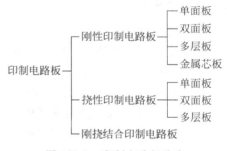

图 5.1.2 印制电路板分类

纸、玻璃毡等)，浸以树脂黏合剂，通过烘干成基板坯料；无机类基板主要是陶瓷板、玻璃和瓷釉基板。

(2) 导电图形　由以铜为代表的导电材料，通过某种方式黏敷在基板上构成电路连接或印制元件的导电图形。目前广泛采用的印制电路板制造工艺是在基材上黏压一定厚度铜箔，通过图形转移和蚀刻等技术制作出需要的图形，不同导电层之间的连接则是通过金属化孔技术来实现的。

(3) 表面镀层金属　为了保护导电图形并且增强焊盘可焊性而在导电图形上涂敷的一种保护层或合金层，例如，银或锡铅合金。这种表面镀层直接影响印制电路板组装焊接性能，是印制电路板的重要组成部分。

(4) 保护涂覆层　为了防止导电图形上不需要连接部分在焊接时被润湿，或者用于保护导电图形的可焊性而在印制电路板表面涂覆的保护层，前者称为阻焊层，后者称为助焊层。在一些要求不高的印制电路板中助焊层可代替表面镀层，例如，在裸铜图形上涂覆松香

助焊剂。

目前常用环氧树脂作为黏合剂与增强材料玻璃丝布构成基板,加上铜箔构成覆铜箔层压板,在经过一系列工艺将导电图形和孔按设计要求完成后还要在导电图形表面涂敷保护层或合金层,并在不需要焊接的部位涂敷阻焊层。图 5.1.3 是典型印制电路板结构示意图。

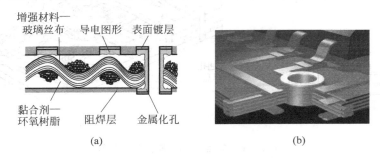

图 5.1.3 典型印制电路板结构示意图
(a) 印制电路板结构示意图;(b) 多层板示意图

5.1.3 敷铜板

1. 敷铜板构成

敷铜板,又名覆铜板,全称为敷铜箔层压板,简称 CCL(copper ciad laminatos),是制造 PCB 的主要材料。敷铜板主要由三个部分构成:

(1) 铜箔,纯度大于 99.8%,厚度 12~105 μm(常用 35~50 μm)的纯铜箔;
(2) 树脂(黏合剂),常用酚醛树脂、环氧树脂和聚四氧乙烯等;
(3) 增强材料,常用纸质和玻璃布。

2. 常用敷铜板种类及特性

几种常用敷铜板的规格、特性见表 5.1.1。

表 5.1.1 常用敷铜板及特点

名称	标称厚度/mm	铜箔厚度/μm	特点	应用
酚醛纸敷铜板	1.0,1.5,2.0,2.5,3.0,3.2,6.4	50~70	价格低,阻燃强度低,易吸水,不耐高温	中低档民用品,如收音机、录音机等
环氧纸质敷铜板	1.0,1.5,2.0,2.5,3.0,3.2,6.4	35~70	价格高于酚醛纸板,机械强度好,耐高温,潮湿性较好	工作环境好的仪器、仪表及中档以上民用电器
环氧玻璃布敷铜板	0.2,0.3,0.5,1.0,1.5,2.0,3.0,5.0,6.4	35~50	价格较高,性能优于环氧酚醛纸板且基板透明	工业、军用设备、计算机等高档电器
聚四氟乙烯敷铜板	0.25,0.3,0.5,0.8,1.0,1.5,2.0	35~50	价格高,介电常数低,介质损耗低,耐高温,耐腐蚀	高频、高速电路,航空航天、导弹、雷达等
聚酰亚胺柔性敷铜板	0.2,0.5,0.8,1.2,1.6,2.0	12~35	可挠性,质量轻	各种需要使用挠性电路的产品

3. 敷铜板机械焊接性能

(1) 抗剥强度　铜箔与基板之间结合力,取决于黏合剂及制造工艺。

(2) 抗弯强度　敷铜板承受弯曲的能力,取决于基板材料和厚度。

(3) 翘曲度　敷铜板的平直度,取决于板材和厚度。

(4) 耐焊性　敷铜板在焊接时(承受融态焊料高温)的抗剥能力,取决于板材和黏合剂。

以上标准都影响印制电路板成品的质量,应根据需要选择敷铜板种类及生产厂商,保证产品质量。

5.1.4　无铅焊接与印制电路板

现在电子制造中使用无铅焊接技术,无铅焊接不仅仅是焊料中不含铅,焊接温度的提高对于制造工艺和PCB材料以及产品可靠性方面的影响,不亚于焊料材料改变而引起的问题。

实施无铅焊接的早期,人们把注意力集中到PCB表面涂层的无铅化,用无铅的镍金镀层、纯锡镀层或有机助焊涂层取代有铅材料,认为这样的PCB就是无铅化了。在PCB实际的板材选择中,人们沿用传统的衡量PCB耐热性指标——玻璃化转换温度,作为选择无铅PCB的材料的依据。但是通过实际问题的分析和进一步研究发现,在无铅焊接的PCB材料选择时,玻璃化转换温度已经不再是主要指标了,树脂材料的热裂解温度和板厚方向的热膨胀系数对产品最终质量起决定性作用。图5.1.4表示由于热裂解温度和板厚方向的热膨胀系数的选择不当,造成PCB失效的实例。

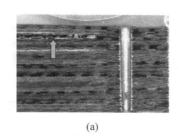 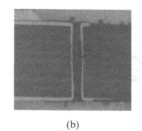

(a)　　　　　　　　　　(b)

图5.1.4　PCB失效的实例

(a) 由于热裂解温度选择不当,高温造成树脂材料分层;(b) 由于热膨胀系数选择不当造成过孔镀铜层断裂

5.1.5　印制电路板互连

一块印制板一般不能构成一个电子产品,印制板之间以及印制板与其他零部件,如面板上的元器件、执行机构等需要电气连接。选用可靠性、工艺性与经济性最佳配合的连接,是设计印制板的重要内容之一。

1. 焊接方式

在自制工装、电路实验、样机试制时常使用焊接方式,其优点是简单、可靠、廉价;其不足之处是互换、维修不便,批量生产工艺性差。

具体应用有以下4种接法。

(1) 导线焊接,如图5.1.5所示。一般焊接导线的焊盘尽可能在印制板边缘,并采用适当方式避免焊盘直接受力。

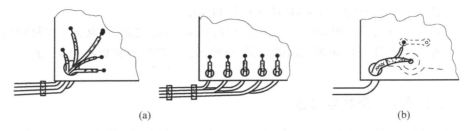

图 5.1.5　导线焊接
(a) 线端的固定；(b) 屏蔽导线外层浮接

(2) 排线焊接,如图5.1.6所示。两块印制板之间采用连接排线,既可靠又不易出现连接错误,且两板相对位置不受限制。

(3) 印制板之间直接焊接,如图5.1.7所示。常用于两块印制板之间为90°夹角的连接。连接后成为一个整体印制板部件。

图 5.1.6　印制板之间排线焊接　　　　图 5.1.7　印制板之间直接焊接

(4) 通过标准插针连接,如图5.1.8所示。通过标准插针将两块PCB连接,两块板一般平行或垂直,容易实现批量规模生产。

图 5.1.8　通过标准插针连接

2. 印制板/插座方式

这种连接是以印制板边缘做出印制插头,俗称"金手指",通常含有定位槽,如

图 5.1.9(a)所示,与专用印制板插座相配。

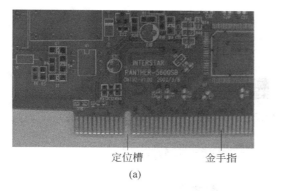

定位槽　金手指
(a)　　　　　　　　　　　　　　(b)

图 5.1.9　PCB/插头互连

优点：互换性、维修性能良好,适于标准化大批量生产。

缺点：印制板造价提高,对印制板制造精度及工艺要求较高。

图 5.1.9(b)所示是典型印制板/插座连接,常用于多板结构的产品。插座与印制板或底板又有簧片式和插针式两种,实际应用中以插针为主。

3. 插头/插座方式

适用于印制板对外连接的插头座种类很多,其中常用的有以下几种,具体可见第 4 章相关介绍。

(1) 条形连接器,连接线数从两根到十几根不等,线间距有 2.54 mm 和 3.96 mm 两种,插座焊到印制板上,插头用压接方式连接导线。一般用于印制板对外连接线数不多的地方,如计算机上的电源线、声卡与 CD-ROM 音频线等。

(2) 矩形连接器,连接线数从 8 根到 60 根不等,线间距为 2.54 mm,插头采用扁平电缆压接方式,用于连接线数较多且电流不大的地方,如计算机中硬盘、软盘、光盘驱动器的信号连接,并口、串口的板际连接等。

(3) D 形连接器,有可靠的定位和紧固,常用的线数为 9,15,25,37 几种,用于对外移动设备的连接,如计算机串、并口对外连接等。

(4) 圆形连接器,这种连接器在印制板对外连接中主要用于一些专门部件,如计算机键盘、音响设备之间的连接。

此外,还有专用于音、视频及直流电源连接的插接件。

一块印制电路板上根据需要可有一种或多种连接方式,例如,计算机印制电路板上就采用了除焊接外的各种连接方式。

4. 用挠性板互连

利用挠性电路板(参见 5.6 节)的性能特点,可以很容易实现印制板之间的互连,如图 5.1.10 所示。与其他连接方式相比,采用挠性板连接更加灵活可靠,而且可以利用刚-挠性电路技术在制造 PCB 时就完成连接,需要时还可以在挠性板上布设电路。由于需要设计制造印制板,因此这种方式适合批量生产。

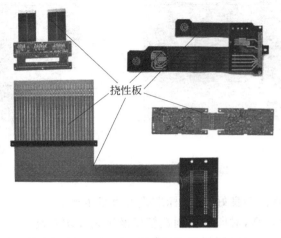

图 5.1.10　用挠性板实现互连

5.2　印制电路板设计基础

印制电路板设计是每一个电子技术工作者都应掌握的基本技术能力,但在不同领域的要求有很大差别。对于大型企业或专业设计机构而言,需要按照本企业产品要求、遵循本企业 PCB 设计规范和规定的 EDA 系统进行设计,个人没有多少选择余地;而对于一般电子企业和其他行业技术人员,以及科研、产品开发和电子爱好者等而言,个人选择余地很大,但相应难度也大得多。本节内容主要针对后者,当然也包括在校学生和希望具有电路板设计技能的其他人。

5.2.1　现代电子系统设计研发与 PCB 设计要求

有关现代电子系统设计,第 3 章已经作了介绍,本节就与具体印制板设计有关的一些必须考虑的问题,作简单介绍。

1. 确定电路原理图的考虑

随着现代电子技术的发展,特别是作为电路主体的集成电路器件功能越来越强大,集成度越来越高,以前需要许多集成电路组合完成的功能,现在大部分都实现了集成化,很多系统级芯片本身就可以构成完整的电子产品电路。而大规模可编程器件的不断发展,几乎可以使所有不同用途、不同要求的电路功能,通过软件开发,包含在一个大规模可编程器件中,不仅使最终的印制电路板上器件数目和连接线大大减少,而且可以通过仿真技术在制造物理 PCB 之前,就可以检查设计的可行性和可制造性,使产品研发周期不断缩短,满足市场日益变化的需求。

因此,我们在设计和构建一块印制电路板时,应该按如下程序进行:

(1) 有无可以实现该电路功能的系统级芯片 SoC 或系统级封装 SiP? 如果有,可以向供应商了解该电路的可获得性及技术支持。

(2) 如果没有系统级芯片或封装,是否有可编程器件(包括 FPGA、SoPC、CPLD、PSoC 等)实现该电路功能? 如果可以,则首先进行该可编程器件的编程、开发和测试工作。

(3) 如果系统包括特殊功能电路,例如,射频电路、电源匹配电路、功率电路等难以包含在 IC 内的部分,则需要寻找实现该功能的 IC 或功能模块,不是万不得已,不要自己用分立器件或小规模 IC 搭建该功能电路。

(4) 不排除必要的分立器件或小规模 IC 应用,把它们与必须的无源元件(R、L、C 及开关、连接器等)简化到最少品种和数量。

(5) 确定 IC(包括 SoC、SiP、FPGA、SoPC、CPLD、PSoC 及其他功能 IC、模块等)及无源元件封装及引线,以及在自己使用的 CAD/EDA 设计软件系统中相应元件库的情况,必要时自行编制特殊的元件的程序。

(6) 按自己使用的 CAD/EDA 设计软件系统设计 PCB。

上述确定电路原理图的考虑思路如图 5.2.1 所示。

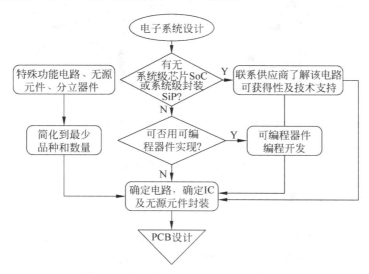

图 5.2.1　确定电路原理图的程序

2. PCB 研发过程简介

当一个电子系统经过上述考虑确定了电路方案,进入 PCB 设计后就正式进入 PCB 研发过程。在大企业或专业设计机构,考虑到专业分工和加快研发速度,对于比较复杂的产品,通常由几个不同分工的团队或一个团队的不同人共同进行并行设计工作,在研发过程中需要团队之间互相沟通和协调。其过程如图 5.2.2 所示。但对于小企业或非专业设计机构,则往往是一个人负责从产品的系统规划到正式生产的整个过程,工作既不是并行、也不能完全串行,往往是穿插进行,需要自己协调和把握合理进程和次序,其过程亦可参照图 5.2.2。PCB 研发通常是从集成电路系统开始,即由系统级芯片或可编程器件的软硬件研发开始,然后才是印制电路设计与试制,期间应该充分利用现代 EDA 工具的仿真和测试的强大功能,尽可能减少物理板子的试验成本。当然,这需要功能强大的 EDA 工具和对 EDA 工具应用的技巧,以及一定的工作经验为基础。

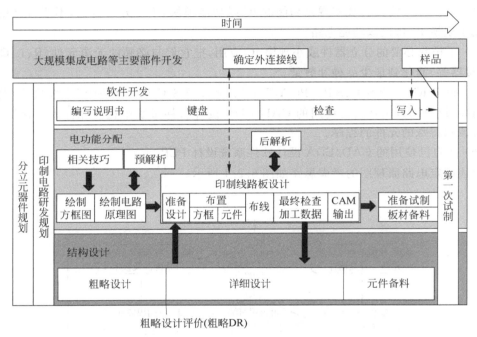

图 5.2.2　PCB 研发过程

3. 印制板设计基本要求

1) 正确

这是印制板设计最基本、最重要的要求,准确实现电原理图的连接关系,该连则连、该断则断,避免出现短路和断路这两个简单而致命的错误。这一基本要求在手工设计和用简单 CAD 软件设计的 PCB 中并不容易做到,一般较复杂的产品都要经过两轮以上试制修改。功能较强的 CAD 软件则有检验功能,可以保证电气连接的正确性。

2) 可靠

这是 PCB 设计中较高一层的要求。连接正确的电路板不一定可靠性好,例如,板材选择不合理、板厚及安装固定不正确、元器件布局布线不当等都可能导致 PCB 不能可靠地工作、早期失效甚至根本不能正确工作。再如多层板和单、双面板相比,设计时要容易得多,但就可靠性而言却不如单、双面板。从可靠性的角度讲,结构越简单,使用元件越小,板子层数越少,可靠性越高。

3) 优化

这是PCB设计中更深一层的、更不容易达到的要求,在3.3节中已经作了介绍。一个印制板组件,从印制板的制造、检验、装配、调试到整机装配、调试,直到使用维修,无不与印制板设计的合理与否息息相关,例如,板子形状选得不好加工困难,引线孔基准点设计不合理机器识别困难,没留测试点调试困难,板外连接选择不当维修困难,等等。每一个困难都可能导致成本增加,工时延长,甚至不可制造、不可测试;而每一个造成困难和错误的原因都源于设计者的失误。

没有绝对优化的设计,只有不断优化的过程。它需要设计者的责任心和严谨的作风,以及实践中不断总结、提高的经验,也需要高质量的设计优化工具,例如本书第3章中介绍的DFM软件。

4) 经济

这是一个不难达到,又不易达到,但必须达到的目标。说"不难",是因为其板材选低价,板子尺寸尽量小,连接用直焊导线,表面涂覆用最便宜的,选择价格最低的加工厂,等等,印制板制造价格就会下降。但是不要忘记,这些廉价的选择可能造成工艺性、可靠性变差,使制造费用、维修费用上升,总体经济性不一定合算,因此说"不易"。"必须"则是市场竞争的要求。市场竞争是无情的,一个开发阶段普遍看好的原理先进、技术高新的产品,完全可能因为经济性原因而夭折。

以上4条相互矛盾又相辅相成,不同用途、不同要求的产品侧重点不同。上天入海,事关国家安全、防灾救急的产品,可靠性第一;民用低价值产品,经济性首当其冲。具体产品具体对待,综合考虑以求最佳,是对设计者综合能力的要求。

5.2.2 印制板整体结构设计

这里所说整体考虑主要指整机中印制板的布置:单板还是多板、多板如何分板、相互如何连接等。

1. 单板结构

当电路较简单或整机电路功能唯一确定的情况下,可以采用单板结构:将所有元器件尽可能布设在一块印制板上。成功的范例如风行20世纪80年代的单板机,在一块印制板上集中了微型计算机的全部内容:输入键盘、CPU、ROM、RAM、I/O、显示驱动、扩展区等一应俱全(图5.2.3)。单板结构优点明显,如结构简单、可靠性高、使用方便;缺点也很明显,如改动困难,功能扩展、工艺调试、维修性差。

图 5.2.3　单板机

2. 多板结构

多板结构也称积木结构,是将整机电路按原理功能分为若干部分,分别设计为各自功能独立的印制板,这是大部分中等复杂程度以上电子产品采用的方式。

分板原则是:

(1) 将能独立完成某种功能的电路放在同一板子上,特别是要求一点接地的电路部分尽量置于同一板内;

(2) 高低电平相差较大、相互容易干扰的电路宜分板布置,例如电视机中电源与前置放大部分;

(3) 电路分板部位,应选择相互之间连线较少的部位以及频率、阻抗较低的部位,这样有利于抗干扰,同时又便于调试,例如,普通示波器将电路分布在 5 块板上(图 5.2.4),Y 轴前置放大与驱动电路分开,可将前置电路设计到面板上,使易受干扰的高阻电路导线最短,

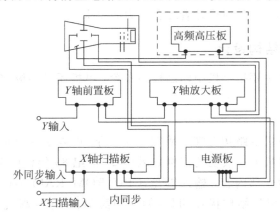

图 5.2.4　分板结构示例(CRT 示波器电路分板图)

有利于减小分布参数和实施屏蔽;高频电路容易干扰其他电路,故单置一板屏蔽之;其他几个独立功能块分置三板。

像示波器这种功能结构的多板形式,一般由同一制造厂设计生产,而不同厂商甚至同一厂商的不同型号之间并没有统一的标准或协议,仅具有同一厂家或同一系列、同一型号的互换性。

另一种形式的多板结构是主辅型或称母子型,即用一块集中基本功能的主(母)板和若干扩展、扩充功能的辅(子)板构成。同一系列,甚至不同厂商的板子均按某一标准或协议设计生产,因而具有互换性和灵活组合特性。

当代最具活力的台式计算机是这种结构的典型,如图5.2.5所示为一般台式机的结构示意图,主板上集中了 CPU、RAM、ROM、多功能适配器等计算机基本功能,其他功能则由插接到主板上的不同插卡完成。不同厂家按同一总线设计的板卡均可互换。

多板结构的优缺点与单板结构正好相反。

图 5.2.5　台式计算机结构示意

3. 柔性三维结构

利用日益普及的挠性板和刚挠性板技术,可以实现不同类型、不同材料的印制板,在三维空间任意形状、任意角度的配置,使一部分像手机、数码相机及其他对外形尺寸和形状有特殊要求的产品,可以根据需要进行印制板功能分割,形成刚柔相济的印制板柔性三维结构,如图5.2.6所示,兼有灵活性、整体性和良好工艺性。

4. 结构设计与选择

选择何种结构,不同产品都可具体分析找到较好方案。有时同一产品,多板还是单板确实各有千秋,难分伯仲,用户亦是仁者见仁,智者见智,例如,计算机主板,近年新兴的一种

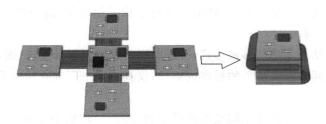

图 5.2.6　印制板柔性三维结构实例

"All in One"结构板，即将尽量多的功能集成到主板上（常见的有包括多功能卡、声卡、显示卡、内存条甚至 Modem 等功能的主板），可谓方便、简单，但同时也失去了维修、升级、灵活组合的便利性，也造成一个功能损坏导致整个板子作废的弊病。

但是有一点可以肯定，由于板子数量少可以提高可靠性、降低成本，随着集成电路的发展和安装技术的进步，板内集成越来越多，板卡的总数会趋向减少。

5.2.3　印制板基材选择

印制板基材要根据产品类型和性能要求确定，不同材料的性能、价格相差很大。总体上说，所有电子产品可以归入以下 3 个类型。

（1）消费类产品。要求成本低、功能强、美观时尚，使用寿命与可靠性要求不高。特别是数码产品、游戏、玩具、一般音频与视频电子产品对价格特别敏感，而且更新换代的周期越来越短，因此对于印制板基材而言，能满足一定时间段应用即可。

（2）一般工业品与仪器仪表。对价格敏感度低于消费类产品，但对使用寿命与可靠性要求高于消费类产品，并且使用环境差别较大，印制板基材要能满足对使用寿命、可靠性与不同环境的要求。

（3）高性能产品。例如军用产品、航空航天、高速与高性能计算机、关键的过程控制器、医疗系统等，要求高品质、高可靠性，成本相对不重要。印制板基材要能满足恶劣严酷环境下的可靠性要求。

5.2.4　印制板结构尺寸

1. 印制板的外形

理论上 PCB 的外形可以是任意的，长方形、圆形、多边形或其他形状都可以。但是考虑到美观和工艺性，在满足整机空间布局要求的前提下，外形力求简单。最经济、最简单的外形是长、宽比例不太悬殊的长方形。

长宽比例较大或面积较大的印制板，容易产生翘曲变形。如果必须采用较大面积的印制板，则需要采取增加印制板的厚度或增加支撑点、边框加固等其他加固措施。尽量减少异形尺寸的板,以降低加工成本、减少印制板变形。此外,圆形和多边形板材料利用率较低,而且加工成形难度增加,会增加 PCB 制造成本。

2. 尺寸

印制板的尺寸主要取决于整机能给予印制板的安装空间,在满足安装空间前提下同时要考虑结构稳定性和提高材料利用率。

1) 结构稳定性

印制板的结构稳定性对产品可靠性影响很大,特别是移动产品必须充分考虑各种作用在 PCB 上的机械应力。结构稳定性由印制板外形尺寸、印制板上安装的元器件以及基材的结构强度决定。

- 一般在振动条件下使用的印制板,不易设计的尺寸过大;
- 含有多引线器件和重量较大元器件的印制板,应保证在使用条件下每 mm 板长度(或宽度)在振动时板的最大翘曲度保持在 0.08 mm 以下;
- 外形尺寸较大或元器件重量大的印制板,应采用结构强度高的板材。

2) PCB 的合理尺寸

PCB 的外形尺寸还应考虑基板利用率问题,一般最大的在制板尺寸(印制板加工的最大毛坯料的尺寸)为 457.0mm×610.0 mm,减少边角废料的最佳尺寸是坯料尺寸的整除数值。虽然这样可以充分提高材料的利用率并降低成本,但是在实际设计中是不容易达到的。除了大批量生产以外,一般还是按产品实际需要确定 PCB 的外形尺寸。

3) 拼版

最小外形尺寸不限,但是为了提高生产效率和适应设备加工的最小尺寸要求,一般小于 50 mm×50 mm 尺寸的 PCB 应该采用拼版技术,加工后再分割为小块的独立印制板。此外,外形尺寸还必须考虑给 PCB 的安装以及采用波峰焊或再流焊时,留出合理的工艺余量,例如,留出布线区边上 3~5 mm 的余量。在专业电子设计组装企业,应该制定印制板的合理外形尺寸标准系列,这样可以减少安装、焊接时的工具和夹具数量,减小调整设备的传送机构尺寸的工作量,从而提高效率、降低成本。

3. 尺寸公差

由于印制板材料的特性,印制板的机械加工误差要大于金属材料的加工误差,所以对印制板外形尺寸的公差要求,不能像金属加工的公差那么严格,对印制板来说过高的精度难以达到,也没有必要。

印制板设计的外形尺寸和机械安装孔尺寸公差可采用双向公差,但是一般情况按 IPC—6215 标准提倡采用几何尺寸公差(位置公差),几何尺寸公差的优点在于:

(1) 实际定位的公差允许范围比双向公差至少增加了 57%,提高了印制板的可制造性,有利于采用自动化安装;

(2) 保证了配合部件的可互换性，有利于印制板组装件的维修；

(3) 生产图纸上的加工标注便于统一，减少供需双方的争议。

位置公差更适合于各类安装孔，并且随着尺寸加大，其公差应加宽。一般情况下，只要不是严格的配合尺寸，其公差要求不易过高，以免增加加工的难度、提高成本。

由于采用 CAD 设计，所以印制板上元器件焊盘位置、元器件孔、导通孔、导电图形及印制板组装件加工的其他要素等是采用坐标网格系统定位的，不需再单独标注尺寸和公差。如果某项要素不在网格上，则需要在机械加工图或布设总图上进行单独的尺寸及公差标注。

4. 印制板厚度

1) 成品印制板的厚度

完整的成品 PCB 的厚度，包括绝缘基材和铜箔及镀层和阻焊层的厚度。由于镀层和阻焊层很薄，一般可以忽略。成品印制板的厚度由以下因素确定：

- 印制板的电气性能（电流密度、耐电压和绝缘）；
- 机械特性和强度的要求，PCB 单位面积承受的元器件重量；
- 配套连接器的规格、尺寸。

常用的基板标准厚度有 0.12、0.165、0.30、0.50、0.8、1.0、1.2、1.6、2.0 mm 等多种，除非特殊需要，一般不要选非标准厚度的基材。通常，在能满足使用性能的前提下，应选择比较薄的基材，以免提高成本和增加产品的重量。

2) 带印制插头的印制板厚度

带印制插头的印制板，应根据与连接器匹配的要求确定板的厚度和公差，过厚的基板既影响连接器的插拔，又会使簧片弹性下降，长时间使用会造成接触不良；过薄的板，当厚度等于或小于两个相对应簧片的最小间距时，会引起接触不良和不可靠。所以对弹性簧片接触式的连接器应保证接触压力适中，板的厚度必须要大于相对应的弹簧片最小间距，如图 5.2.7 所示。并对插接部位板的翘曲度应有严格要求，如果翘曲超标，同样会造成接触不良，甚至会损坏连接器。常用边缘连接器（插头座）的弹簧接触片间距是 1.4 mm，适用于 1.6 mm 厚度的板。整机空间允许的情况下，为了防止板变形引起插头接触不可靠，建议选择插针插孔式连接器，这对板的厚度要求就相对不那么严格，可以提高产品的合格率。

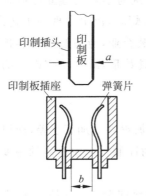

图 5.2.7 印制插头与印制板厚度匹配示意图

5.2.5 印制板电气性能设计

从电气性能考虑,印制板设计主要有印制导线宽度、导电图形间距及印制导线走向与形状等方面。

1. 印制导线宽度

印制导线的宽度由该导线工作电流决定。印制导线是由铜箔组成,尽管铜是一种良导体,但毕竟有一定电阻,且电阻随温度变化,同时流过一定强度的电流又会引起导线温度升高。表5.2.1和图5.2.8是同样规格印制导线温度/电阻特性和电流/温度特性。

在大多数电子电路,特别是数字系统中,电流通常都比较小,因而导线的电阻几乎被忽略不计。但是,当涉及电源线和地线时,特别是对于高速信号或是在功率电路中,必须考虑导线的电阻。导线的宽度决定了其载流能力,因此,必须了解影响选择合适导线宽度的因素。印制导线宽度与最大工作电流的关系见表5.2.2。

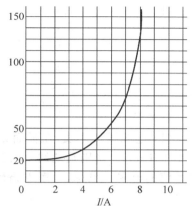

图 5.2.8 电流/温度曲线
注:① 导线宽 1.5 mm,厚 50 μm;
② 在室温 20℃时测得。

表 5.2.1 印制导线平均电阻

序号	试验条件	电阻/Ω	序号	试验条件	电阻/Ω
1	正常条件	0.306	4	温度+50℃,10 h	0.341
2	温度+40℃,相对湿度95%,48 h	0.326	5	温度+100℃,2 h	0.385
3	温度−60℃,10 h	0.196			

注:导线宽 1.5 mm,厚 50 μm。

表 5.2.2 印制导线最大允许工作电流

铜厚/35 μm		铜厚/50 μm		铜厚/70 μm	
电流/A	线宽/mm	电流/A	线宽/mm	电流/A	线宽/mm
4.5	2.5	5.1	2.5	6	2.5
4	2	4.3	2.5	5.1	2
3.2	1.5	3.5	1.5	4.2	1.5
2.7	1.2	3	1.2	3.6	1.2
3.2	1	2.6	1	2.3	1
2	0.8	2.4	0.8	2.8	0.8
1.6	0.6	1.9	0.6	2.3	0.6

续表

铜厚/35 μm		铜厚/50 μm		铜厚/70 μm	
电流/A	线宽/mm	电流/A	线宽/mm	电流/A	线宽/mm
1.35	0.5	1.7	0.5	2	0.5
1.1	0.4	1.35	0.4	1.7	0.4
0.8	0.3	1.1	0.3	1.3	0.3
0.55	0.2	0.7	0.2	0.9	0.2
0.2	0.15	0.5	0.15	0.7	0.15

参考经验：

(1) 电源线及地线，在板面允许的条件下尽量宽一些，即使面积紧张的条件下一般不要小于 1 mm。特别是地线，即使局部不允许加宽，也应在允许的地方加宽以降低整个地线系统的电阻。电源、功率电路部分必须考虑最不利条件，例如，印制导线局部毛刺和划伤等。

(2) 对长度超过 80 mm 的导线，即使工作电流不大，也应适当加宽以减小导线压降对电路的影响。

(3) 一般信号获取和处理电路，包括常用 TTL、CMOS、非功率运放、RAM、ROM、微处理器等电路部分，可不考虑导线宽度。

(4) 一般安装密度不大的印制板，印制导线宽度以不小于 0.5 mm 为宜，手工制作的板子应不小于 0.8 mm。

2. 导电图形间距

相邻导电图形之间的间距(包括印制导线、焊盘、印制元件)由它们之间的电位差决定。印制板基板的种类、制造质量及表面涂覆都影响导电图形间的安全工作电压。

表 5.2.3 给出的电压/最小间距参考值是根据 IPC2221 标准确定的，它是经过计算，并且在试验基础上给出的，可以保证设计是安全的。

5.2.6 设计布局布线原则

进入电路板设计程序后，元器件布局和电路连接的布线是关键的两个环节。尽管目前采用计算机作为设计工具，各种 CAD/EDA 软件工具功能越来越强，智能化程度越来越高，但与完全由计算机取代人的思维还有很大距离，设计者对相应 CAD/EDA 软件工具熟悉和驾驭能力、个人相关知识水平和经验仍然是决定设计质量高低的关键。

1. 布局

布局就是将电路元器件放在印制板布线区内，布局是否合理不仅影响后面的布线工作，而且对整个电路板的性能也有重要作用。下面介绍的布局要求、原则、布放顺序和方法，无论手工设计还是 CAD，专业还是业余，模拟电路还是数字电路都是适用的。

表 5.2.3 导电图形电气间距（IPC2221 表 6-1）

导体间电压（直流或交流峰值）/V	最 小 间 距						
	光 板				组 件		
	B1	B2	B3	B4	A5	A6	A7
0～15	0.05 mm	0.1 mm	0.1 mm	0.05 mm	0.13 mm	0.13 mm	0.13 mm
16～30	0.05 mm	0.1 mm	0.1 mm	0.05 mm	0.13 mm	0.25 mm	0.13 mm
31～50	0.1 mm	0.6 mm	0.6 mm	0.13 mm	0.13 mm	0.4 mm	0.13 mm
51～100	0.1 mm	0.6 mm	1.5 mm	0.13 mm	0.13 mm	0.5 mm	0.13 mm
101～150	0.2 mm	0.6 mm	3.2 mm	0.4 mm	0.4 mm	0.8 mm	0.4 mm
151～170	0.2 mm	1.25 mm	3.2 mm	0.4 mm	0.4 mm	0.8 mm	0.4 mm
171～250	0.2 mm	1.25 mm	6.4 mm	0.4 mm	0.4 mm	0.8 mm	0.4 mm
251～300	0.2 mm	1.25 mm	12.5 mm	0.4 mm	0.4 mm	0.8 mm	0.8 mm
301～500	0.25 mm	2.5 mm	12.5 mm	0.8 mm	0.8 mm	1.5 mm	0.8 mm
>500	0.0025 mm/V	0.005 mm/V	0.025 mm/V	0.00305 mm/V	0.00305 mm/V	0.00305 mm/V	0.00305 mm/V

注：B1—内层导体；B2—外层导体，未涂敷，海拔高度 3050 m 以下；B3—外层导体，未涂敷，海拔高度 3050 m 以上；B4—外层导体，永久性聚合物涂敷，任何海拔；A5—外层导体，组件经敷形涂敷，任何海拔；A6—外部元件引脚/端子，未涂敷；A7—外部元件引脚/端子，敷形涂敷，任何海拔。

1) 布局重要性

布局在印制板设计中的重要性，体现在以下 3 个方面：
- 布局决定设计质量；
- 布局缺陷修改不容易；
- CAD 自动布局现在难尽人意，相对布线而言，布局可以说是计算机的弱项。

2) 布局的两个前提
- 结构定位：一部分元器件和图形有确定位置（见图 5.2.9）；
- 工艺空间：夹持边、基准、定位孔、检测点位置。

3) 布局要求
- 首先要保证电路功能和性能指标。
- 在此基础上满足工艺性、检测、维修方面的要求。工艺性包括元器件排列顺序、方向、引线间距等生产方面的考虑，在批量生产以及采用自动插装机时尤为突出。

图 5.2.9 结构定位实例：台式计算机显示卡输出接口和印制插头位置是固定的

考虑到印制板检测时的信号输入或测试,设置必要的测试点或调整空间,以及有关元器件的替换维护性能等。
- 适当兼顾美观性,元器件排列整齐、疏密得当。

4) 电性能考虑
- 信号通畅　输入输出信号尽可能不交叉,信号传输路线最短;
- 功能分区　模拟与数字、强弱信号、高低电平分区;
- 热磁兼顾　发热与热敏感元件尽可能远,考虑电磁兼容(参见 5.3 节);
- 主次有序　保证本电路板主要功能元件处于最佳工艺位置(参见 3.3 节)。

5) 工艺考虑
- 层面　贴装元器件尽可能在一面,以简化组装工艺;
- 距离　元器件之间距离最小限制,根据元器件外形和其他相关性能确定,目前最小 0.1～0.15 mm,一般不小于 0.2～0.3 mm;
- 方向　考虑组装工艺,尽可能一致;采用波峰焊工艺时特别要注意元器件方向(参见 5.3 节);
- 均衡　全局观念,防止不同区域疏密差距过大。

6) 布局原则与布放顺序
- 就近原则　当板上对外连接确定后,相关电路部分应就近安放,避免走远路、绕弯子,尤其忌讳交叉穿插;
- 信号流原则　按电路信号流向布放,避免输入输出、高低电平部分交叉;
- 先大后小　先安放占面积较大的元器件;
- 先集成后分立　先安放集成电路;
- 先主后次　多块集成电路时先放置主电路。

7) 布局经验谈
- 吃透电路　包括整体和每一部分的工作原理,主要 IC 和有源器件的工作特性和敏感元件性能等;
- 不断总结　布局原则与实际得心应手之间有不小距离,缩短这个距离的唯一方法是不断总结每一次设计实践的经验;
- 同类比较　借鉴已经设计成功的同类电路板设计,特别是一些成熟产品,是最"偷懒"然而最简捷有效的方法。

2. 布线

布线是按照原理图要求将元器件和部件通过印制导线连接成电路,这是印制板设计中的关键步骤。尽管目前 CAD 工具的自动布线功能越来越强,但设计人员把握布线要点是非常必要的。

电路板设计中布局是关键,合理布局情况下,当计算机完成布线后一般只需很少的调整就可以达到比较好的效果。但是好的布局往往不是一次可以完成的,尤其缺乏实际经验的新手,进入布线阶段时往往发现布局方面的不足,例如,改变某个集成电路方向可使布线更简单,加大某两个元件的距离可使布线"柳暗花明又一村",等等。因此,一般是布局—布线—调整布局—再布线—…,需要几个反复才能比较合理。即使有一定经验的技术人员,布线和布局有一两次反复是正常的,有些复杂电路要反复三四次甚至更多,才能获得比较满意的效果。

1) 基本原则

什么是合理的布线?一言以蔽之就是简短。布线简短为上,除某些兼有印制元件作用的连线外,所有印制板走线都力求简洁,尽可能使走线短、直、平滑,特别是低电平、高阻抗电路部分。但实际上很难每一条线都简短,这就需要分清主次,保关键。有时改变 IC 位置或方向,可能使很多走线变得简短通畅,有时则会一部分改善,另一部分恶化,这就需要均衡利弊,有时候不得不取中庸之道。

2) 四个基本要点

(1) 密度

按照印制板设计规范,以标准网格(2.54 mm)中穿过导电图形数量划分为 5 级密度,例如 5 级(最高)密度要求可以从标准网格图形中穿过 5 条导电图形,如图 5.2.10 所示,每一条导电图形线宽/距离仅为 0.004 in,相应印制板制造和后面印制板组装难度都比较高。因此,一般情况下如果没有特别要求,应该可疏不密或不同区域有疏有密,以降低加工制造难度。

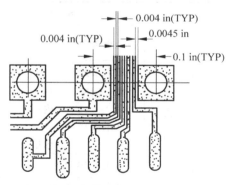

图 5.2.10 5 级布线密度示意图

(2) 间距

间距主要考虑导电图形之间的工作电压,可参见表 5.2.3 确定,需要注意的是表 5.2.3 给出的数字是最小间距,考虑到 PCB 制造中不可预料的缺陷,应该在实际设计中留有余地。

(3) 线宽

线宽主要考虑通过该导线的电流,主要是电源线(包括地线)和功率电路部分,可参见表 5.2.2 确定。对于大多数数字电路可以不考虑电流,但电源线,尤其地线要尽可能宽,有关内容参见 5.3 节。

(4) 走向

印制电路走向可以用"行车准则"(避免急转弯)来理解。一般拐弯角度应该大于 90°,并且考虑再流焊时热量分布问题。图 5.2.11 是部分印制导线走向举例。

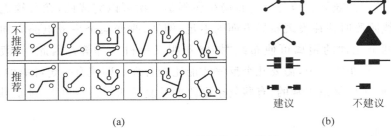

图 5.2.11 印制导线走向举例

5.2.7 印制板加工企业能力考虑

除非特殊需求（例如，特殊部门保密需要或教学、培训需要），一般设计好的印制板都采用外加工方式获得最终电路板成品，因此设计时就不能不考虑一般印制板加工企业的工艺能力，特别是大批量生产和高复杂性 PCB。表 5.2.4 是目前国内一般印制板加工企业的工艺能力参数，可以作为设计参考。

表 5.2.4 目前国内一般印制板加工企业的工艺能力参数

		技 术 指 标		批量生产工艺水平
1	一般指标	基板类型		FR-4(T_g=140℃) FR-5(T_g=170℃)
2		最大层数		24
3		最大铜厚	外层 内层	3 OZ/ft² 3 OZ/ft²
4		最小铜厚	外层 内层	1/3 OZ/ft² 1/2 OZ/ft²
5		最大 PCB 尺寸		500 mm(20″)×860 mm(34″)
6	加工能力	最小线宽/线距	外层 内层	0.1 mm(4 mil)/0.1 mm(4 mil) 0.075 mm(3 mil)/0.075 mm(3 mil)
7		最小钻孔孔径		0.25 mm(10 mil)
8		最小金属化孔径		0.2 mm(8 mil)
9		最小焊盘环宽	导通孔 元件孔	0.127 mm(5 mil) 0.2 mm(8 mil)
10		阻焊桥最小宽度		0.1 mm(4 mil)
11		最小槽宽		≥1 mm(40 mil)
12		字符最小线宽		0.127 mm(5 mil)
13		负片效果的电源、地层隔离盘环宽		≥0.3 mm(12 mil)

续表

	技术指标		批量生产工艺水平
14	精度指标	层与层图形的重合度	±0.127 mm(5 mil)
15		图形对孔位精度	±0.127 mm(5 mil)
16		图形对板边精度	±0.254 mm(10 mil)
17		孔位对孔位精度(可理解为孔基准孔)	±0.127 mm(5 mil)
18		孔位对板边精度	±0.254 mm(10 mil)
19	尺寸指标	铣外形公差	±0.1 mm(4 mil)
20		翘曲度　双面板/多层板	<1.0%/<0.5%
21		成品板厚度公差　板厚>0.8 mm	±10%
		板厚≤0.8 mm	±0.08 mm(3 mil)

5.3　PCB 设计流程与要素

本章前面已经介绍了 PCB 复杂程度的概念,简单 PCB 和复杂 PCB,特别是高复杂 PCB 设计有很多不同,但基本流程和设计要素有许多相同之处。虽然随着电子产品微小型化的进程,高密度印制电路应用越来越多,不过普通 PCB 由于结构简单、技术成熟、设计制造成本低、可靠性高,在一般常见电子电气产品中应用非常广泛,特别是非电学科和一般应用电子系统,包括一般电子企业技术人员从事的电子产品和装置设计,都离不开本节所介绍的 PCB 设计流程与要素。

本节讨论的设计流程及方法限于常用的印制电路板,并且采用 CAD 作为工具。

5.3.1　设计准备与流程

这里介绍的 PCB 设计流程,不仅适用于简单 PCB 设计,也适用于大部分复杂 PCB 设计,只是每一个流程中复杂程度不同而已。

5.3.1.1　设计准备

进入印制板设计阶段时我们认为整机结构、电路原理、主要元器件及部件、印制电路板外形及分板、印制板对外连接等内容已基本确定(注意这里说的是"基本",因为在印制板设计过程中某些因素可能会改变)。

1. 确认要求及参数

(1) 电路原理。了解电路工作原理和组成,各功能电路的相互关系及信号流向等内容,对电路工作时可能发热、可能产生干扰等情况心中有数。

(2) 印制板工作环境(是否密封,工作环境温度变化,是否有腐蚀性气体等)及工作机制

(连续工作还是断续工作等)。

(3) 主要电路参数(最高工作电压、最大电流及工作频率等)。

(4) 主要元器件和部件的型号、外形尺寸、封装,必要时取得样品或产品样本。

2. 外形结构草图

外形结构草图包括印制板对外连接图和尺寸图两部分,无论采用何种设计方式,都是不可省略的步骤。对于有经验的技术人员而言,设计比较简单的 PCB,这个步骤可能是一种构思,不一定画在纸上。

1) 对外连接草图

对外连接草图是根据整机结构和分板要求确定的。一般包括电源线、地线、板外元器件的引线、板与板之间连接线等,绘制草图时应大致确定其位置和排列顺序。若采用接插件引出时,要确定接插件位置和方向。图 5.3.1 是温度控制器电路板的板外连接草图。

2) 印制板外形尺寸草图

印制板外形尺寸受各种因素制约,一般在设计时已大致确定,从经济性和工艺性出发,优先考虑矩形。

印制板的安装、固定也是必须考虑的内容,印制板与机壳或其他结构件连接的螺孔位置及孔径应明确标出。

此外,为了安装某些特殊元器件或插接定位用的孔、槽等,几何形状的位置和尺寸也应标明。

图 5.3.2 所示是计算机上一种插卡的外形尺寸草图。

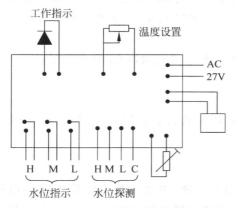

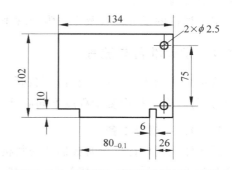

图 5.3.1　板外连接草图示例(温度控制器)　　　图 5.3.2　外形尺寸草图示例(接口板)

对于某些较简单的印制板,上述两种草图也可合为一种图。

3. 标准元件的建立

应用 CAD 软件工具设计 PCB 的重要条件是 PCB 上所有物理元器件都有对应的电子版,即数字化模型,最起码要有物理元件封装引线在 PCB 上的一个平面图形,即封装焊盘图。

4. 特殊元件的建立

对于特殊元件尺寸,即 CAD 软件工具元件库没有收入的,必须查阅有关资料或对电子器件进行实际测量,它包括外形尺寸、焊盘的大小、引脚序号排列等。

有时为了需要,可以把一个定型的电路建成一个库元件,也可以把相同电路模块建成一个库元件来使用,这样在 PCB 设计中能省时省事,起到事半功倍的效果。

5. 具体印制板设计文件的建立

有了逻辑图(或网络表)和相应元件库以及 PCB 板形的描述,在对某一块 PCB 板进行具体设计之前,需要建立一个以该 PCB 项目命名的设计项目文件。

5.3.1.2 设计流程

1. 网表输入

网表输入根据 CAD 软件工具提供的方法进行,例如,应用 PADS 作为设计工具,可以用 PowerLogic 的 OLE Power PCB Connection 功能,选择 Send Netlist,应用 OLE 功能,可以随时保持原理图与 PCB 图一致;也可以直接在 PowerPCB 中装载网表,选择 File→Import 命令,将原理图生成的网表输入计算机。

2. 规则设置

如果在原理图设计阶段就已经把 PCB 的设计规则设置好了,就不用再设置这些规则了,因为输入网表时,设计规则已随网表输入到 PowerPCB 中了。如果修改了设计规则,必须保证原理图和 PCB 的一致。

3. 元器件布局

输入网表以后,所有的元器件都会在工作区的零点重叠在一起,下一步的工作就是把这些元器件分开,按照一些规则摆放整齐,即元器件布局。一般 CAD 软件工具会提供手工布局和自动布局两种方法。

1) 手工布局

(1) 根据印制板的结构尺寸画出板边(BoardOutline)。

(2) 在板边的周围放置元器件。

(3) 按设计草图把元器件放到板边以内,按照一定的规则摆放(参见 5.2.6 节)。

2) 自动布局

目前 CAD 软件工具提供的自动布局效果不理想,仍然需要手工干预。

4. 布线

一般 CAD 软件工具会提供手工布线和自动布线两种方法,而且功能都很强。通常这两种方法可以配合使用,常用的步骤是手工—自动—手工。

1) 手工布线

自动布线前,先用手工布一些对走线距离、线宽、线间距、屏蔽等有特殊的要求的重要网络,比如高频时钟、主电源等。

2) 自动布线

手工布线结束以后,剩下的网络就交给自动布线器来自动布线。启动自动布线器后计算机开始自动布线。结束后如果布通率为100%,那么就可以进行手工调整布线了;如果布通率不到100%,说明布局或手工布线有问题,需要调整布局或手工布线,直至全部布通为止。自动布线很难布得理想,一般需要用手工布线对PCB的走线进行调整。

5. 检查

检查的项目有间距(Clearance)、连接性(Connectivity)和电源层(Plane)等,这些项目可以选择 Tools→VerifyDesign 进行。

注意,有些错误可以忽略,例如有些接插件的 Outline 的一部分放在了板框外,检查间距时会出错;另外,每次修改走线和过孔之后,都要重新覆铜一次。

6. 设计输出

PCB 设计可以输出到打印机或输出光绘文件。打印机可以把 PCB 分层打印,便于设计者和复查者检查;光绘文件交给制板厂家。

5.3.2 元器件排列及间距

1. 元器件排列方式

元器件在印制板上的排列是布局设计的重要环节,与产品种类和性能要求有关,常用的有以下两种方式。

1) 随机排列

随机排列也称不规则排列,即元器件轴线以任意方向排列,如图 5.3.3 所示。用这种方式排列元件,看起来杂乱无章,但由于元件不受位置与方向的限制,因而印制导线布设方便,并且可以做到短而少,使版面印制导线大为减少,这对减少线路板的分布参数,抑制干扰,特别对高频电路及音频电路有利。但因为这种排列方式属于纯手工操作,自动化组装难度较大,因而现在的应用仅限于局部元器件特殊排列。

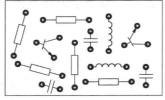

图 5.3.3 不规则排列

2) 规则排列

规则排列也称坐标排列。因为现在 PCB 设计都采用计算机,每一个元器件都按数字网格排列(网格尺寸为 2.54 mm,在高密度布线中用 1.27 mm 或更小尺寸),即按元器件轴线方向排列,并与板的四边垂直平行,同类封装的元件,尽可能使方向、间距保持一致,如图 5.3.4 所示。这种方式元件排列规范,板面美观整齐,对于安装调试及维修均较方便,特别有利于机械化、自动化作业,可以提高组装和测试效率。但由于元器件排列要受一定方向或位置的限制,因而导线布设要复杂一些,印制导线也会相应增加。

目前印制板设计中绝大多数板子都采用这种规则排列方式。

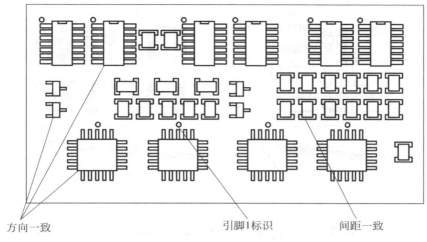

方向一致　　　　　　　　引脚1标识　　间距一致

图 5.3.4　元器件规则排列

2. 排列要考虑组装工艺要求

1) 组装空间要求

元件的布局应该满足 SMT 设备的组装空间要求,这些要求视具体的设备而定。例如选择波峰焊机,对 PCB 上不同位置处的元件高度有限制,如图 5.3.5 所示。

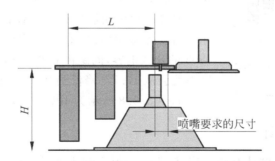

图 5.3.5　局部波峰焊机对 PCB 元件布局的空间要求

2) 波峰焊特殊要求

如果 PCB 采用波峰焊工艺,则该焊接面上元件布局应符合如下要求:

- 封装尺寸大于等于 0603(公制 1608)的 Chip 类贴片元件(贴片电阻、贴片电容、贴片电感)、SOT、SOP(引线中心距 $P>1.27$ mm)等,不能布放细间距器件;
- 元件的高度应该小于波峰焊设备的波高;
- 元件引线的伸展方向应垂直于波峰焊焊接时的 PCB 传送方向,且相邻两个元件必须满足一定的间距要求,如图 5.3.6 所示;

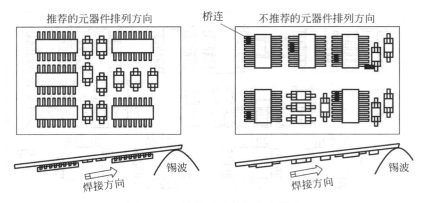

图 5.3.6 波峰焊元件的位向要求

- 波峰焊时元件排列不当会造成遮蔽效应,如图 5.3.7 所示,排列不合理形成大元件遮蔽小元件和前面的遮蔽后面的。

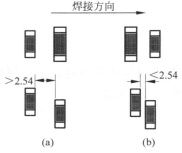

图 5.3.7 遮蔽效应及布局要求
(a) 合理防止遮蔽;
(b) 不合理形成遮蔽

3. 元器件间距设计

元器件的间距设计与组装工艺密切相关,对采用再流焊接的板面,元器件的间距设计主要考虑元器件外形尺寸误差、贴片精度、检查和返修空间尺寸要求,一般可以很小,如 0.15 mm。

对波峰焊面元器件的间距设计更多是从减少焊接缺陷的角度考虑(参见 5.2 节)。实验数据表明,两个相邻的 0805 的片式电容,间距由 0.6 mm 增加到 0.7 mm,桥接故障率就会从 15.7% 降低到 0.6%,效果非常明显。

如图 5.3.8 所示为 IPC—7351 推荐的尺寸。

5.3.3 焊盘图形设计

印制板的焊盘图形设计有通孔安装(THT)焊盘和表面贴装(SMT)焊盘两类,比较而言,通孔安装焊盘形状和尺寸要求相对低一些,而且在 PCB 中应用逐渐减少,但二者将在相当长时期共存也是不争的事实。

1. 通孔安装焊盘

1) 焊盘形状

(1) 岛形焊盘,如图 5.3.9(a)所示。焊盘与焊盘间的连线合为一体,犹如水上小岛,故称岛形焊盘。早期电视机、收录机等家用电器产品中应用较多。这种焊盘利于元器件密集固定,并可大量减少印制导线的长度和根数,能在一定程度上抑制分布参数对电路造成的影响。此外,焊盘与印制线合为一体后,铜箔面积加大,使焊盘和印制导线的抗剥强度增加,因而能降低选用敷铜板的档次,降低产品成本。

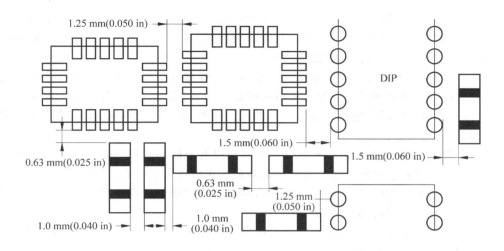

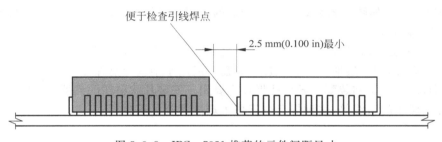

图 5.3.8　IPC—7351 推荐的元件间距尺寸

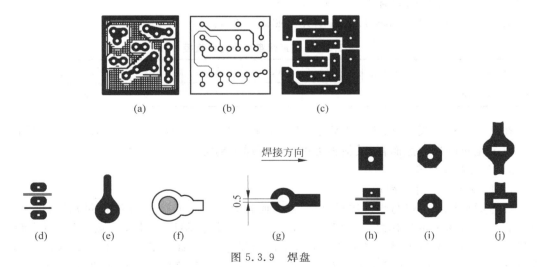

图 5.3.9　焊盘

(2) 圆形焊盘,如图 5.3.9(b)所示。图中可见焊盘与穿线孔为一同心圆,其外径一般为 1.5～3 倍孔径。设计时,如版的密度允许,焊盘不宜过小,因为太小在焊接中极易脱落。圆形焊盘是通孔安装典型焊盘,目前应用较多。

(3) 方形焊盘,如图 5.3.9(c)所示。方形焊盘是焊盘与印制线合为一体的形式,印制板上元器件大而少且印制导线简单时可采用这种设计形式,多见于一些手工制作的简单印制板中,因为只需用刀刻断或刻掉一部分铜箔即可。此外,在一些大电流的印制板上也可用此形式,可获得大载流量。

(4) 椭圆焊盘,如图 5.3.9(d)所示。这种焊盘既有足够的面积增强抗剥能力,又在一个方向上尺寸较小有利于中间走线。常用于双列直插式器件或插座类元件。

(5) 泪滴式焊盘,如图 5.3.9(e)所示。这种焊盘与印制导线过渡圆滑,在高频电路中有利于减少传输损耗,提高传输速率。

(6) 雪人式焊盘,如图 5.3.9(f)所示。这是一种增强型焊盘,增强焊盘铜箔与基板的连接强度,同时有利于信号传输。

(7) 开口焊盘,如图 5.3.9(g)所示。开口的作用为了保证在波峰焊后,使手工补焊的焊盘孔不被焊锡封死。

(8) 矩形焊盘(图 5.3.9(h))、多边形焊盘(图 5.3.9(i))和异形孔焊盘(图 5.3.9(j))。矩形(常用正方形)和多边形(常见八边形)焊盘一般用于某些焊盘外径接近而孔径不同的焊盘相互区别,便于加工和装配。异形孔焊盘主要用于安装片状引线的元器件,如收音机中周的外壳、音频插座的引线等,这种焊盘由于加工难度大应尽量少用。

2) 焊盘外径

对单面板而言,焊盘抗剥能力较差,焊盘外径应大于引线孔 1.5 mm 以上,即如果焊盘外径为 D,引线孔为 d,则有 $D \geqslant (d+1.5)$ mm。

对双面板而言,$D \geqslant (d+1.0)$ mm,并参照表 5.3.1。

表 5.3.1 圆形焊盘最小允许直径

引线孔径/mm	0.5	0.6	0.8	1.0	1.2	1.6	2.0
最小焊盘直径/mm	1.5	1.5	2	2.5	3.0	3.5	4.0

在高密度精密板上,由于制作要求高,焊盘最小外径可为 $D=(d+0.7)$ mm 或者更小。以上是对圆形焊盘而言,其他种类可参考圆焊盘确定。

2. 表面贴装焊盘

1) 焊盘图形设计不简单

焊盘图形设计不仅与焊接质量直接相关,而且对产品的可靠性(组装质量)影响很大,是 PCB 设计中最重要的工作之一。但是在实际设计中,焊盘图形设计往往被忽视,因为我们不仅可以从书刊资料中得到各种各样的焊盘图形尺寸标准,而且所有 PCB 设计软件也都带有自己的焊盘图形库,使用现成的焊盘图形设计标准或库似乎成了一种惯例,一般不去考虑这些现成的焊盘图形设计资料都是在什么条件下给出的(例如 IPC—7351 的焊盘尺寸是根据 JEDEC、EIAJ 标准的元器件设计的），也不会注意到不同资料和不同标准之间的差距，更不会考虑通过焊盘形状和尺寸的改变可以解决许多来料、器件封装方面的问题。

对于低端产品或粗放制造管理可以这样，但是对于高可靠性产品和工业化生产工艺要求而言，必须考虑这些差距，并且通过焊盘形状和尺寸提高产品组装效率，进而满足产品可靠性要求。

同样一种片式元件，同样采用再流焊工艺，采用不同标准或规范，焊盘图形就不一样。表 5.3.2 列出了 ABCD 四家企业的 0603 封装焊盘的尺寸，从表中我们可以看到，它们互不相同，而且相差较大。因此，在采用有关标准时必须根据产品要求和相应 PCB 加工企业的工艺能力进行选择。

表 5.3.2　0603 封装焊盘的尺寸（采用再流焊工艺）对比

标准	图示	G	L	B
A		1.0	0.5	0.8
B		0.9	0.6	0.9
C		0.6	1.1	1.0
D		0.8	1.0	0.7

2）焊盘设计选择

具体设计中可参考 IPC—7351，其根据器件规范和业界 PCB 的制造误差、贴装精度，给出了在三种应用领域中不同焊盘图形的选择，如表 5.3.3 所示。

表 5.3.3　三种应用领域中不同焊盘图形的选择

焊盘图形	应用领域
Density Level A（大焊盘）	主要用于波峰焊工艺，适合于无引线、有引线 Chip 类元件，翼形引脚的器件的波峰焊接
Density Level B（中焊盘）	主要用于再流焊接工艺，适合于所有系列 SMD 的焊接
Density Level C（小焊盘）	主要用于手持或便携式产品的设计，但不完全适合于所有产品等级

3）最优焊盘设计

除了直接应用表 5.3.2 所示的现成焊盘图形尺寸外，对于精细化工艺设计来说，也可以根据具体元器件尺寸和工艺能力，设计一个符合既定工艺条件下的最优焊盘（稳固的焊点连接）。具体设计可参考 IPC—7351 有关内容。

5.3.4　焊盘连接布线设计

1. 焊盘与印制导线的连接

在通孔安装焊盘中原则上可以在任意点连接，但对采用再流焊进行焊接的表贴焊盘，特

别是 0402 及其以下片式元件,最好按以下建议:

(1) 对于两个焊盘安装的元件,如电阻、电容,与其焊盘连接的印制线最好从焊盘中心位置对称引出,且最好具有一样的宽度尺寸,如图 5.3.10(a)所示;

(2) 与较宽印制线连接的焊盘,中间最好有一段窄的过渡段,以避免焊接时出现"立片"缺陷,如图 5.3.10(b)所示。

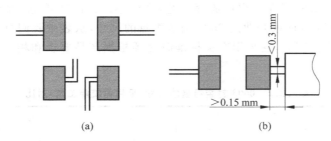

图 5.3.10　表贴焊盘与印制导线的连接
(a) 片式元件焊盘与印制线的连接;(b) 隔热路径的设计

2. 通孔与表贴混装中的连接设计

通孔与表贴混装的电路板往往采用波峰焊工艺或分别用两种工艺焊接,在电路板设计中必须充分估计两种焊接工艺的影响。图 5.3.11 是部分设计实例。

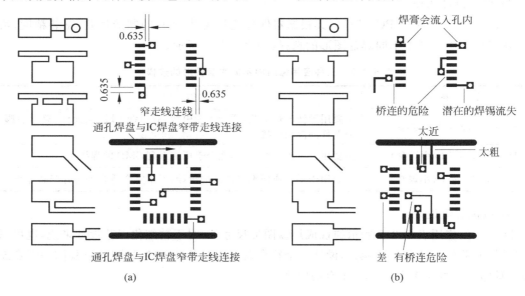

图 5.3.11　部分混装工艺设计实例
(a) 推荐;(b) 不推荐

5.3.5 孔与大面积铜箔区设计

1. PCB 上的孔

1) 引线孔

通孔安装中引线孔有电气连接和机械固定双重作用,孔过小不仅安装困难,焊锡不能润湿金属孔,孔过大容易形成气孔等焊接缺陷。若元器件引线直径为 d_1,引线孔径为 d,则 $d_1+0.2 \leqslant d \leqslant d_1+0.4\,(\mathrm{mm})$,通常取 $d=(d_1+0.3)\,\mathrm{mm}$。

2) 过孔

过孔(via)也称连接孔,作用仅为不同层间电气连接,根据孔的位置和连接状况有通孔、盲孔和埋孔之分(如图 5.3.12 所示),后两种用于多层板。过孔可用金属完全填充,制造工艺比较复杂,常用于高密度板。布线密度越高,要求过孔越小,一般电路过孔直径可取 0.5~0.8 mm,高密度板可减小到 0.3 mm 甚至更小。过孔的最小极限受制板厂技术设备条件的制约。

3) 安装孔

安装孔用于固定大型元器件和印制板,按照安装需要选取,优选系列为 2.2,3.0,3.5,4.0,4.5,5.0,6.0 且最好排列在坐标网格上,如图 5.3.13 所示。

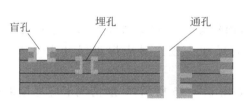

图 5.3.12 几种过孔

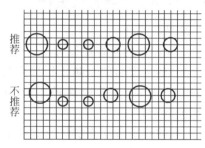

图 5.3.13 安装孔设计

4) 定位孔

定位孔是印制板加工和检测定位用的,可以用安装孔代替,亦可单设。一般采用三孔定位方式,孔径根据装配工艺确定。

2. 孔边距与过孔位置

(1) 孔离板边距离必须大于板厚。

(2) 表贴工艺中过孔位置。过孔不能设计在焊盘上,应该通过一小段印制线连接,否则容易产生立片、焊料不足缺陷,如图 5.3.14 所示。

3. 大面积铜箔区设计

1) 铜箔网格化

面积较大的铜箔区,如果无特殊需要,一般都应设计成网格状,以免在焊接时间过长时,产生铜箔膨胀、脱落现象,如

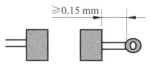

图 5.3.14 导通孔的位置

图 5.3.15(a)所示。

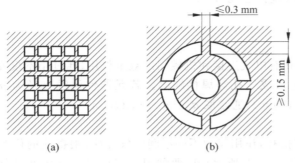

图 5.3.15　大面积铜箔区

2) 连接焊盘

大面积电源区和接地区的元件连接焊盘,应设计成如图 5.3.15(b)所示形状,以免大面积铜箔传热过快,影响元件的焊接质量,或造成虚焊。对于有电流要求的特殊情况允许使用阻焊层定义的焊盘。

5.3.6　阻焊层与字符层设计

1. 阻焊层设计

1) 安装焊盘的阻焊层设计

阻焊层的主要目的是防止桥接现象产生。表面组装 PCB 的阻焊层大多数采用液体光致成像阻焊剂工艺,采用这种工艺,阻焊窗口的尺寸一般比对应焊盘尺寸大 0.2 mm(每边 0.1 mm)。

阻焊窗的开窗方式有群焊盘式和单焊盘式,如图 5.3.16 所示,一般情况下应尽量采用单焊盘式开窗设计。

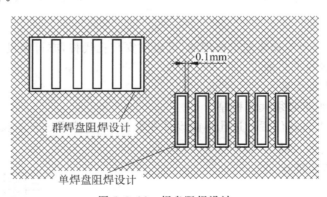

图 5.3.16　焊盘阻焊设计

2) 导通孔/焊盘的阻焊层设计

导通孔/焊盘的阻焊工艺主要有三种:塞孔(覆盖)、开满窗、开小窗,如图 5.3.17 所示。

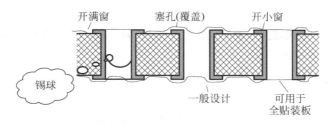

图 5.3.17 导通孔阻焊方式的应用

导通孔/焊盘的阻焊层设计,主要根据 PCB 的可焊层处理工艺和组装工艺进行设计。

需要注意的是,表面涂覆助焊剂工艺和热风整平工艺(参见 5.5 节)处理的 PCB,尽可能不要设计成一面塞孔、一面开窗的阻焊设计形式(同一孔)。前者孔内易残留酸性物质,后者孔内易产生锡珠,两者都存在可靠性的问题。

2. 字符层设计

字符层由于采用丝网印刷方式制作,因此一般习惯称为丝印层,一般包括 PCB 名称、型号、版本以及元器件符号、位号等信息,供组装、调试用。

字符层设计比较自由,一般企业都有自己的规范。需要注意的是由于字符层阻碍焊接,所以字符不能压到焊盘上。

5.3.7 表面涂(镀)层选择

1. PCB 表面涂(镀)层及其类型

PCB 表面加涂(镀)层是为了保护电路铜箔的表面。铜作为电气连接的首选材料,是因为具有良好的电气和机械性能,但铜表面非常容易氧化;而氧化铜不仅阻碍导电,而且阻碍焊锡的润湿(wetting)。因此,制造好的印制电路表面必须使用涂(镀)层,防止电路板焊接之前表面氧化。此外,一部分镀层作为电路板功能的一部分,可以提供一个耐久的、导电性表面,例如,印刷插头、键盘开关板等。

印制板表面涂(镀)层分为有机涂层和金属镀层两大类。有机涂层分为助焊有机涂层、阻焊层和敷形涂层;金属镀层分为保护镀层和功能镀层。

2. 常用有机涂层

1) 助焊有机涂层

- 直接用助焊剂　用于暂时保护印制板焊盘的可焊性并帮助焊接,焊后应除去;
- OSP(organic solder preservative)　一种有机防氧化保焊剂,用于表面贴装印制板的焊盘上,其涂层薄、平面性好,并能防止焊盘氧化,有利于焊接,在焊接温度下自行分解。

2) 阻焊剂

有热固和光固两种类型,用于印制板上在焊接时非焊接部分的保护。

3) 敷形涂层

用于印制板组装件,起防潮、防霉、防尘等作用,常用材料有丙烯酸树脂、环氧树脂、硅树脂、聚氨酯树脂和二甲苯等。

3. 常用金属镀层

1) 铜镀层

与助焊剂或 OSP 配合使用,可焊性、导电性、平面性好,金属化孔内镀铜层厚度大于 $25~\mu m$。

2) 焊料涂层

通过热风整平涂覆在焊盘上,保护焊盘,可焊性好,例如锡铅合金。

3) 电镀金/镍

防氧化、耐磨性好、接触电阻小,用于印制插头或印制接触点,金层厚度$\geqslant 1.3~\mu m$,镍层厚度为 $5\sim 7~\mu m$,但是金能与焊料中的锡形成金锡间共价化合物($AuSn_4$),在焊点的焊料中金的含量超过 3% 会使焊点变脆,所以一般厚的镀金层虽然可焊性好,也不能用作焊接镀层。用于焊接的金层厚度$\leqslant 1~\mu m$。

4) 化学镀金/镍

耐氧化、可焊性好、镀层表面平整,用于 SMT 板,镀层厚度$\leqslant 1~\mu m$($0.1\sim 0.3~\mu m$),薄的镀金层能在焊接时迅速溶于焊料中,并与镍层形成锡镍共价化合物,使焊点更牢固,少量的金溶于锡中不会引起焊点变脆,金层只起保护镍层不被氧化的作用。

5.3.8 光绘文件与技术要求

1. PCB 加工文件

PCB 设计完成后如果是采用外加工方式制造,在计算机和网络普及的今天变得非常方便,只需把检查无误的 PCB 设计电子文档交给制造厂商就可以了。如果出于某些考虑不能提供完整的 PCB 设计电子文档,那么可转换成光绘文件(GERBER 文件格式)。当然为了避免麻烦,签订加工合同是必要的。

2. 印制板加工技术要求

设计者将 PCB 设计电子文档或光绘文件交给制板厂时,虽然文件中已经包含了一部分 PCB 的制造信息,但最好还是在合同中明确技术要求。

技术要求必须包括:外形尺寸及误差;板材厚;孔径表及误差;镀层要求;涂层要求(阻焊层、字符层);包装与交货期等。

5.4 印制板设计进阶

印制电路板设计工作涉及多学科、多领域,通过前面的介绍可知,设计电路板必须首先在熟悉电路原理的前提下确定印制板整体结构,正确选择印制板基材、印制板结构尺寸,然后应用 CAD 工具进行具体的布局、布线工作,包括确定布局布线规则、检查、仿真等一系列步骤,涉及元器件排列及间距、焊盘图形尺寸、焊盘连接布线、孔设计、大面积铜箔区设计等具体细节,从而成功设计出一块印制电路板。

虽然需要考虑这么多要素,但对于印制板设计来说,只能说"基本可行",只能应用于要求比较低的领域。对于规模化产品,对于要求高性能、高可靠性的电子产品和系统,上述考虑远远不够,需要考虑更多要素、更深层次的设计要求,这些要求包括热设计、电磁兼容设计、信号和电源完整性设计以及可制造性设计等方面的要求。有关可制造性设计可参见第 3 章,本节简要介绍热设计、电磁兼容设计、信号和电源完整性设计等方面的基本内容,进一步深入了解需要参考有关专业资源。

5.4.1 印制板热设计

5.4.1.1 印制板热设计基础

1. 热的传递方式

根据传热学原理,只要有温度差别存在就有热传递。热传递有 3 种方式:传导、辐射和对流。

1) 传导

传导是传热的第一种方式,不同的材料导热系数不同,其热传导作用也不同。材料的热传导能力与导热系数(K)、导热方向的截面积和温差成正比,与导热的长度和材料厚度成反比(IPC 标准提供的不同材料导热系数见表 5.4.1)。

表 5.4.1 不同材料的导热系数

材　　料	导热系数 K/[W/(m·℃)]	导热系数 K/[cal/(C·s)]
静止的空气	0.0267	0.000066
环氧树脂	0.200	0.00047
导热环氧树脂	0.787	0.0019
铝合金 1100	222	0.530
铝合金 3003	192	0.459
铝合金 5052	139	0.331
铝合金 6061	172	0.410
铝合金 6063	192	0.459
铜	194	0.464
低碳钢	46.9	0.112

传导散热需要有较高导热系数的材料或介质,常用铝合金或铜作为散热器材料,对于大功率器件可以外加材料厚度较大的散热器。

2) 辐射

热辐射是热源以电磁波形式向外辐射能量,并以电磁波形式传播,其波长在 0.4～1000 μm 范围,且大部分在红外线范围(0.72～10 μm)。

任何物体都具有热辐射以及吸收其他物体辐射能而转换为热能的能力。辐射能量的大小与材料的热辐射系数(相对于黑体表面辐射系数 1 的降低系数)、物体散热的有效表面积及热能的大小有关。在材料有相同热辐射系数的条件下,无光泽或暗表面比光亮或有光泽的表面热辐射更强。由此,可以得知选择散热器或散热面时,选无光泽的暗表面散热效果会更好。

3) 对流

对流是在流体和气体中的热能传递方式,对流是最复杂的一种传热方式,热传输的速度与物体的表面积、温差、流体的速度和流体的特性有如下函数关系:

$$Q_c = h_c \times A_s \times (T_s - T_a)$$

式中,Q_c 为对流的热传输速率;h_c 为热传输系数;A_s 为物体的表面积;T_s 为固体的表面温度;T_a 为环境温度。

热传输系数受固体的形状、物理特性,流体的种类、黏性、流速和温度、对流方式(强制对流或自然对流)等因素的影响。

2. 热阻

热阻(thermal resistance)是指在热能传输过程中所遇到的阻力,以 ℃/W 为单位。热阻越小,导热效率越高。和电路计算中最基本的欧姆定律类似,有

$$R = \frac{\Delta T}{Q}$$

式中,ΔT 为温度差,相当于电路中的电压;Q 为热能,相当于电路中的电流。

在传热学的工程应用中,为了满足工艺的需要,有时通过减小热阻以加强传热;而有时则通过增大热阻以抑制热量的传递。

当热量在物体内部以热传导的方式传递时,遇到的热阻称为导热热阻。对于热流经过的截面积不变的平板,导热热阻为 $L/(KA)$。其中 L 为平板的厚度,A 为平板垂直于热流方向的截面积,K 为平板材料的导热系数。

在对流换热过程中,固体壁面与流体之间的热阻称为对流换热热阻,其大小为 $1/(hA)$。其中 h 为对流换热系数,A 为换热面积。两个温度不同的物体相互辐射换热时的热阻称为辐射热阻。

当热量在两个相接触的固体的交界面传导时,界面本身对热流呈现出明显的热阻,称为接触热阻。产生接触热阻的主要原因是任何外表上看来接触良好的两物体,直接接触的实际面积只是交界面的一部分。热量在交界面的传导能力远小于整体材料。存在交界面时,

例如元器件与散热器,减小接触热阻的措施是:

(1) 增加两物体接触面的压力,使物体交界面上的突出部分变形,从而减小缝隙、增大接触面;

(2) 在两物体交界面处涂上有较高导热能力的胶状物体——导热脂。

5.4.1.2　印制板热设计

1. 印制板本身热性能设计

印制板及印制板组装件在焊接和使用的过程中会遇到各种温度的变化,变化的温度能引起材料的膨胀和收缩;由于印制板由两种以上不同材料组成,不同热膨胀系数的材料组合在一起,将会产生一定的热应力,应力的大小对印制板及其组装件的性能和结构有不同的影响,严重时能使印制板组装件不能正常工作或失效。

因此在选择印制板材料和结构时必须考虑焊接要求和印制板基材的耐热性,选择耐热性好、温度系数(CTE)较小或与元器件 CTE 相适应的印制板基材,尽量减小元器件与印制板基材之间的 CTE 相对差。

2. 印制板上元器件散热设计

印制板上的元器件,特别是半导体器件和一部分热敏感元器件,都必须在正常工作温度范围内才能正常工作。现代电子产品越来越微小型化,随着印制板上元器件组装密度的提高,单位面积上的功率加大,产生的热量是可观的,若不能及时有效地散热,除了会产生上述热应力作用外,较高的温升还将会影响元器件的工作参数。所以,印制板组装件的散热问题是设计中必须要考虑的重要问题。

实践表明:许多对印制板的热设计考虑不周的印制板组装件,在加工中会遇到诸如金属化孔失效、焊点开裂等问题。即使组装中没有发现问题,在整机或系统中开始时还能稳定工作,但是经过长时间连续工作,元器件热量散发不好,导致元器件的电路工作不正常,严重影响产品使用可靠性。

因此,在印制板设计时必须认真进行热分析,针对各种温度变化的原因采取相应措施,降低产品温升或减小温度变化,使热应力对印制板的影响程度保持在组装件能进行正常焊接、产品能正常工作的范围内。

5.4.1.3　印制板散热措施

设计印制板,必须考虑发热元器件、怕热元器件及热敏感元器件的分板、板上位置及布线问题。常用元器件中,电源变压器、功率器件、大功率电阻等都是发热元器件(以下均称热源),电解电容是典型怕热元件,几乎所有半导体器件都有不同程度温度敏感性。印制板热设计基本原则是:有利于散热,远离热源。具体设计中可采用以下措施。

1. 热源外置

将发热元器件移到机壳之外,如图 5.4.1(a)所示的电源将调整管置于机外,并利用机壳(金属外壳)散热。

图 5.4.1 散热设计(一)

2. 热源单置

将发热元件单独设计为一个功能单元,置于机内靠近边缘容易散热的位置,必要时强制通风,如台式计算机的电源部分,如图 5.4.1(b)所示。

3. 热源上置

必须将发热元器件和其他电路设计在一块板上时,尽量使热源设置在印制板的上部,如图 5.4.1(c)所示,有利于散热且不易影响怕热元器件。

4. 热源高置

发热元器件不宜贴板安装。如图 5.4.2(a)所示,留一定距离散热并避免印制板受热过度。

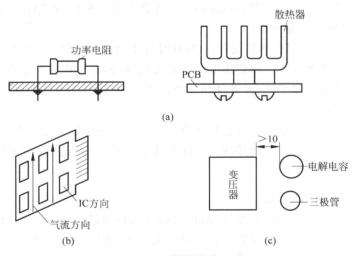

图 5.4.2 散热设计(二)

5. 散热方向

发热元件放置要有利于散热,如图 5.4.2(b)所示。

6. 远离热源

怕热元件及热敏感元器件尽量远离热源,躲开散热通道,如图 5.4.2(c)所示。

7. 热量均匀

将发热量大的元器件置于容易降温之处,即将可能超过允许温升的器件置于空气流入口外,如图 5.4.3 所示,LSI 较 SSI 功耗大,超温则故障率高,图(b)的设置使其温升较图(a)低,使整个电路高温下降,热量均匀。

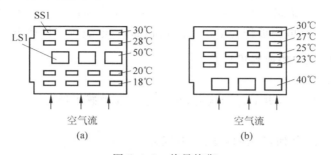

图 5.4.3 热量均衡
(a) 器件温升在 18～50℃ 范围内;(b) 器件温升在 23～40℃ 范围内

8. 引导散热

为散热添加某些与电路原理无关的零部件。如图 5.4.4(a)所示是采用强制风冷的印制板,人为添加了紊流排使靠近元件处产生涡流而增强了散热效果。图 5.4.4(b)中,由于空气流动时选阻力小的路径,因此人为设置改变气流使散热效果改善。

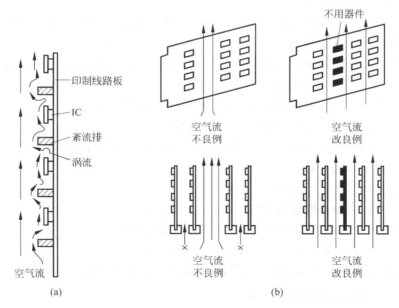

图 5.4.4 引导散热
(a) 紊流排;(b) 加引导

5.4.2 电磁兼容设计

随着电子科学技术的发展,电气电子设备的快速增长,特别是各种无线移动设备的普及使空间的电磁环境日益复杂,为了保证电子设备的正常工作,减少相互之间的电磁干扰,降低电磁污染对人类及生态环境产生不利的影响,对电子产品的电磁兼容设计,是现代电子设计中的重要环节。印制电路板作为电子产品核心部件,电磁兼容设计更是不可忽视。

5.4.2.1 印制板电磁兼容设计基础

1. 电磁干扰三要素

任何电磁干扰的产生,离不开干扰源、传播途径和敏感电路三个基本要素,如图5.4.5所示。

(1) 电磁干扰源:任何形式的自然或电气装置所发射的电磁能量,能使处于同一环境的其他设备、分系统或系统发生电磁危害,导致性能降低或失效,即称为电磁干扰源。

(2) 传播途径:即传输电磁干扰的通路或媒介。

图 5.4.5 电磁干扰三要素

(3) 敏感设备:是指当受到电磁干扰源所发射的电磁量的作用时,导致性能降低或失效的器件、设备、分系统或系统。

在电子电路中,许多器件、设备、分系统或系统可以既是电磁干扰源又是敏感设备。

2. 电磁干扰防护基本原理

为了实现电磁兼容,必须从上面三个基本要素出发,从分析电磁干扰源、传播途径和敏感设备着手,采取有效的技术措施:

- 抑制干扰源——减小干扰源能量,遏制干扰源能量释出;
- 阻断或减弱传播(耦合)途径——传导与辐射;
- 增强敏感设备抗干扰能力——抑制进入敏感设备的能量,降低敏感设备的敏感度。

3. 电磁干扰基本控制技术

- 空间分离:例如常用电磁屏蔽、静电屏蔽;
- 频率管理:例如常用滤波、数字传输、光电转换;
- 电气隔离:例如常用变压器隔离、光电隔离等隔离措施;
- 传输通道抑制:常用方法有滤波、屏蔽、搭接、接地;
- 时间分隔:例如时间共用准则、主动时间分隔、被动时间分隔等。

5.4.2.2 印制板电磁干扰的产生

印制电路板使元器件密集,导线规范。如果设计不合理会产生电磁干扰,使电路性能受到影响,甚至不能正常工作。电磁干扰主要有以下三种形式。

1. 平行线效应

根据传输理论,平行导线之间存在电感效应、电阻效应、电导效应、互感效应和电容效应。图 5.4.6 表示,两根平行导线 AB 和 CD 之间的等效电路,一根导线上的交变电流必然影响另一导线,从而产生干扰。

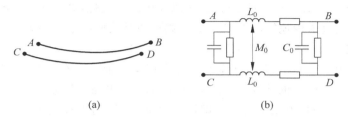

图 5.4.6 平行线效应
(a) 印制板上两条平行导线;(b) 等效电路

2. 天线效应

由无线电理论可知,一定形状的导体对一定波长的电磁波可实现发射或接收。印制板上的印制导线、板外连接导线,甚至元器件引线都可能成为发射或接收干扰信号(噪声)的天线。这种天线效应在高频电路的印制板设计中尤其不可忽视。

3. 电磁感应

这里主要指电路中的磁性元件如扬声器、电磁铁、永磁表头等产生的恒定磁场以及变压器、继电器等产生的交变磁场,对印制板产生的影响。

此外,还有以下设计因素引起电磁干扰:
- 印制导线的阻抗与电路不匹配　导线阻抗随频率变化,高速电路传输线上阻抗不匹配就会引起信号反射,印制导线就容易形成一个发射天线;
- 布局布线不当　印制板上有高频周期信号存在,导致产生瞬时电流,引起 RF 辐射;
- 器件的边沿速率影响　数字电路的脉冲边沿陡(速率高)会产生一个瞬间的电涌,产生射频能量;
- 高频电流影响　高频电流流过阻抗元件(包括电阻、电容和印制导线等)上产生射频电压降,连接这些元件的导线越长越易引起电磁辐射;
- 接地设计不当　接地设计不当会导致产生共模电流,引起信号的不完整;
- 基材选择不当　高频、微波电路印制板的基材选用不当,介电常数高、介质损耗大,致使导线阻抗不匹配,会引起信号的反射;
- 导通孔的分布参数影响　导通孔的金属镀层和连接盘的金属环,在高速电路中形成寄生电容,孔径较大时寄生电容形成耦合途径。

5.4.2.3　印制板地线设计

地线设计是印制板布线设计的重要环节,不合理的地线设计使印制板产生干扰,达不到设计指标,甚至无法工作。

1. 一个基本概念——地线阻抗

地线是电路中电位的参考点,又是电流公共通道。地电位理论上是零电位,实际上由于导线阻抗的存在,地线各处电位不都等于零。

例如,印制板上宽 1.5 mm、长 50 mm 的地线铜箔,若铜箔厚为 0.05 mm,则这段导线电阻为 0.013 Ω,若流过这段地线的电流为 2 A,则这段地线两端电位差为 26 mV,在微弱信号电路中,26 mV 足以干扰信号正常工作。

在高频电路中(几十兆以上频率)导线不仅有电阻,还有电感。以平均自感量为 0.8 μH/m 计算,50 mm 长的地线上自感为 0.04 μH,若电路工作频率为 60 MHz,则感抗为 16Ω,在这段地线上流过 10 mA 电流时即可产生 0.16 V 的干扰电压。它足以将有用信号淹没。

可见,对印制板设计者来说,地线只要有一定长度就不是一个处处为零的等电位点。地线不仅是必不可少的电路公共通道,又是产生干扰的一个渠道,如同修筑一条道路带来交通便利的同时也带来污染一样。

2. 一个基本原则——一点接地

一点接地是消除地线干扰的基本原则。如图 5.4.7(a)所示的放大电路,在该放大单元上所有接地元器件应在一个接地点上与地线连接。实际设计印制板时,应将这些接地元器件尽可能就近接到公共地线的一段或一个区域内,也可以接到一个分支地线上,如图 5.4.7 所示。

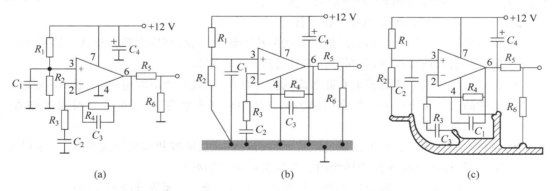

图 5.4.7 一点接地布线示意图
(a) 原理图;(b) 布线示意图(1);(c) 布线示意图(2)

一般多单元多板电路,一点接地方式如图 5.4.8 所示。

具体布线时应注意:

(1) 这里所说的"点"是可以忽略电阻的几何导电图形,如大面积接点、汇流排、粗导线等;

(2) 一点接地的元件不仅包括板上元器件,也包括板外元器件,如大功率管、电位器等接地点;

(3) 一个单元电路中接元器件较多时可采用几个分地线,这些分地线不可与其他单元地线连接;

(4) 高频电路不能采用分地线,而要用大面积接地方法。

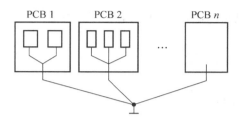 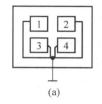 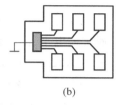

图 5.4.8　多单元、多板一点接地　　　　图 5.4.9　印制板地线设计(一)
　　　　　　　　　　　　　　　　　　　(a) 并联分路布局；(b) 多单元数字电路接地布局

3. 几种板内地线布线方式

1) 并联分路式

一块板内有几个子电路(或几级电路)时各子电路(各级)地线分别设置,并联汇集到一点接地。图 5.4.9(a)所示电路含有 4 个子电路,且 3、4 子电路信号弱于 1、2 子电路。图 5.4.9(b)为多单元数字电路地线形式。

2) 汇流条式

在高速数字电路中,可采用图 5.4.10(a)所示汇流排方式布设地线。这种汇流排是由 0.3~0.5 mm 铜箔板镀银而成,板上所有 IC 地线与汇流排接通。由于汇流排直流电阻很小,又具有条形对称传输线的低阻抗特性,可以有效减小干扰,提高信号传输速度。

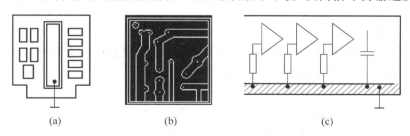

图 5.4.10　印制板地线设计(二)
(a) 汇流排接地；(b) 大面积接地；(c) 一字形接地

3) 大面积接地

如图 5.4.10(b)所示,在高频电路中将所有能用面积均布设为地线。这种布线方式,元器件一般都采用不规则排列并按信号流向依次布设,以求最短的传输线和最大面积接地。

4) 一字形地线

一块板内电路不复杂时采用一字形地线较为简单明了。图5.4.10(c)所示为多级放大电路一字形地线布线,注意地线应有足够宽度且同一级电路接地点尽可能靠近,总接地点在最后一级。

5.4.2.4 常用PCB电磁干扰抑制方法

电磁干扰无法完全避免,我们只能在设计中设法抑制,常用方法有如下几种。

1. 容易受干扰的导线布设要点

通常低电平、高阻抗端的导线容易受干扰,布设时注意:
- 越短越好,平行线效应与长度成正比;
- 顺序排列,按信号去向顺序布线,忌迂回穿插;
- 远离干扰源,尽量远离电源线、高电平导线;
- 交叉通过,实在躲不开干扰源时,不能与之平行走线,应该双面板交叉通过,单面板飞线过渡,如图5.4.11(a)所示。

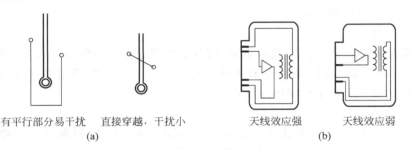

图5.4.11 防电磁干扰布线示例
(a) 小信号线穿越大信号线;(b) 减小环形面积

2. 避免成环

印制板上环形导线相当于单匝线圈或环形天线,使电磁感应和天线效应增强。布线时尽可能避免成环或减小环形面积,如图5.4.11(b)所示。

3. 反馈布线要点

反馈元件和导线连接输入和输出,布设不当容易引入干扰。如图5.4.12(a)所示放大电路,由于反馈导线越过放大器基极电阻,可能产生寄生耦合,影响电路工作。图5.4.12(b)所示电路布设将反馈元件置于中间,输出导线远离前级元件,避免干扰。

4. 设置屏蔽地线

印制板内设置屏蔽地线有以下几种形式:

(1) 大面积屏蔽地,如图5.4.13所示,注意此处地线不要作信号地线,单纯作屏蔽用。

(2) 专置地线环,如图5.4.14(a)所示,设置地线环避免输入线受干扰。这种屏蔽地线可以单侧、双侧,也可在另一层。

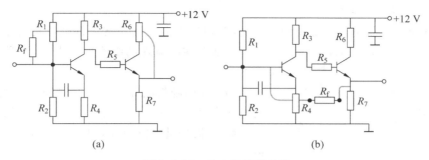

图 5.4.12 放大器反馈布线

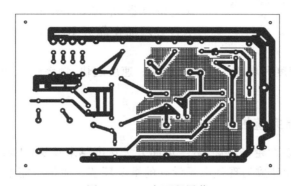

图 5.4.13 大面积屏蔽

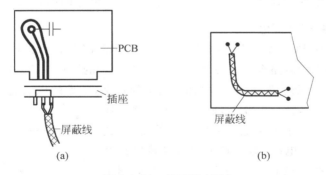

图 5.4.14 抗干扰布线
(a) 设置专用地线环；(b) 板内设置屏蔽线

（3）采用屏蔽线，高频电路中，印制导线分布参数对信号影响大且不容易与阻抗匹配，可使用专用屏蔽线，如图 5.4.14(b) 所示。

5. 远离磁场减少耦合

对干扰磁场首先设法远离，其次布线时尽可能使印制导线方向不切割磁力线，最后可考虑采用无引线元件以缩短导线，避免引线干扰。

6. 设置滤波去耦电容

为防止电磁干扰通过电源及配线传播，在印制板上设置滤波去耦电容是常用方法。这些电容通常在电原理图中不反映出来，这种电容一般有两类。

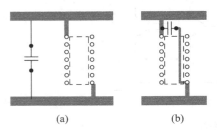

图 5.4.15　滤波去耦电容布放
(a) 不推荐；(b) 推荐

(1) 在印制板电源入口处一般加一个大于 10 μF 的电解电容器和一只 0.1 μF 的陶瓷电容器并联。当电源线在板内走线长度大于 100 mm 应再加一组电容。

(2) 在集成电路电源端加 0.1 μF～680 pF 之间的陶瓷电容器，尤其多片数字电路 IC 更不可少。注意，电容必须加在靠近 IC 电源端处且与该 IC 地线连接（如图 5.4.15 所示）。

电容量根据 IC 速度和电路工作频率选用。速度越快，频率越高，电容量越小，且须选用高频电容。

5.4.3　信号与电源完整性设计简介

随着电子系统复杂性越来越高，数字电路开关速度越来越快，要求电子器件的工作频率越来越高，高速 PCB 设计成为现代电子设计的重要环节。而信号完整性分析和电源完整性设计是高速 PCB 设计必须考虑的问题，也是衡量设计水平和能力的基本标志。由于信号完整性分析和电源完整性设计涉及面广、专业性强，本书只能作简单介绍。

5.4.3.1　高速 PCB 概念

高速电路是现代 PCB 设计中常用的词语，也是高端 PCB 设计的同义语。到底什么是高速电路呢？它与高频电路有什么关系？它对 PCB 设计的影响主要在哪里？

关于高速电路，目前业界还没有确切的、完整的定义，常见的说法是如果数字逻辑电路的频率达到或者超过 45～50 MHz，而且工作在这个频率之上的电路已经占到了整个电子系统一定的比例（比如说 1/3），就称为高速电路；另一种说法是高速电路和数字逻辑电路的频率并没有直接的联系，是否是高速电路只取决于信号边沿变化（上升/下降）时间，如图 5.4.16 所示，具体量化为当电路中的数字信号在传输线上的延迟大于 1/2 上升时间时，就叫做高速电路。后一种说法反映了高速电路实质，得到大多数人认同。

关于高频电路和高速电路，二者既有联系又有区别。高频电路是指电路工作频率高于一定数值（例如 100 MHz），这里所说的电路包括数字电路和模拟电路。

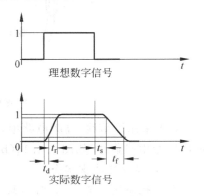

图 5.4.16　数字电路的信号边沿变化

对于模拟电路,除了关心信号的固有频率,还应当考虑信号发射时伴随产生的高阶谐波的影响。对于数字电路,高频电路一定是高速电路,反过来就不一定成立,例如,一个数字系统工作频率可能只有 20 MHz,但如果信号边沿变化符合高速电路,那么这个非高频电路就应该作为高速电路对待。

对于电子电路硬件设计者而言,高速 PCB 电路设计就意味着仅仅确保电气连接正确只是初级要求,更多需要考虑的是进行特殊的布局、布线、匹配、屏蔽等处理,进行信号和电源完整性分析,以保证电路正常工作。

5.4.3.2 信号完整性

信号传输是高速数字 PCB 设计的核心问题。PCB 上信号速度高、元件的布局不正确或高速信号的错误布线都会引起信号错误,从而可能使系统输出不正确的数据、电路工作不正常甚至完全不工作。为了解决这些问题,需要有一套高速 PCB 板级系统的设计分析工具和方法,这些技术涵盖高速电路设计分析的方方面面:静态时序分析、信号完整性分析与设计、EMI/EMC 设计、地弹反射分析、功率分析以及高速布线器。其中,信号完整性分析与设计是最重要的高速 PCB 分析与设计手段,在硬件电路设计中越来越重要。

信号完整性(signal integrity,SI),简单说指信号在信号线上的质量,是信号在电路中能以正确的时序和电压作出响应的能力。确切地说,信号完整性是指信号在通过一定距离的传输路径后在特定接收端口相对指定发送端口信号的还原程度。在讨论信号完整性设计性能时,如指定不同的收发参考端口,则对信号还原程度会用不同的指标来描述。通常指定的收发参考端口是发送芯片输出处及接收芯片输入处的波形可测点,此时对信号还原程度主要依靠上升、下降及保持时间等指标来进行描述。

当电路中信号能以要求的时序、持续时间和电压幅度到达 IC 时,该电路就有很好的信号完整性。当信号不能正常响应时,就出现了信号完整性问题。像误触发、阻尼振荡、过冲、欠冲等信号完整性问题,会造成时钟间歇振荡和数据出错(见图 5.4.17)。为了正确识别和处理

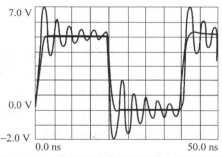

图 5.4.17 数字开关信号的过冲与振荡波形

数据,IC 要求数据在时钟边沿前后处于稳定状态,这个稳定状态的持续时间称为建立时间和保持时间。如果信号转变为不稳定状态或后来改变了状态,IC 就可能误判或丢失部分数据。

信号完整性问题考虑得越早,设计的效率就越高,从而可避免在电路板设计完成之后反复修改或采取其他措施。

5.4.3.3 电源完整性

在高速电路设计中,人们往往只关注信号传输质量,而把电源和地当成理想的情况来处

理。实际上很多情况下,电源并非理想状况,如图 5.4.18 所示。这种非理想电源往往是影响信号畸变的主要原因。例如,地反弹噪声太大、去耦电容的设计不合适、多电源/地平面的分割不好、地层设计不合理等。

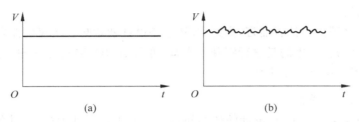

图 5.4.18 理想电源与实际电源
(a) 理想电源;(b) 实际电源

从广义上说,电源完整性是属于信号完整性研究范畴之内的,而新一代的信号完整性仿真必须建立在可靠的电源完整性基础之上。由于电源完整性有许多不同于信号完整性的问题,现在进行高速电路设计时一般作为两个方面进行分析和考虑。

电源完整性(power integrity,PI),是指电源在电路中能为系统提供稳定可靠的电源供应的能力。电源完整性设计主要讨论的问题有以下几点。

1. 电子噪声

电子噪声是指电子线路中某些元器件产生的随机变化的电信号,例如,连接器接触不良产生传输电流突然变化。

2. 地弹噪声

当 PCB 板上的众多数字信号同步进行切换时(如微处理器的数据总线、地址总线等),由于电源线和地线上存在阻抗,会产生同步切换噪声,在地线上还会出现地平面反弹噪声(简称地弹)。地弹的强度取决于集成电路的 I/O 特性、PCB 板电源层和地平面层的阻抗以及高速器件在 PCB 板上的布局和布线方式。负载电容的增大、负载电阻的减小、地电感的增大、开关器件数目的增加等均会导致地弹的增大。

3. 回流噪声

任何电路只有构成回路才有电流的流动,整个电路才能工作。这样,每条信号线上的电流势必要找一个路径,以从末端回到源端。由于地电平面(包括电源和地)分割,例如,地层被分割为数字地、模拟地、屏蔽地等,当数字信号走到模拟地线区域时,就会产生地平面回流噪声。

4. 断点

断点是信号线上阻抗突然改变的点。如用过孔(via)将信号输送到板子的另一侧,板间的垂直金属部分是不可控阻抗,这样的部分越多,线上不可控阻抗的总量就越大,这会增大反射。还有,从水平方向变为垂直方向的拐点是一个断点,会产生反射。

5.4.3.4　信号与电源完整性 PCB 设计

1. 软件工具

PCB 设计中遇到信号完整性问题,虽然可以采用 EDA 设计工具(例如 Mentor、Cadence、Protel 等)提供的 SI 模块(信号完整性分析模块)进行分析和设计,但印制板完成以后往往效果不好,对比用仪器实际测试的结果和 EDA 工具的 SI 信号完整性工具分析出来的结果出入较大。这是由于 EDA 设计工具中 SI 是在不考虑电源影响下基于布线和器件模型而进行分析,而且大多数连模拟器件也不考虑(假定是理想器件)。实际上,在高速 PCB 板中电源完整性影响有时比信号完整性更加严重。

因此,采用同时考虑信号完整性和电源完整性的设计专业工具对于高速 PCB 设计非常必要。APSIM-SPI 就是满足这种需求的一种工具。SPI(signal-power integrity)是将 SI 信号完整性和 PI 电源完整性集成于一体的分析工具产品。

APSIM-SPI 特点是:
- 支持数字、模拟和数模混合仿真;
- 支持有过孔、分割、镂空的地电平面,支持任意物理形状的地电平面和信号线,在进行信号畸变分析时将充分考虑地电层的影响;
- 能对 PCB 和系统进行 EMI 仿真,直观地观察信号的畸变情况,并进行及时的调整;
- 支持 1 GHz 以上的模拟设计和高频数字设计,能精确画出 PCB 板的电磁场分布图;
- 设计和验证滤波电容的效果,并有效地确定电容的放置位置和它们的电容值。

2. 考虑信号与电源完整性的 PCB 设计过程

1) 设计之前预分析

PCB 板设计之前,首先建立高速数字信号传输的信号完整性模型。根据 SI 模型对信号完整性问题进行一系列的预分析,根据仿真计算的结果选择合适的元器件类型、参数和电路拓扑结构,作为电路设计的依据。

2) 电路设计过程进行分析仿真

在电路的设计过程中,将设计方案送交 SPI 模型进行信号和电源完整性分析,并综合元器件和 PCB 板参数的公差范围、PCB 板图设计中可能的拓扑结构和参数变化等因素,计算分析设计方案的解空间。

3) PCB 板图设计中进行仿真分析

- PCB 板图设计开始之前,将获得的各信号解空间的边界值作为板图设计的约束条件,以此作为 PCB 板图布局、布线的设计依据。
- 在 PCB 板图设计过程中,将部分完成或全部完成的设计送回 SPI 模型进行信号完整性分析,以确认实际的板图设计是否符合预计的信号完整性要求。若仿真结果不能满足要求,则需修改板图设计甚至电路设计。

4) PCB 板制造好后用仪器进行测量调试

当 PCB 板制造好后，再用仪器进行测量调试，以验证 SI 模型及 SI 分析的正确性，并以此作为修正模型的依据。

在 SI 模型以及分析方法正确的基础上，通常 PCB 板不需要或只需要很少的重复修改设计及制作就能够最终定稿，从而可以缩短产品开发周期，降低开发成本。

3. 信号与电源完整性的 PCB 设计经验

- 布线时尽量减少回路环的面积，以降低感应噪声。
- 布线时，电源线和地线要尽量粗。除减小压降外，更重要的是降低耦合噪声。
- 对于单片机及数字电路闲置的 I/O 口，不要悬空，要接地或接电源。其他 IC 的闲置端在不改变系统逻辑的情况下接地或接电源。
- 对单片机使用电源监控及看门狗电路，如 IMP809、IMP706、IMP813 等，有利于提高电路整体的抗干扰性能。
- IC 器件尽量直接焊在电路板上，少用 IC 座。
- 传送信号的线路要与其信号回路尽可能靠近，以防止这些线路包围的环路区域产生辐射，并降低环路感应电压的磁化系数。
- 电源和地的管脚要就近设置过孔，过孔和管脚之间的引线越短越好，同时电源和地的引线要尽可能粗，以减少阻抗。
- 在信号换层的过孔附近放置一些接地的过孔，以便为信号提供最近的回路。甚至可以在 PCB 板上大量放置一些多余的接地过孔。
- 同一电路板上所有高速和高功耗的器件应尽量放置在一起以减少电源电压瞬时过冲。
- 尽量不要走长的电源连线，以免长的电源连线在信号和回路间形成环路，成为辐射源和易感应电路。

5.5 PCB 制造与验收

5.5.1 印制电路的形成

在基板上再现导电图形有两种基本方式。

1. 减成法

这是最普遍采用的方式。即先将基板上敷满铜箔，然后用化学或机械方式除去不需要的部分，常用的有以下两种方法。

蚀刻法：采用化学腐蚀办法减去不需要的铜箔，这是目前最主要的制造方法，工业制造方法后面将专门介绍在教学及电子制作中，目前最为流行的是通过热转印的方式实现图形转移，再利用三氯化铁或过硫酸钠等腐蚀液进行腐蚀，这种方式不仅制作成本低，速度快（十几分钟即可完成),操作简单,而且可达到较高精度(最小间距和线宽可达 0.2 mm)。图 5.5.1 所示是实现图形转移的热转印机。

雕刻法:采用用机械加工方法除去不需要的铜箔,这种方法由于速度慢、效率低,实用性差而在实际中很少应用。

图 5.5.1　快速制作 PCB 的热转印机

蚀刻法由于技术成熟、效率高,是当前主流技术,但在批量生产中制造工艺复杂并且存在环境污染和生态方面问题,生态和环境问题将是未来发展的重大课题。

2. 加成法

这是另一种制作印制板的方式:在绝缘基板上用某种方式敷设所需的印制电路图形,敷设印制电路方法有丝印电镀法、粘贴法以及近年兴起的打印法等。

理论上,加成法具有材料利用率高、环境污染轻的优势,但面临众多技术难题而未能实现工业化生产。打印法有望成为未来新宠,不过实现工业化生产还有很长的路要走。

5.5.2　印制板制造工艺简介

印制板制造工艺技术在不断进步,不同条件、不同规模的制造厂采用的工艺技术不尽相同。当前使用最广泛的是铜箔蚀刻法,即将设计好的图形通过图形转移在敷铜板上形成防蚀图形,然后用化学蚀刻除去不需要的铜箔,从而获得导电图形。

1. 典型的双面板制造工艺流程

实际生产中,制造印制板要经过几十个工序,图 5.5.2 是典型的双面板制造工艺流程简图。

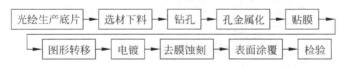

图 5.5.2　典型双面板制造工艺流程

印制板制造过程中,孔金属化和图形电镀蚀刻是关键,图 5.5.3 是采用干膜电镀工艺的双面板导电图形形成过程示意图。

2. 典型的多层 PCB 制造工艺

对于多层 PCB,根据所需的层数,作为核心的几个双面薄层相互叠在一起,用介电材料(预浸)分开,然后层压在一起。多层 PCB 制造中所涉及的工艺描述如下。

1) 内层制造(如图 5.5.4 所示)

(1) 内层芯(基本上是一个很薄的双面线路板)有一个防蚀刻的干膜叠在上面。

(2) 利用线路形式来创建干膜图像,洗印出图像,除去过量的或未印出的干膜。在必须除去的地方,露出铜。

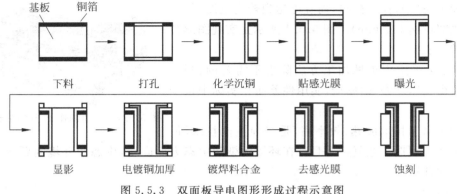

图 5.5.3 双面板导电图形形成过程示意图

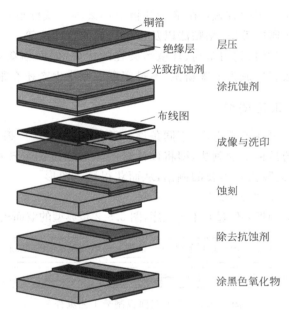

图 5.5.4 内层制造

(3) 蚀刻露出的铜,除去干膜,显示出线路。

(4) 然后给铜涂上黑氧化物,当各层叠压在一起时,促进它们的黏接。

(5) 对于制造 PCB 所需的每层内芯,重复以上的(1)~(4)步。

2) 坯料压制

把所有多层板材料放在一起,就形成多层板的坯料。坯料包含内层的双面板、外层铜箔及半固化片。如图 5.5.5 所示是常用 4 层板坯料压制示意图,叠层开始时为第 1 层一片铜箔,然后是一片半固化片(又称预浸板),加代表第 2~3 层的内芯,然后又是一片半固化片,最后是作为第 4 层的铜箔。

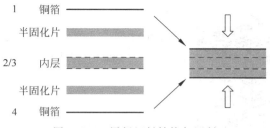

图 5.5.5 层板坯料结构与压制

半固化片作为"胶",固定多层坯料,将在相邻的板芯之间形成必要的绝缘层。所有材料放在定位板上的销上,以确保各层完美对正。几个板叠层相互重叠,并用铝板分开。这个堆叠现在叫做书册,上面放一个定位板。书册放在真空冲床中,里面除去空气,在热与压力作用下,把书册压在一起。在冲压以后,移走销,修整毛边,分开坯料,然后可以进行钻孔,这是创建通路使信号从一层通往另一层的第一步。

3) 外层加工

坯料形成后,需要使用许多同内层相同的加工步骤在坯料上创建外层线路以及建立层间互连。

(1) 钻孔　对多层坯料进行钻孔,并除去毛边,创建通路与装配孔。

(2) 镀铜　对坯料进行化学镀铜,形成电镀通孔,如图 5.5.6 所示。

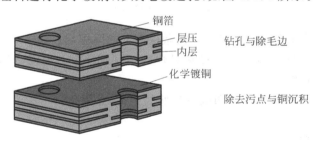

图 5.5.6 钻孔与镀铜

(3) 曝光　在坯料的两边加抗蚀剂,然后进行曝光和冲印。有些孔会得不到保护,这些将成为电镀通孔,见图 5.5.7。

(4) 镀锡　在所有外露区域镀上大约 1 mil 厚的铜,随后镀锡或者焊料,常常称作焊锡涂层(3～5 mil 厚)。

(5) 露铜　除去抗蚀剂,露出不想要的铜。

(6) 蚀刻　蚀刻掉铜,在坯料的表面留下电镀区域,然后从板上除去电镀层,留下微量铜和铜垫。

(7) 涂阻焊剂　在坯料的两侧施加液态可光成像阻焊剂,使用焊接固定垫的布线图来形成阻焊膜中的图形,露出焊盘(又称铜垫)。然后对板进行固化和烘烤。这种用阻焊剂覆

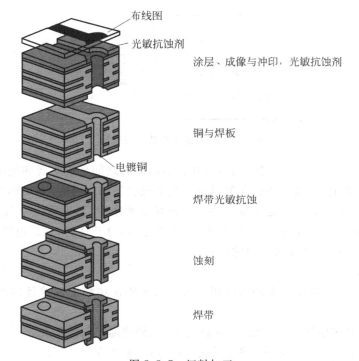

图 5.5.7 坯料加工

盖铜线路、只露出元件固定点的工艺一般叫做裸铜上的阻焊剂。

（8）外层涂覆　外露焊盘一般通过热风焊接（HASL）涂上焊锡，或者是有机焊锡保护剂（OSP），以保护焊接性。

（9）印刷字符　在板的表面上印刷设计好的字符，并固化。

5.5.3　印制板检测

印制板作为基本的重要电子部件，制成后必须通过必要的检验，才能进入装配工序。尤其是批量生产中对印制板进行检验是产品质量和后工序顺利进展的重要保证。

1. 印制板检测内容

不同类型产品对印制板检测要求相差很大。对于普通民用产品，一般只需要简单检测即可，而高可靠性产品及某些在严酷条件下工作的产品则需要非常严格的检测。以下检测内容基本包括了对印制板的所有检测，实际应用中需要根据产品类型、使用要求、生产批量、制造工艺条件和能力等合理选择。

1）外形尺寸检测

- 整板外形尺寸；
- 板厚度（包括基板、铜箔和镀层）；

- 焊盘尺寸；
- 导电图形厚度；
- 导线宽度；
- 电路图形和导线间距；
- 孔的规格；
- 翘曲度（平整度）；
- 图形与导线完整性；
- 多层板的层间对位度。

2) 机械性能（包括工艺性）检测
- 镀层结合力；
- 可焊性；
- 镀层厚度；
- 凹蚀阴影（Etchback）检测；
- 孔壁非金属材料（基板材料残渣）渣留量检测；
- 镀层合金组成与微结构；
- 耐热性；
- 剥离强度；
- 孔壁结合力；
- 清洁度（成品板萃取溶液电阻值）。

3) 电气性能检测
- 连续性；
- 绝缘性；
- 电镀通孔破坏电流；
- 电压负荷能力。

4) 环境耐受性测试
- 温度耐受性　例如 $-65 \sim +125$ ℃ 温度循环；
- 潮湿耐受性　相对湿度 90%～98%，25～65℃。

在以上试验条件下，检测电路板各种性能变化和耐受性。

2. 人工检测

人工检测包括目视和借助简单工具、量具和仪表，例如，长度、厚度测量工具，放大镜，万用表等进行检测。人工检测简单易行、灵活方便，特别是在外观尺寸及 PCB 表面质量的检测中应用非常广泛，即使在大规模自动化生产中也有应用。

人工检测主要检测以下内容：

（1）外形尺寸与厚度是否在要求的范围内，特别是与插座导轨配合的尺寸；

（2）导电图形的完整和清晰，有无短路和断路、毛刺等；

(3) 表面质量,有无凹痕、划伤、针孔及表面是否粗糙;
(4) 焊盘孔及其他孔的位置及孔径,有无漏打或打偏;
(5) 镀层质量:镀层平整光亮,无凸起缺损;
(6) 涂层质量:阻焊剂均匀牢固,位置准确,助焊剂均匀;
(7) 板面平直无明显翘曲;
(8) 字符标记清晰、干净、无渗透、无划伤、无断线。

3. 自动化机器检测

在大规模自动化生产中,强调效率和一致性,人工检测的大部分内容以及人工无法检测的部分,例如,多层板内部,都可以应用自动化机器检测来实现。常用的工业自动化检测设备有自动光学测试(AOI)、自动 X 射线测试(AXI)、超声波检测、在线测试(ICT)和飞针测试等。

在工业生产中,一般尽可能采用自动化机器取代人工,即使像 PCB 外观检测这种在中小企业由人工检测的项目,在规模化企业中也是由专门机器完成的,如图 5.5.8 所示是一种解析度可达 18 μm 的 PCB 外观自动检测机。

图 5.5.8 PCB 外观检测机

自动化机器检测属于工业化生产检测,强调的是生产实用性、对提高生产产品合格率的作用以及检测的速度和效率。对于产品内在质量和长期可靠性等方面的检测,通常由企业质量保证机构或专业研究机构在实验室进行。

4. 仪器分析以及环境与可靠性试验

1) 仪器分析

印制电路板中很多有关机械和电性能检测的内容,需要应用各种光学、力学、化学及电学等多领域分析仪器。例如,测量镀层厚度,如果采用非破坏性检测,需要应用伽马射线背光散射法或微欧姆法,需要时也采用破坏性切片检测,通过扫描电镜完成检测;再如可焊性需要应用可焊性测试仪;清洁度检测需要借助化学萃取方法及相关测试仪器等。

仪器分析属于技术研发或工艺研究检测,强调的是检测的准确性、精密度和科学性,功能强、性能高的仪器和实验分析技术是仪器分析的关键。

2) 环境与可靠性试验

印制电路板一部分电气性能和环境耐受性测试内容,是高可靠性产品研发和制造要求的检测项目,除了要求有关设备和检测工艺条件外,一般还要求检测机构或部门有相关资质。根据不同领域、不同级别,严格按照相关标准进行检测并出具相关资质的检测报告。

5.6 挠性印制电路板

近年来,挠性印制电路板以其独有的灵活性获得越来越广泛的应用,已经成为电子组装技术中发展最快的一个分支。随着微电子信息技术的飞速发展,电子产品小型化的发展趋势促使高密度组装向几乎所有的领域扩展,不仅传统的计算机、通信机、仪器仪表、医疗器械、军事和航天等方面越来越多地采用挠性印制电路板,而且已经发展到许多普通的消费电子产品,甚至玩具电子产品都使用了挠性印制电路板。挠性电路的制造和组装正在从高科技走向大众化,成为普通电子产品制造的一部分。

1. 挠性印制电路板

挠性印制电路板,也称挠性印制板、挠性电路板;挠性也可用同义词柔性代替,业界也有人称其为"软板";通用的缩写为 FPC(flexible printed circuit)。

按照 IPC—T—50《印制电路术语和定义》中解释,其定义为:"在挠性基板上按预定要求排列的印制线路,可以有或无挠性覆盖膜"。其实,对于了解 PCB 的人来说,FPC 只是具有挠性的 PCB 而已。当然,挠性电路板结构与刚性电路板还是有差异的,图 5.6.1 所示为挠性电路板外观及应用。

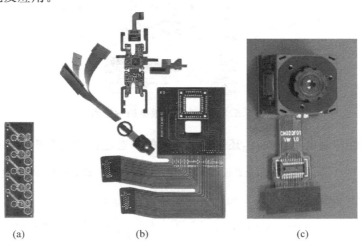

图 5.6.1 挠性板外观、应用及多层挠性板结构示意图
(a) 挠性电路板外观;(b) 挠性电路板应用(数码相机);(c) 多层挠性板结构

2. 挠性印制电路板的分类

与刚性电路板一样,通常挠性印制电路板也是从结构上分类。尽管类型变化多种多样,最常见的几种基本结构类型如图 5.6.2 所示。

挠性印制电路板
- 单面挠性电路板：在挠性介质层上只有单面导电图形,类似普通PCB单面板,可以插装和贴装元器件,表面一般有保护层。
- 双面挠性电路板：类似普通PCB双面板,可以插装和贴装元器件,表面一般有保护层。
- 多层挠性电路板：类似普通PCB多层板,可以插装和贴装元器件,表面一般有保护层。
- 刚挠结合电路板：刚性和挠性基板有选择地用层压合组成,以金属化孔形成导电连通。可以插装和贴装元器件,表面一般有保护层。

图 5.6.2 挠性印制电路板的分类(一)

图 5.6.3 是主要几种挠性电路板的结构示意图,其中多层挠性电路板表示多层结构可以部分分离。实际应用中根据电路的结构需要,有分离和整体两种结构。

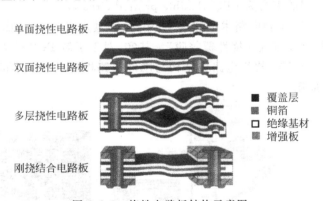

图 5.6.3 挠性电路板结构示意图

此外,对挠性印制电路板而言,还可按工作时的状态进行如图 5.6.4 所示的分类。

挠性印制电路板
- 动态挠性电路板：动态条件下工作,例如,翻盖手机、打印机电缆等。
- 静态挠性电路板：静态条件下工作,可卷曲和折叠,大多数挠性印制电路板工作在这种状态。

图 5.6.4 挠性印制电路板的分类(二)

提到挠性电路板,人们首先想到的是它的动态弯曲作用,但在实际应用的数量上,动态弯曲应用要比静态弯曲少得多。因此,在挠性电路板设计、制造和组装时,一定要描述挠性电路板的使用状态。

3. 挠性印制电路板的优点

挠性印制电路板的发展和广泛应用,是因为它有着显著的优越性:

- 它的结构灵活,除静态挠曲外,还能作动态挠曲;
- 体积小、重量轻(由薄膜构成);
- 可以实现电路组装向三维空间扩展,提高了电路设计和机械结构设计的自由度;
- 与刚性板组合的刚-挠性电路板,如图 5.6.5 所示,可卷曲和折叠,在 X、Y、Z 平面上布线布局,减少界面连接点,既减少了整机工作量和装配的差错,又大大提高电子设备整个系统的可靠性和高稳定性。

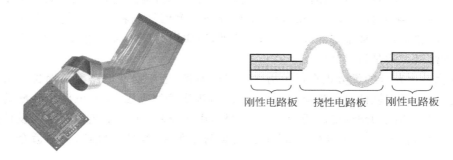

图 5.6.5 刚-挠性电路板实物及结构示意图

4. 挠性电路板的材料及性能

1) 挠性电路板的材料(图 5.6.6)

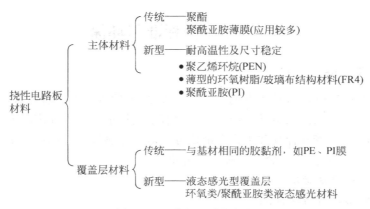

图 5.6.6 挠性电路板材料

2) 挠性电路板的性能

以常用聚酰亚胺薄膜材料挠性电路板为例,其主要机械电气性能如表 5.6.1 所示。

表 5.6.1 聚酰亚胺薄膜材料挠性电路板的部分性能

性能 基板材料	玻璃化转变温度 T_g/℃	x,y 轴的 CTE $/(10^{-6}/℃)$	z 轴的 CTE $/(10^{-6}/℃)$	导热系数 [W/(m·℃)] (25℃)	介电常数 (1 MHz, 25℃)	体积电阻率 /(Ω·cm)	表面电阻 /Ω	吸潮性/%(重量百分比)
环氧玻璃纤维	125	13~18	48	0.16	4.8	10^{12}	10^{13}	0.1
聚酰亚胺+玻璃纤维	250	12~16	57.9	0.35	4.4	10^{12}	10^{12}	0.32
聚酰亚胺+aiamid 纤维	250	3~7	~60	0.15	3.6	10^{12}	11^{12}	1.5
聚酰亚胺+石英	250	6~8	50	0.3	4	10^{13}	11^{12}	0.4

5. 挠性印制电路板的应用

如果电路设计相对简单,印制板安装空间不是很苛刻,则传统的连接方式大多要便宜很多。如果线路复杂并且安装空间很苛刻,又要处理许多信号或者有特殊的电学或力学性能要求,挠性电路板是一种很好的设计选择。此外,当应用的尺寸和性能超出刚性电路板的能力时,挠性组装方式是最经济的。

由于挠性电路板的优势正在显示出广泛应用前景,近年挠性电路板的增长势头超过传统刚性电路板,随着挠性电路板新材料、新工艺和新技术的应用,挠性电路板装配的价格正在下降,变得和传统的刚性电路板相接近。此外,由于材料、生产工艺以及结构设计的不断改进,使挠性电路板的热稳定性更高,电路组装密度更高,组件更轻巧,更加适合装入小的空间。

如今,挠性电路板应用越来越普遍,不仅数码相机、手机、笔记本电脑中大量使用挠性电路板,一些普通电子产品甚至玩具中也出现了挠性电路板。"旧时王谢堂前燕,飞入寻常百姓家",今后挠性电路板必将成为PCB家族的重要成员。

5.7 印制板标准与环保

5.7.1 印制板标准

印制板有关标准比较多,总体上说有国内国外之分,国内标准又有国家标准、行业标准、地方标准和企业标准之分;从标准的约束力来说有强制标准和推荐标准之分;从标准的应用对象来说有技术标准、管理标准和工作标准之分。对于印制板设计和应用来说,需要了解的是关于印制板试验、设计、原材料及其他有关标准。

1. 印制板试验方法标准

1) 我国印制板试验方法标准

我国现行印制板试验方法标准只有国家标准,这些试验方法大多采用 IEC 标准或其他国外标准。例如 GB/T 4677 系列,标准号从 GB/T 4677.1 到 GB/T 4677.23,内容涉及印制表层绝缘电阻测试方法、印制板拉脱强度测试方法、印制板可焊性测试方法、印制板阻燃性能测试方法等方面。

2) IPC 印制板试验方法

IPC 印制板试验方法标准主要是 IPC—TM—650 试验方法手册。手册中基本包括了印制电路有关各方面(包括基板材料及其他材料、印制板、组装件及电子封装等)的试验方法。

2. 印制板设计标准

1) 我国印制板设计标准

我国印制板设计标准主要为 GB/T 4588.3—2002《印制电路板设计和使用》等。

2) IEG 印制板设计标准

IEC 印制板设计标准为 IEC 60328—3《印制板的设计和使用》,1991 版。

3) IPC 印制板设计标准

IPC 刚性印制板设计标准主要有 IPC—2221《印制板通用设计标准》、IPC—2222《刚性印制板设计分标准》、IPC—2223《挠性印制板设计分标准》等。

3. 印制板原材料标准

金属箔和其他导电材料,主要标准有 GB/T 6230—1995《电解铜箔》,IEC 61249—5—4:1996《导电印料》,IPC—CC—830A(1998)《印制板组装用电绝缘化合物》等。

4. 其他有关标准

1) 基础标准规范

GB/T 2036—1994《印制电路术语和定义》IEC 60097(1991)《印制电路网格》,IPC—T—50F(1996)《电子电路术语与定义》等。

2) 印制板安全标准

印制板标准中,一般也可能包括印制板的某些安全性能,如燃烧性。但也有一些专项安全标准,如 SJ 3275—1990《单面纸质印制板的安全要求》、UL796 等。

3) 印制板的验收、包装与修理标准

应用最广的是 IPC—A—600《印制板验收条件》、SJ/T 10389—1993《印制板的包装运输和保管》等。

5.7.2 印制板绿色设计与制造

1. 印制板绿色设计

印制板是电子产品中产生环境污染的重要部件,必须在设计环节从原材料、生产工艺及回收再利用等方面,充分考虑节约资源与环境友好。

目前印制板绿色设计主要考虑以下问题。

(1) 基板材料　选择耐热、热稳定好的无卤(传统基板材料中阻燃材料含有卤素)基板材料,适应无铅焊接工艺要求,同时满足环保 RoHS(参见 1.4 节)法令要求。

(2) 表面涂层和镀层　选择无铅表面涂镀层。

2. 印制板生产的三废控制

PCB制造在生产过程中会产生废气、废水和固体废物,简称三废。PCB制造的工艺分为干法和湿法两大类,其中湿法工艺包括粗化、活化、敏化、氧化、蚀刻、电镀、退锡、沉镍金等二十多个工序,在PCB生产流程中占比重很大,且每个工序都产生污染废液(浓度高)和废水(洗涤水等,浓度较低)。特别是电镀、蚀刻、成像和阻焊等工序不仅产生含有铅、镍等有害金属和酸/碱、化学耗氧量(COD)、悬浮物(SS)、铜、氟化物、氰化物等污染物的废水废液,而且生产中会有酸雾等各种化学品气体释出,同时生产过程中产生的各种固体废物中也含有污染环境的物质。这些三废物质处理不当,不仅造成严重环境污染,危害生态环境,而且直接危害生产者身心健康。图5.7.1是PCB制造过程中各种资源、材料的应用和产生三废情况的示意图。

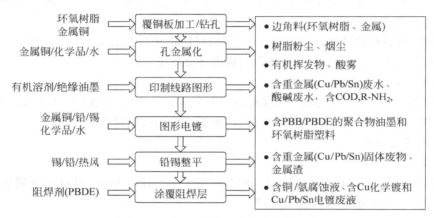

图 5.7.1　PCB制造过程中产生的三废

三废的根治有待于PCB制造技术的革命性变更,目前治理三废主要措施是:
- 回收　通过技术措施,利用物理、化学方法回收废水废液中的铜、其他重金属和贵金属及其他可回收物质;
- 无害化处理　利用化学反应除去废水废液中的有害物质,或使含量达到环保排放要求标准;利用气体过滤、回收和处理技术使废气无害化;
- 循环利用　应用先进的废水处理和净化技术,将目前生产工艺中消耗的大量水资源循环利用;
- 废物利用　一部分固体废物如基板废料(主要是环氧树脂、玻璃布和黏合剂等)可以经过处理后制成建筑材料。

5.8　印制板技术的发展与特种电路板

电子信息产品的小型化、轻量化、多功能、高可靠、低成本以及绿色化趋势,促使印制板技术向高密度、高精度、细孔径、细导线、小间距、高可靠、多层化、高速传输、轻量、薄型及有利于环保的方向发展。

5.8.1 印制板技术的发展趋势

1. 环保与特殊基材

耐高温和热冲击、热稳定性高的基材是当前适应无铅化的要求;而绿色环保型基材(无卤素、无磷)将是未来发展方向;同时适应高密度组装、高速电路应用以及耐离子迁移的特殊基材,适用于 HDI 的覆树脂铜箔等都将是今后基材发展的重要课题。

2. 高密度互连

- 导线宽度与间距将达到 0.05～0.10 mm 甚至 0.03 mm 以下;
- 孔径:导通孔孔径小于 0.3 mm;埋孔和盲孔孔径为 0.05～0.15 mm,甚至在 0.03 mm 以下;
- 积层式多层板(BUM),具有埋孔和盲孔、孔径不大于 0.10 mm、孔环宽小于 0.25 mm、导线宽度和间距小于 0.1 mm 或更小的积层式薄型高密度互连的多层板(HDI 板)。
- 超薄型多层印制板,例如 6 层板的厚度只有 0.45～0.6 mm。

3. 元件埋入技术

为了缩小体积,比较复杂的印制板都采用多层板技术。把一部分元器件埋入多层 PCB 的内部,这样可以减小印制板面积,提高组装密度。这种技术称为元件埋入技术或 ICB (integrated component board),即集成元件印制板,如图 5.8.1 所示。目前已经可以把主要无源元件(电阻、电容或电感)以制造方式埋入到 PCB,随着技术的发展,一部分有源元件也可以埋入,是很有发展前途的高密度电路技术。

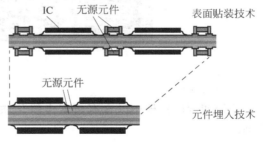

图 5.8.1 元件埋入示意图

4. 打印印制板技术

采用喷墨打印原理,实现加成法制造印制板。只需:CAD 布图——钻孔——前处理——喷墨印制——固化等简单工序。由于不用制板、照相、蚀刻等复杂过程,打印技术十分灵活、几乎无三废、线条精细、可适用于刚性板和挠性基体、可用卷到卷生产方式、能高度自动化、多喷头并行动作可获得高生产能力、可用于三维封装、可实现有源和无源等功能件的集成。这种技术的关键是含金属微粒的"墨水"及喷墨系统,由于工艺简单,而且节能环保,是未来电子制造技术中极具发展潜力的新技术。

5. 光电印制板与光路板

传统电子技术由于信息传输速度和工作频率提高而面临"瓶颈",越来越受到光电子技术的挑战。一种光电混合的印制板技术正在兴起,未来将代替相当一部分电路板的应用,其至出现以光代电的可能。因此,光电路混合的光电印制板,与完全由光元件和材料组成的光路板将是信息技术发展的趋势。

5.8.2 环保与高性能电路板

1. 耐热印制板

由于目前应用的无铅焊料焊接温度提高,耐热印制板成为无铅化技术关键之一。

耐热印制板要求:

- 较高的玻璃化温度 T_g(一般要求 $T_g \geqslant 170℃$,称为高 T_g 印制板);
- 较高的树脂材料的热裂解温度 T_d;
- 板厚方向的热膨胀系数 α_2 小。

耐热印制板不仅耐热性好,而且耐潮湿性、耐化学性、耐稳定性等特征都会提高和改善,对无铅化工艺和产品最终质量具有重要作用。图 5.8.2 是一种耐热印制板。

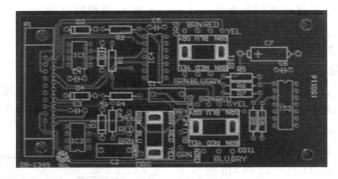

图 5.8.2 耐热印制板

2. 无卤印制板

传统印制电路板中以含有卤素多溴化联苯(PBB)和多溴化联苯乙醚(PBDE)作为阻燃剂。

根据欧盟环保 RoHS 指令和我国《电子信息产品污染防治管理办法》,禁止使用这些物质,但目前还没有规定不得使用除 PBB 和 PBDE 以外的溴阻燃材料。而目前常用的印制板材料中阻燃剂多使用溴化环氧树脂,不是无卤基材。

由于含溴型覆铜板仍然还是有危害的,目前业内积极推动完全废止除 PBB 和 PBDE 外的所有含溴阻燃材料。就是说,覆铜板的阻燃剂应当是无卤素的,使用无卤基材做成的印制板叫做无卤印制板。图 5.8.3 是一种无卤印制板。

3. 高 CTI 印制板

CTI(comparative tracking index)即相对漏电起痕指数,是一种印制板抗恶劣环境能力的指数。在高电压、污秽、潮湿等恶劣环境下使用的 PCB(如洗衣机、制冷设备、电视机等),会出现绝缘破坏、起火、表面碳化等故障,CTI 越大,抗故障能力越强,安全性越高。CTI 值分成 4 个等级,分别是 ≥600（Ⅰ级）,400～600（Ⅱ级）,175～400（Ⅲa级）,100～175（Ⅲb级）,可根据安全性能要求选择。图 5.8.4 是一种高 CTI 印制板。

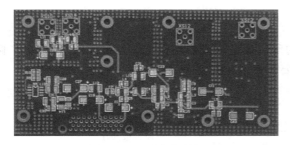
图 5.8.3　无卤印制板

图 5.8.4　高 CTI 印制板

4. HDI 印制板

HDI 是英文 high density interconnecting（高密度互连）的缩写。高密度互连印制板是指在常规的 PCB（如双面板或四层板等作为芯板）的一面或双面上交替地积层上绝缘介质层和导电层等而形成更高密度的印制板。这种电路板主要用于移动电话、数码相机等领域，IPC 协会对 HDI 的定义是：非机械钻孔,孔径≤0.15 mm,多为盲孔,孔环径≤0.25 mm,微孔或微导通孔；接点密度≥130 点/in^2,布线密度为 117 in/in^2；线宽/间距≤0.075 mm。图 5.8.5 是 3 种典型的 HDI 印制板结构。

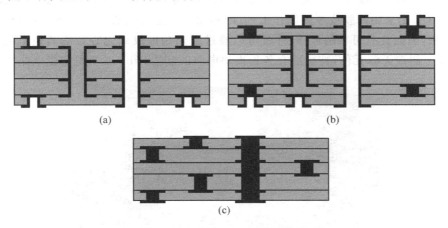

图 5.8.5　典型 HDI 印制板结构
(a) 1+n+1 结构；(b) 2+n+2 结构；(c) 全层叠通孔结构

5. 埋孔和盲孔印制板

通常埋、盲孔印制板都是多层板。盲孔指的是仅延伸到印制板一个表面的导通孔,通常孔径≤0.4 mm,是金属化孔（PTH）。埋孔（buried via hole）指的是未延伸到印制板表面的导通孔,通常孔径≤0.4 mm,是金属化孔。基于电子设备体积小型化、元器件的集成化、

IC 的高密度化,使许多多层印制板被设计成埋、盲孔多层板。

5.8.3 特种电路板

1. 挠性和刚-挠结合的印制板

更薄、性能更好的挠性和刚-挠结合的印制板是未来印制板重要发展方向,将在更广阔的范围应用,成为电子产品微小型化的主要方案,如图 5.8.6 所示。

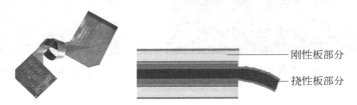

图 5.8.6 刚-挠结合板实物及结构示意图

2. 陶瓷电路板

陶瓷电路板的基板材料通常是用纯度为 96% 左右的氧化铝(Al_2O_3)烧结而成。制造陶瓷电路板的材料还有氮化铝(AlN)、氧化铍(BeO)、碳化硅(SiC)等,但由于成本及环境保护的缘故,这几种材料至今未有大量采用。

陶瓷电路板的基板与导电金属(铜、银等)材料的连接与普通印制电路板(通常指有机材料 PCB)不同,是采用薄膜或厚膜制作工艺,即利用真空蒸发或溅射或丝网印刷金属浆料后烧结的方法,因而具有可靠的连接,并且可以通过激光刻蚀或氧化等方法调整阻值,可以直接在 PCB 上制造无源元件,特别适合各种模块电路的制造,图 5.8.7 是陶瓷电路板实例。

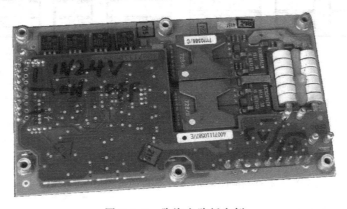

图 5.8.7 陶瓷电路板实例

3. 金属芯电路板

金属芯电路板又称金属基电路板,是由金属(常用金属板有铝板、钢板、铜板等)基板为底层或内芯,在金属板上覆盖有绝缘层,最外层为铜箔,三者复合而制得的。不同种类和规格金属芯电路板,金属板的厚度从 0.3~2.0 mm 不等,起到支撑与散热的作用。图 5.8.8 是金属芯印制板结构示意图。

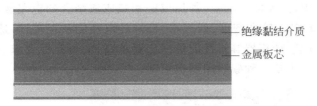

图 5.8.8　金属芯板结构示意图

4. 阻抗特性印制板

阻抗特性印制板是通过印制板图形设计实现特性阻抗控制(characteristic impedance control)的一种电路板。由于 IC 集成度的提高和应用,其信号传输频率和速度越来越高,因而在 PCB 导线中信号传输(发射)高到某一定值后,便会受到 PCB 导线本身的影响,造成传输信号的失真或丧失。这表明,此时 PCB 导线上所"流通"的"东西"并不是电流,而是方波信号或脉冲。这种电路板从设计到材料、制造与普通电路板有许多不同。近年来,特性阻抗印制板的应用越来越普遍,多为计算机、通信行业内高速、高频信号传输所需用的多层印制板。图 5.8.9 所示是一种特性阻抗印制板实例。

5. 高频微波印制板

高频微波印制板作为电子信息科技产业必不可少的配套产品,近年来需求迅速增多。高频的定义是 300 MHz 以上,即波长在 1 m 以下的短波频率范围。高频通信、高频传输、高保密性、高传送质量,要求移动通信、汽车电话、无线通信向高频高速发展,使高频通信在卫星接收、基站、导航、医疗、运输、仓储各个领域大显身手,因而对印制板提出了高频特性要求。这类印制板需选用低介电常数的覆铜板基材制作,制造工艺同传统方法也有所不同。低介电常数基材所使用的树脂包括聚四氟乙烯、聚酰亚胺(PI)、聚苯醚(PPE 或 PPO)、双马来酰亚胺三嗪(BT)、氰酸酯树脂(CE)等。图 5.8.10 是一种高频微波印制板实例。

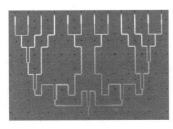

图 5.8.9　特性阻抗印制板实例

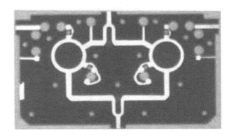

图 5.8.10　高频微波印制板实例

6. 碳膜印制板

碳膜印制板是在普通单面印制板上制成导线图形后再印制一层碳膜形成跨接线或触点（电阻值符合设计要求）的印制板，是一种加成法和减成法结合的电路板制造方式。它可使普通单面板和双面板实现较高密度、低成本、良好的电性能及工艺性，适用于电视机、电话机、遥控器、计算机键盘、计算器等对性能价格比要求高、而可靠性要求一般的家用、娱乐和办公类电器。图 5.8.11 是一种碳膜印制板实例。

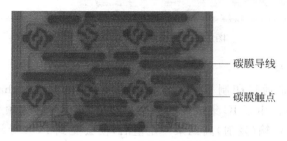

图 5.8.11　碳膜印制板实例

6 焊接技术

任何电子产品,从几个零件构成的整流器到成千上万个零部件组成的计算机系统,都是由基本的电子元器件和功能构件,按电路工作原理,用一定的工艺方法连接而成。虽然连接方法有多种(例如铆接、绕接、压接、黏结等),但使用最广泛的方法是锡焊。

随便打开一个电子产品,焊接点少则几十、几百,多则几万、几十万个,其中任何一个出现故障,都可能影响整机的工作。要从成千上万的焊点中找出失效的焊点,用大海捞针形容并不过分。关注每一个焊点的质量,成为提高产品质量和可靠性的基本环节。

了解焊接的机制,熟悉焊接工具、材料和基本原则,掌握最起码的操作技艺是跨进电子科技大厦的第一步,本章内容将指导你迈出坚实的一步。

6.1 焊接技术与锡焊

焊接是金属加工的基本方法之一。通常焊接技术分为熔焊、加压焊和钎焊三大类,图 6.1.1 所示是现代焊接的主要类型。锡焊属于钎焊中的软钎焊(钎料熔点低于 450℃)。习惯把钎料称为焊料,采用铅锡焊料进行焊接称为铅锡焊,简称锡焊。施焊的零件通称焊件,一般情况下是指金属零件。

锡焊,简略地说,就是将铅锡焊料熔入焊件的缝隙使其连接的一种焊接方法,如图 6.1.2 所示,其特征是:

(1) 焊料熔点低于焊件;

(2) 焊接时将焊件与焊料共同加热到焊接温度,焊料熔化而焊件不熔化;

(3) 连接的形式是由熔化的焊料润湿焊件的焊接面产生冶金、化学反应形成结合层而实现的。

锡焊可以用糨糊粘物品来简单比喻,但机制不同,后面将详细阐述。但锡焊的确像使用糨糊一样方便,使其在电子装配中获得广泛应用:

(1) 铅锡焊料熔点较低,适合半导体等电子材料的连接;

(2) 只需简单的加热工具和材料即可加工,投资少;

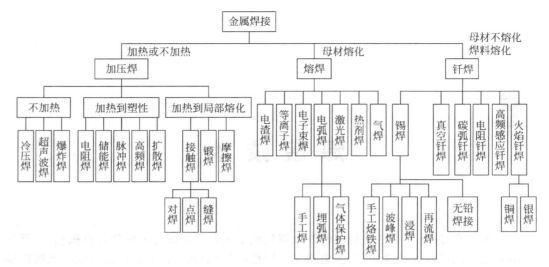

图 6.1.1 焊接分类

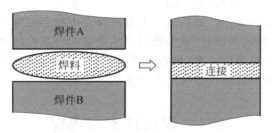

图 6.1.2 锡焊连接示意图

（3）焊点有足够强度和电气性能；

（4）锡焊过程可逆，易于拆焊。

近年来，随着人类社会文明的发展，对环境保护意识越来越强。沿用了百年之久的锡铅焊料，由于铅对人体的有害作用而成为众矢之的，各种无铅焊料及随之而来的焊接工艺、设备和焊点可靠性问题成为电子制造产业环保的重要课题。

6.2 锡焊机制

关于锡焊机制，有不同的解释和说法。从理解锡焊过程，指导正确焊接操作来说，以下几点是最基本的。

6.2.1 扩散

我们首先回忆物理学中讲述的一个实验：将一个铅块和金块表面加工平整后紧紧压在

一起,经过一段时间后二者黏到一起了,如果用力把它们分开,就会发现银灰色铅的表面有金光闪烁,而金块的结合面上也有银灰色铅的踪迹,这说明两块金属接近到一定距离时能相互入侵,这在金属学上称为扩散现象。

根据原子物理学的内容很容易理解金属之间的扩散。通常,金属原子以结晶状态排列(如图 6.2.1 所示),原子间作用力的平衡维持晶格的形状和稳定。当两块金属接近到足够小的距离时,界面上晶格的紊乱导致部分原子能从一个晶格点阵移动到另一个晶格点阵,从而引起金属之间的扩散。这种发生在金属界面上的扩散结果,使两块金属结合成一体,实现了金属之间的焊接(图 6.2.2)。

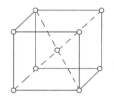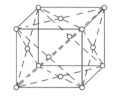 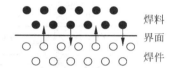

图 6.2.1 金属晶格点阵模型　　　　图 6.2.2 焊料与焊件扩散示意图

金属之间的扩散不是任何情况下都会发生,而是有条件的。两个基本条件是:

(1) 距离,两块金属必须接近到足够小的距离。只有在一定小的距离内,两块金属原子间引力作用才会发生。金属表面的氧化层或其他杂质,都会使两块金属达不到这个距离。

(2) 温度,只有在一定温度下金属分子才具有动能,使得扩散得以进行,理论上说,到绝对零度时便没有扩散的可能。实际上在常温下扩散是非常缓慢的,为了实现焊接技术需要的焊料和焊件之间的扩散,必须加热到足够的温度。

锡焊就其本质上说,是焊料与焊件在其界面上的扩散。焊件表面的清洁和加热是达到其扩散的基本条件。

6.2.2 润湿

1. 润湿现象

润湿是发生在固体表面和液体之间的一种物理现象。如果液体能在固体表面漫流开(又称为铺展),我们就说这种液体能润湿该固体表面,例如对于固体玻璃而言,水能在干净的玻璃表面漫流而水银就不能(图 6.2.3),我们就说水能润湿玻璃而水银不能润湿玻璃;对于液体水而言,水能润湿玻璃而不能润湿石蜡。

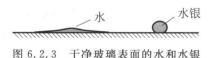

图 6.2.3 干净玻璃表面的水和水银

2. 自由能与表面张力

这种润湿现象是物质所固有的一种性质,取决于液体和固体表面的自由能。自由能是一个物理化学概念,指的是物质通常在自然界三种形态(固态、液态和气态)之间的界面上,由于分子作用力不平衡而产生的一种能量。例如水与大气的界面,液体内部水分子受到邻近四周分子的作用,其作用力彼此抵消,合力为零。但气-液界面的水分子,一方面受到液体内水分子的作用,另一方面又受到性质不同大气分子的作用,因此表面层分子与内部分子受力的性质不同。水表面上的水分子受到体内水分子对它的引力大于大气分子对它的引力,其合力不为零,而是一个大小为二者之差,方向指向液体几何中心的作用力,这种作用力称为表面张力(如图 6.2.4 所示)。表面张力阻碍液体流动,具有使液体表面自动缩成最小表面积的趋势。生活中,我们给花盆喷水,看到花瓣上的水滴总是呈球形,就是表面张力的作用。由于界面表面张力的存在,从能量的角度说,就是界面具有一定能量,这种能量称为表面自由能,有时简称为表面能或自由能。

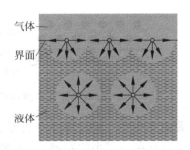

图 6.2.4　液体内部和界面分子受力

1) 焊料表面张力

显然,对于润湿现象而言,液体的表面张力是起阻碍作用的,表面张力越大,润湿现象越不容易发生。表面张力在焊接过程中是一个非常重要的物理量,液态的熔融焊料的表面张力在 $500 \, J/m^2$ (185℃)左右,它的存在直接影响焊接过程和最终焊点质量,许多焊接缺陷的分析都需要表面张力的概念。表面张力是物质固有性质,我们无法消除它,只能改变它。

2) 改变表面张力的方法

- 表面张力随液体温度的升高而降低。因为升高焊料的温度,意味着焊料内分子之间的距离增大,体相内分子对表面分子的引力减小,故其表面张力减小。这也是在焊接中必须把熔融焊料加热到高于熔点的原因。
- 表面张力与环境气体有关,采用氮气焊接时,不仅可以防止焊料氧化,而且可以降低焊料表面张力,有助于增强焊接润湿性。
- 表面张力与液体成分有关。例如锡铅焊料中铅的比例越大,表面张力越小;一般无铅焊料表面张力大于有铅焊料。
- 表面张力与液体表面有关。锡焊时使用助焊剂的目的之一就是利用助焊剂在液态的熔融焊料的表面形成一层覆盖而降低焊料表面张力,增强焊接润湿性。

3) 焊件自由能

同理,这种物质界面自由能同样存在与固-液、固-气界面,对于固体而言,自由能表现为对气体的吸附作用,以及对液体润湿其表面的拉动作用。固体表面自由能越大,润湿越容易进行。对于锡焊来说,焊件在润湿过程中是固体,其表面自由能大小也影响润湿性。

- 所有清洁的金属表面自由能都远大于其氧化物,因而在锡焊中避免氧化或者在焊接过程中去除氧化层至关重要。
- 金属表面积越大,表面自由能也相应增大。在锡焊中粗糙的焊件表面更容易被润湿就是这个缘故。此外,关于锡焊中毛细管效应的说法,其实质也是因为粗糙的表面或焊件缝隙处金属表面积大,因而具有较大的自由能。
- 不同金属及其合金表面自由能不同,因而可以通过焊件表面镀层改善其润湿性能。

3. 润湿角

对于确定的固体表面和液体而言,在确定的环境条件(温度、气压等),固体自由能和液体表面张力都是确定的,因此润湿程度也是确定的,即液体在固体表面漫流到一定程度就停止了。此时,液体和固体交界处形成一定的角度,这个角称为润湿角,也叫接触角,这是定量分析润湿现象的一个物理量。如图 6.2.5 所示,θ 从 0° 到 180°,θ 越小,润湿越充分。实际中我们以 90° 为润湿的分界。

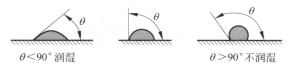

图 6.2.5　润湿角

锡焊过程中,熔化的铅锡焊料和焊件之间的作用,正是这种润湿现象。如果焊料能润湿焊件,我们则说它们之间可以焊接,观测润湿角是锡焊检测的方法之一。润湿角越小,焊接质量越好。

一般质量合格的铅锡焊料和铜之间润湿角可达 14°,无铅焊料和铜之间润湿角一般超过 20°,实际应用中对铅锡焊料而言,如果达到 45°,焊接质量就很好了(图 6.2.6(a))。必须注意焊点润湿角指的是界面,而不是焊料的几何形状(图 6.2.6(b))。

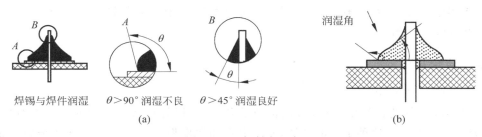

图 6.2.6　焊料润湿角

4. 润湿力

物理基本定律告诉我们,任何物体运动都受到力的作用,润湿现象中液体在固体表面的铺展也是由于力的作用。根据物理化学研究,在润湿现象中作用在固态、液态和气态交汇处,即图 6.2.7 中界面交汇点的力有 3 个,分别是液-气界面张力 A、固-气界面张力 B 和固-液界面张力 C,使液体铺展流动的力是其合力 F,则

$$F = B - (C + A\cos\theta)$$

式中,F 为润湿力;A 为液-气界面张力;B 为固-气界面张力;C 为固-液界面张力;θ 为润湿角。

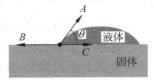

图 6.2.7 润湿力分析示意图

这个力称为润湿力,也称焊接力。在润湿开始时 θ 最大,故 F 也最大,随着润湿过程进行,θ 减小,F 也减小,当 $B=(C+A\cos\theta)$ 时,$F=0$,润湿过程终止。

润湿力决定了润湿能否进行以及润湿的程度,其大小与固体自由能、液体表面张力以及气体种类有关,前面已经讨论过,与锡焊过程和最终质量密切相关。

作为润湿力存在的一个实例,再流焊中焊料在焊接过程中沿元件引线的爬升是一个典型。如图 6.2.8 所示,融化的焊料能够克服重力向上爬升,正是润湿力的作用。

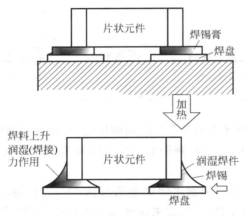

图 6.2.8 润湿力实例

在锡焊中,润湿力是必不可少的,但也不是越大越好,在实际焊接工艺中,有时润湿力太大也会造成焊接缺陷。

6.2.3 结合层

1. 结合层及其成分

焊料润湿焊件的过程中,符合金属扩散的条件,所以焊料和焊件的界面有扩散现象发生,如图 6.2.9 所示。这种扩散的结果,使得焊料和焊件界面上形成一种新的金属合金层,我们称之为结合层,也称界面层。结合层的成分既不同于焊料又不同于焊件,而是一种既有电化学作用(生成金属间化合物,例如 Cu_6Sn_5,Cu_3Sn,$Cu_{31}Sn_8$ 等),又有冶金作用(形成合金固溶体)的特殊层。由于结合层的作用将焊料和焊件结合成一个整体,实现金属连续性,

如图 6.2.10 所示。焊接过程同黏结物品的机制不同之处即在于此,黏合剂黏结物品是靠固体表面凸凹不平的机械啮合作用,而锡焊则靠结合层的作用实现连接。

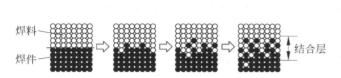

图 6.2.9 焊料与焊件扩散示意图

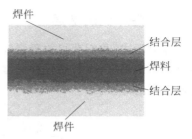

图 6.2.10 锡焊结合层示意图

2. 结合层厚度

铅锡焊料和铜在锡焊过程中生成结合层,厚度可达 0.5~10 μm。由于润湿扩散过程是一种复杂的金属组织变化和物理冶金过程,结合层的厚度过薄或过厚都不能达到最好的性能。结合层小于 0.5 μm,焊料与焊件之间没有形成扩散,实际上是一种半附着性结合,强度很低;而大于 5 μm 则使组织粗化,产生脆性,降低强度。关于结合层厚度,目前没有公认的标准,一般认为 0.5~3.5 μm 范围较好,焊点强度高,导电性能好。

3. 金属间化合物

金属间化合物缩写为 IMC(intermetallic compound),是金属之间形成的组成稳定结构的化合物,例如铜和锡可以形成 Cu_3Sn、Cu_6Sn_5,锡和银形成 Ag_3Sn 等。金属间化合物虽然称为化合物,却不符合化合价规律,有人称之为电子价结合。

对于锡焊而言,金属间化合物是焊料和焊件之间形成结合层的组成部分,是扩散进行中金属之间反应的结果,而不是形成结合层的条件。因为从材料结构来说,IMC 是脆性结构,强度低于焊料,特别是形成连续层状危害较大。图 6.2.11(a)是 Ag_3Sn 形成的粗大结晶结构,图 6.2.11(b)是锡银铜焊料和铜焊件在锡焊后形成结合层后,由于金属间化合物 Cu_3Sn 的形成而引起的空洞缺陷。

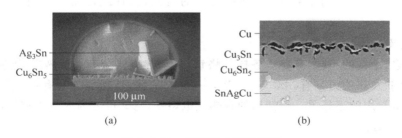

图 6.2.11 锡焊结合层示意图

金属间化合物的形成与焊接温度以及时间有关,温度越高、在高温中持续的时间越长,金属间化合物生成越多,由金属间化合物导致缺陷的可能性越大。因此,焊接过程的温度以及在高温中持续的时间必须控制在可以接受的范围内,否则将影响焊点可靠性。

6.2.4 锡焊机制综述

综上所述,我们获得关于锡焊的理性认识如图 6.2.12 所示,将表面清洁的焊件与焊料加热到一定温度,焊料熔化并润湿焊件表面,在其界面上发生金属扩散并形成结合层,从而实现金属的焊接。

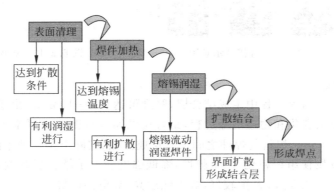

图 6.2.12 锡焊机制总结

6.3 手工锡焊工具与材料

锡焊工具和材料是实施锡焊作业必不可少的条件。合适、高效的工具是焊接质量的保证,合格的材料是锡焊的前提,了解这方面的基本知识,对掌握锡焊技术是必需的。

6.3.1 电烙铁

电烙铁是手工施焊的主要工具,选择合适的烙铁,合理地使用它,是保证焊接质量的基础。

1. 分类及结构

由于用途、结构的不同,有各式各样的烙铁,从加热方式分有:直热式、感应式、气体燃烧式等;从烙铁发热能力分有:20 W,30 W,…,300 W 等;从功能分又有:单用式、两用式、调温式等。最常用的还是单一焊接用的直热式电烙铁,它又可分为内热式和外热式两种。

1) 直热式烙铁

图 6.3.1 所示为典型烙铁结构,主要由以下几部分组成。

(1) 发热元件 其中能量转换部分是发热元件,俗称烙铁芯子。它是将镍铬电阻丝缠在云母、陶瓷等耐热、绝缘材料上构成的。内热式与外热式主要区别在于外热式的发热元件

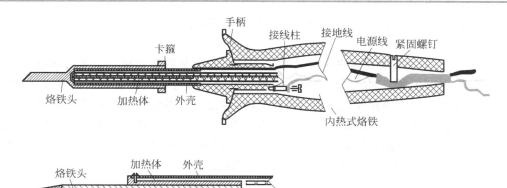

图 6.3.1 典型烙铁结构示意图

在传热体的外部,而内热式的发热元件在传热体的内部,也就是烙铁芯在内部发热。显然,内热式能量转换效率高。因而,同样功率的烙铁内热式体积、重量都小于外热式。

(2) 烙铁头 作为热量存储和传递的烙铁头,一般用紫铜制成。在使用中,因高温氧化和焊剂腐蚀会变成凹凸不平,需经常清理和修整。

(3) 手柄 一般用木料或胶木制成,设计不良的手柄,温升过高会影响操作。

(4) 接线柱 这是发热元件同电源线的连接处。必须注意:一般烙铁有三个接线柱,其中一个是接金属外壳的,接线时应用三芯线将外壳接保护零线(参见第 1 章有关内容)。

新烙铁或换烙铁芯时,应判明接地端,最简单的办法是用万用表测外壳与接线柱之间的电阻。显然,如果烙铁不热,也可用万用表快速判定烙铁芯是否损坏。

2) 吸锡烙铁

图 6.3.2 所示是一种吸锡烙铁,即在普通直热式烙铁上增加吸锡结构,使其具有加热、吸锡两种功能。也可将吸锡器做成单独的一种工具,如图 6.3.3 所示。

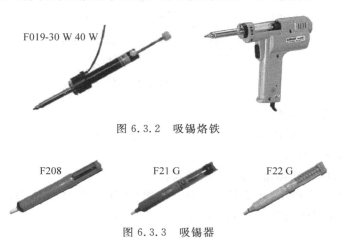

图 6.3.2 吸锡烙铁

图 6.3.3 吸锡器

使用吸锡器时,要及时清除吸入的锡渣,保持吸锡孔通畅。

3) 调温及恒温烙铁

调温烙铁可有自动和手动两种。手动式调温实际就是将烙铁接到一个可调电源上,例如调压器上,由调压器上刻度可调定烙铁温度。自动调温电烙铁由手柄上调节旋钮设置温度,靠烙铁内部温度传感元件监测烙铁头温度,并通过放大器将传感器输出信号放大,控制电烙铁供电电路,从而达到恒温目的。这种烙铁也有将供电电压降为 24 V、12 V 低压或直流供电形式的,对于焊接操作安全性来说无疑是大有益处的,但相应的价格提高,使这种烙铁的推广受到限制。图 6.3.4 所示是一种自动调温式烙铁。

图 6.3.4　自动调温式烙铁

图 6.3.5 所示是一种恒温式烙铁。其特点是恒温装置在烙铁本体内,核心是装在烙铁头上的强磁体传感器。强磁体传感器有一个特性,能够在温度达到某一点(称为居里点,因磁体成分而异)时磁性消失。这一特征正好用来作为磁控开关来控制加热元件的通断,从而控制烙铁的温度。装有不同强磁传感器的烙铁头,便具有不同的恒温特性。使用者只须更换烙铁头便可在 260~450℃ 之间任意选定温度。

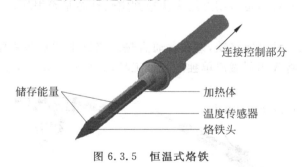

图 6.3.5　恒温式烙铁

这种烙铁的优越性是很明显的:

(1) 断续加热,不仅省电,而且烙铁不会过热,寿命延长;

(2) 升温时间快,只需 40~60 s;

(3) 烙铁头采用镀铁镍新工艺,寿命较长;

(4) 恒温不受电源电压、环境温度影响。例如 50 W270℃ 恒温烙铁,在电源电压 180~240 V 均能恒温,在烙铁通电 5 min 分钟后可达 270℃。

4) 电焊台

如图 6.3.6 所示是近年流行的称为电焊台的一种高级电烙铁。电焊台实际是一种台式调温电烙铁,一般功率在 50～200 W,烙铁部分采用低压(AC15～24 V)供电,温度 200～480℃可调,具有温度指示或有温度数字显示,温度稳定性在±1～±3℃,大部分电焊台都具有防静电功能。这种电烙铁在安全和焊接性能方面都优于普通电烙铁,一般用于要求较高的焊接工作。

图 6.3.6 电焊台

5) 数控焊接台(智能电烙铁)

这是一种应用现代自动化技术控制手工焊接过程的高档电烙铁,除具有一般电焊台的性能,其主要特点是能够根据焊点焊接工艺需要,迅速调节输出功率,达到最佳焊接条件。例如采用数控 PID 算法调节,可以准确、快速进行焊接温度控制,从而满足各种焊点焊接工艺的要求。这种数控焊接台配备多种烙铁头和附件,一般用于高密度、高可靠性电路板的组装、返修及维修等工作。图 6.3.7 所示是两种数控焊接台。

图 6.3.7 数控焊接台

6) 其他烙铁

除上述几种烙铁外,随着电子产品应用日益广泛,各种新型烙铁不断涌现。

(1) 感应式烙铁,也叫速热烙铁,俗称焊枪。它利用电磁感应原理在相连的烙铁头的线圈感应出大电流迅速达到焊接所需温度。其特点是加热速度快,使用方便,节能。一般通电几秒钟,即可达到焊接温度。但由于烙铁头实际是变压器次级,因而对一些电荷敏感器件,如绝缘栅 MOS 电路,不宜使用这种烙铁。

(2) 储能式烙铁,是适应集成电路,特别是对电荷敏感的 MOS 电路的焊接工具。烙铁本身不接电源,当把烙铁插到配套的供电器上时,烙铁处于储能状态,焊接时拿下烙铁,靠储存在烙铁中的能量完成焊接,一次可焊若干焊点。

(3) 碳弧电烙铁,采用蓄电池供电,可同时除去焊件氧化膜的超声波烙铁;具有自动送进焊锡装置的自动烙铁等。

(4) 燃料烙铁,采用可燃气体或液体燃料作为能源,适应野外或特殊条件的电路维修等手工焊接操作。

2. 电烙铁的选用

如果有条件选用恒温烙铁是比较理想的。对一般研制、生产,可根据不同施焊对象选择不同功率的普通烙铁,一般也可满足需要。可参考表 6.3.1 所提供的选择。

表 6.3.1 烙铁选择

焊件及工作性质	烙铁头温度(室温220 V电压)	选 用 烙 铁
一般印制电路板,安装导线	350~450℃	20 W 内热式,30 W 外热式,恒温式
集成电路	250~400℃	20 W 内热式,恒温式,储能式
焊片,电位器,2~8 W 电阻,大电解功率管	350~450℃	35~50 W 内热式,调温式 50~75 W 外热式
8 W 以上大电阻,φ2 mm 以上导线等较大元器件	400~550℃	100 W 内热式 150~200 W 外热式
汇流排,金属板等	500~630℃	300 W 以上外热式或火焰锡焊
维修、调试一般电子产品	350℃	20 W 内热式,恒温式,感应式,储能式,两用式
SMT 高密度、高可靠性电路组装、返修及维修等工作,无铅焊接	350~400℃	恒温式,电焊台或数控焊接台

烙铁头温度的高低,可以用热电偶或表面温度计测量,一般可根据助焊剂发烟状态粗略估计。如表 6.3.2 所示,温度越低,冒烟越小,持续时间长;温度高则反之。当然对比的前提是在烙铁头蘸上等量的焊剂。

表 6.3.2 观察法估计烙铁头温度

观察现象	烟细长,持续时间长,>20 s	烟稍大,持续时间约 10~15 s	烟大,持续时间较短,约 7~8 s	烟很大,持续时间短,约 3~5 s
估计温度	<200℃	230~250℃	300~350℃	>350℃
焊接	达不到锡焊温度	PCB 及小型焊点	导线焊接、预热等较大焊点	粗导线、板材及大焊点

实际使用时,根据情况灵活应用。需要指出的是不要以为烙铁功率越小,越不会烫坏元器件。如图 6.3.8 表示用一个小功率烙铁焊大功率三极管,因为烙铁较小,它同元件接触后很快供不上足够的热,因焊点达不到焊接温度而不得不延长烙铁停留时间,这样热量将传到整个三极管上并使管芯温度可能达到损坏的程度。相反,用较大功率的烙铁,则很快可使焊点局部达到焊接温度而不会使整个元件承受长时间高温,因而不易损坏元器件。

3. 烙铁头及应用

1) 烙铁头镀层及形状

烙铁头一般用紫铜制成,现在内热式烙铁头都经 3 层电镀(如图 6.3.9 所示)。这种有镀层的烙铁头,如果不是特殊需要,一般不要修锉或打磨。因为电镀层的目的就是保护烙铁头不易腐蚀。

图 6.3.8 用小烙铁焊大元件

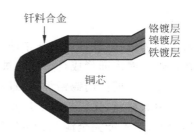

图 6.3.9 烙铁头的镀层

还有一种新型合金烙铁头,寿命较长,但需配专门的烙铁。一般用于固定产品的印制板焊接。高档电烙铁都配备原厂生产的各种形状烙铁头,在其使用周期内一般不需要修整。

2) 普通烙铁头应用

一般电子装联操作中往往使用普通廉价电烙铁,烙铁头只有如图 6.3.10 所示的圆斜面形一种,通常也不具有完善的镀层。这种烙铁头使用一段时间后,会发生表面凹凸不平,而且氧化层严重,这种情况下需要修整,一般将烙铁头拿下来,夹到台钳上粗锉,修整为自己要求的形状,然后再用细锉修平,最后用细砂纸打磨光。对焊接数字电路、计算机的工作来说,普通烙铁头太粗了,可以将头部用榔头锻打到合适的粗细,再修整。图 6.3.10 是几种常用烙铁头的形状及其应用。

修整后的烙铁应立即镀锡,方法是将烙铁头装好通电,在木板上放些松香并放一段焊锡,烙铁蘸上锡后在松香中来回摩擦;直到整个烙铁修整面均匀镀上一层锡为止(参见图 6.3.11)。

应该注意,烙铁通电后一定要立刻蘸上松香,否则表面会生成难镀锡的氧化层。

可以根据个人习惯及使用体会选用烙铁头,并随焊接对象变化,每把烙铁可配几个头。对焊接件变化很大的工作来说复合型能适应大多数情况。

图 6.3.10 常用烙铁头的形状及其应用

图 6.3.11 常用烙铁头镀锡

6.3.2 焊料

焊料也称为钎料,软钎焊中通常使用低熔点的锡基合金,它的熔点低于被焊金属,在熔化时能在被焊金属表面形成合金而将被焊金属连接到一起。

电子焊接中长期使用锡铅焊料,近年来由于环境保护要求,锡铅焊料在大多数产品领域属于禁止使用的材料,无铅焊料已经在这些领域取代了有铅焊料。但是由于目前无铅焊料性能的局限性,还不能完全淘汰锡铅焊料,一定时期内有铅和无铅焊料就会共存。本节仅讨论传统锡铅焊料,关于无铅焊料将在后面专门讨论。

1. 铅锡合金与铅锡合金状态图

1)锡铅金属性能

锡(Sn)是一种质软低熔点金属,高于13.2℃时是银白色金属,低于13.2℃时为灰色,低于-40℃变成粉末。常温下抗氧化性强,并且容易同多数金属形成金属化合物。纯锡质脆,机械性能差。

铅(Pb)是一种浅青白色软金属,熔点327℃;塑性好,有较高抗氧化性和抗腐蚀性。铅属于对人体有害的重金属,在人体中积蓄能引起铅中毒。

2)铅锡合金

铅与锡熔解形成合金(即铅锡焊料)后,具有一系列铅和锡不具备的优点:

(1)熔点低,各种不同成分的铅锡合金熔点均低于铅和锡的熔点(参见图6.3.12)有利于焊接;

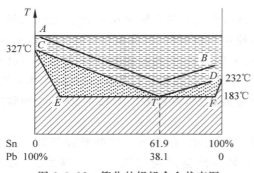

图 6.3.12 简化的锡铅合金状态图

(2)机械强度高,由表6.3.3可知,合金的各种机械强度均优于纯锡和铅;

(3)表面张力小,黏度下降,增大了液态流动性,有利于焊接时形成可靠接头;

表 6.3.3　焊料的物理和机械性能

锡/%	铅/%	导电性(铜 100%)	抗张强度/(kgf/mm²)	剪切强度/(kgf/mm²)
100	0	13.9	1.49	2.0
95	5	13.6	3.15	3.1
60	40	11.6	5.36	3.5
50	50	10.7	4.73	3.1
52	58	10.2	4.41	3.1
35	65	9.7	4.57	3.6
30	70	9.3	4.73	3.5
0	100	7.9	1.42	1.4

（4）抗氧化性好，铅具有的抗氧化性优点在合金中继续保持，使焊料在熔化时减少氧化量。

3）铅锡合金状态图

图 6.3.12 表示不同比例的铅和锡混合后其状态随温度变化的曲线。由图可以看出不同比例的 Pb 与 Sn 组成的合金熔点与凝固点各不相同。除纯 Pb、纯 Sn 和共晶合金是在单一温度下熔化外，其他合金都是在一个区域内熔化。

图中 CTD 线叫液相线；温度高于此线时合金为液相；$CETFD$ 叫固相线，温度低于此线时，合金为固相；两线之间的两个三角形区域内，合金是半融、半凝固状态。图中 AB 线表示最适于焊接的温度，它高于液相线 50℃。

2. 共晶焊锡

图 6.3.12 中 T 点叫共晶点，对应的合金成分是 Pb 38.1%，Sn 61.9%，称为共晶合金，对应温度为 183℃，是铅锡焊料中性能最好的一种。工业应用中，称为 6337 合金(Sn 63%，Pb 37%)，它有以下优点：

（1）低熔点，使焊接时加热温度降低，可防止元器件损坏；

（2）熔点和凝固点一致，可使焊点快速凝固，不会因半融状态时间间隔长而造成焊点结晶疏松，强度降低。这一点尤其对自动焊接有重要意义。因为自动焊接传输中不可避免存在振动；

（3）流动性好，表面张力小，有利于提高焊点质量；

（4）强度高，导电性好。

实际应用中，Pb 和 Sn 的比例不可能也没必要控制在理论比例上，一般将 Sn 60%，Pb 40%的焊锡就称为共晶焊锡，其凝固点和熔化点也不是单一的 183℃，而是在某个范围内，这在工程上是经济的。

3. 焊锡物理性能及杂质影响

表 6.3.3 给出不同成分铅锡焊料的物理性能。由表 6.3.3 看出，含 Sn 60%左右的焊料，抗张强度和剪切强度都较优。含 Sn 量不同，焊锡性能和用途也不同，应该根据需要选

择。一般电子焊接,如手工烙铁锡焊多所用共晶焊锡。

焊锡除铅和锡外,不可避免有其他微量金属。这种微量金属就是杂质,它们的存在超过一定限量就会对焊锡性能产生影响。

4. 焊料产品

手工烙铁焊接常用管状焊锡丝。将焊锡制成管状,内部加助焊剂,焊剂一般是优质松香添加一定活化剂。由于松香很脆,拉制时容易断裂,造成局部缺焊剂的现象,而多芯焊丝则可克服这个缺点。焊料成分一般是含锡量 60%~65% 的铅锡合金。焊锡丝直径有 0.5、0.8、0.9、1.0、1.2、1.5、2.0、2.3、2.5、3.0、4.0、5.0 mm,还有扁带状、球状、饼状等形状的成形焊料,如图 6.3.13 所示。

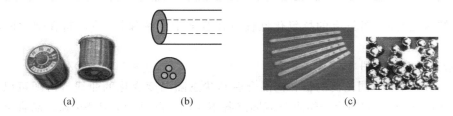

图 6.3.13 焊料产品
(a) 焊锡丝;(b) 单芯与多芯焊丝示意图;(c) 焊料条及球状焊料

再流焊中焊料是以焊膏形式应用的,将在后面章节专门介绍。

6.3.3 焊剂

由于金属表面同空气接触后都会生成一层氧化膜,温度越高,氧化越厉害。这层氧化膜阻止液态焊锡对金属的润湿作用,犹如玻璃上沾上油就会使水不能润湿一样。焊剂就是用于清除氧化膜的一种专用材料,又称助焊剂。它不像电弧焊中的焊药那样参与焊接的冶金过程,而仅仅起清除氧化膜的作用。不要企图用焊剂除掉焊件上的各种污物。

1. 助焊剂的作用与要求

助焊剂有三大作用:

(1) 除氧化膜。其实质是助焊剂中的活性物质与氧化物发生化学反应,从而除去氧化膜,反应后的生成物变成悬浮的渣,残留在焊料表面。

(2) 液态的焊锡及加热的焊件金属都容易与空气中的氧接触而氧化。助焊剂在熔化后,由于比重小而漂浮在焊料表面,形成隔离层,因而防止了焊接面的氧化。

(3) 减小表面张力,增加焊锡流动性,有助于焊锡润湿焊件。

助焊剂防止氧化及除氧化膜的作用机制如图 6.3.14 所示。

对助焊剂的要求是:

(1) 熔点应低于焊料,只有这样才能发挥助焊剂作用;

(2) 表面张力、黏度、比重小于焊料;

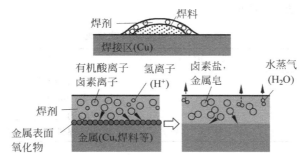

图 6.3.14　助焊剂防止氧化及除氧化膜作用机制

(3) 残渣容易清除和清洗；焊剂残留不仅影响外观，对于高密度组装产品还会影响电路性能；

(4) 不能腐蚀母材，焊剂酸性太强，就会不仅除氧化层，也会腐蚀金属，造成危害；

(5) 不产生有害气体和刺激性气味。

2. 助焊剂分类及应用

1) 按主要成分分类

软钎焊常用焊剂见图 6.3.15 所示。

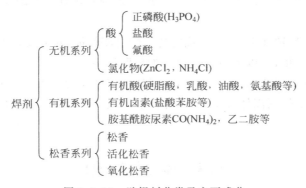

图 6.3.15　助焊剂分类及主要成分

焊剂中以无机焊剂活性最强，常温下即能除去金属表面的氧化膜。但这种强腐蚀作用很容易损伤金属及焊点，电子焊接中不能使用。这种焊剂用机油乳化后，制成一种膏状物质，俗称焊油，一般用于焊接金属板等容易清洗的焊件，除非特别准许，一般不允许使用。

有机焊剂的活性次于氯化物，有较好地助焊作用，但也有一定腐蚀性，残渣不易清理，且挥发物对操作者有害，其中卤素是绿色制造禁止使用的材料。

松香系列活性弱，但腐蚀性也弱，适合电子装配锡焊，清洗也比较容易，并且在要求不高的产品中可以不清洗。

2) 按焊剂活性分类（见表6.3.4）

表 6.3.4　按焊剂活性分类

类　型	标　识	用　　途
低活性	R	用于较高级别的电子产品，可实现免清洗
中等活性	RMA	民用电子产品中
高活性	RA	可焊性差的元器件
特别活性	RSA	元器件可焊性差或有镍铁合金

3. 松香焊剂性能及使用

松香是由自然松脂中提炼出的树脂类混合物，主要成分是松香酸（约占80%）和海松酸等。其主要性能如下：常温下为浅黄色固态，化学活性呈中性；70℃以上开始熔化，液态时有一定化学活性，呈现酸的作用，与金属表面氧化物发生反应（氧化铜→松香酸铜）；300℃以上开始分解，并发生化学变化，变成黑色固体，失去化学活性。

因此在使用松香焊剂时如果已经反复使用变黑后，就失去助焊剂作用。

手工焊接时常将松香溶入酒精制成所谓松香水，如在松香水中加入三乙醇胺可增强活性。

氢化松香是专为锡焊生产的一种高活性松香，助焊作用优于普通松香。

4. 免清洗焊剂

传统焊剂在焊接后留在PCB上的残留物影响电路性能，对高要求的电路板使用清洗工艺，而清洗剂会污染环境，所以免清洗焊剂成为环保材料。

免清洗焊剂是制造工艺中不清洗而达到保证电路性能的要求。目前已经有多种免清洗焊剂面世，一般免清洗焊剂固体含量低，助焊性能和电气性能好，焊接作业后残留量极少，且无腐蚀性。

6.4　锡　焊　基　础

现代科技的飞速发展，电子产业高速增长，驱动着焊接方法和设备不断推陈出新。在现代化的生产中早已摆脱手工焊接的传统方式，波峰焊、热风再流焊、气相再流焊、激光焊、……可谓日新月异，令人目不暇接。但是如同交通工具尽管有了火车、飞机乃至火箭，人们的两条腿步行永远不可能被取代一样，手工焊接仍有广泛的应用，不仅是小批量生产研制和维修必不可少的连接方法，也是了解机械化、自动化生产焊接机制并获得成功的基础。

6.4.1　条件

作为一种操作技术，手工锡焊主要是要通过实际训练才能掌握，但是遵循基本的原则，学习前人积累的经验，运用正确的方法，可以事半功倍地掌握操作技术。

1. 焊件可焊性

不是所有的材料都可以用锡焊实现连接的,只有一部分金属有较好可焊性(严格地说应该是可以锡焊的性质),才能用锡焊连接。一般铜及其合金、金、银、锌、镍等具有较好可焊性,而铝、不锈钢、铸铁等可焊性很差,一般需采用特殊焊剂及方法才能锡焊。

2. 焊料合格

铅锡焊料成分不合规格或杂质超标都会影响锡焊质量,特别是某些杂质含量,例如锌、铝、镉等,即使是 0.001% 的含量也会明显影响焊料润湿性和流动性,降低焊接质量。

3. 焊剂合适

- 焊接不同的材料要选用不同的焊剂,即使是同种材料,当采用焊接工艺不同时也往往要用不同的焊剂,例如手工烙铁焊接和浸焊,焊后清洗与不清洗就需采用不同的焊剂。
- 对手工锡焊而言,采用松香或活性松香能满足大部分电子产品装配要求。
- 焊剂的量必须合适,过多、过少都不利于锡焊。

4. 适用的工具

"工欲善其事,必先利其器",古人名言同样适用于手工烙铁焊接。适用的电烙铁、烙铁头、清洁烙铁头的物品、夹持工具以及必要电工工具是手工烙铁焊接必备工具,并且保证工具的完好性,特别是电烙铁的安全性和适用性。

5. 焊点设计合理

合理的焊点几何形状,对保证锡焊的质量至关重要,如图 6.4.1 所示。

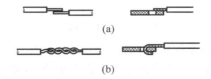

图 6.4.1　锡焊接点设计

(a) 所示的接点由于铅锡焊料强度有限,很难保证焊点足够的强度;
(b) 接头设计有很大改善,可以保证焊点有足够的强度

图 6.4.2 表示印制板上通孔安装元件引线与孔尺寸不同时对焊接质量的影响。

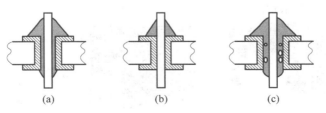

图 6.4.2　通孔安装中焊盘孔与引线间隙影响焊接质量

(a) 间隙合适强度较高;(b) 间隙过小,焊锡不能润湿;(c) 间隙过大,形成气孔

表面贴装中焊盘设计对焊接质量影响更大,因而对焊盘尺寸、形状、位置及相互间距设计要求更加严格,有关内容将在后面章节专门介绍。

6.4.2 手工焊接操作手法与卫生

焊剂加热挥发出的化学物质对人体是有害的,如果操作时鼻子距离烙铁头太近,则很容易将有害气体吸入。一般烙铁离开鼻子的距离应至少不小于 30 cm,通常以 40 cm 时为宜。

1. 电烙铁与焊锡丝拿法

电烙铁拿法有三种,如图 6.4.3 所示。反握法动作稳定,长时操作不易疲劳,适于大功率烙铁的操作。正握法适于中等功率烙铁或带弯头电烙铁的操作。一般在操作台上焊印制板等焊件时多采用握笔法。

焊锡丝一般有两种拿法,如图 6.4.4 所示。

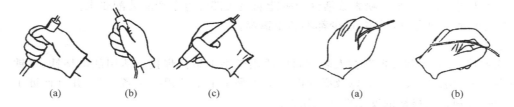

图 6.4.3 电烙铁拿法　　　　　　　图 6.4.4 焊锡丝拿法
(a) 反握法;(b) 正握法;(c) 握笔法　　(a) 连续锡焊时焊锡丝的拿法;(b) 断续锡焊时焊锡丝的拿法

2. 手工焊接操作卫生

由于焊丝成分金属有一定毒性,特别是铅锡焊料中铅是对人体危害很大有害的重金属,因此操作时应戴手套或操作后及时洗手,避免铅毒进入人体。

使用电烙铁要配置烙铁架,一般放置在工作台右前方,电烙铁用后一定要稳妥放于烙铁架上,并注意导线等物不要碰烙铁头。

此外,手工焊接时助焊剂挥发产生的烟雾对健康也不利,应该避免长时间吸入这种气体,最简单的办法是焊接操作中人的面部与焊接点距离不小于 30 cm,同时注意室内通风换气。最好的办法是焊接工作台上设置单独的或者集中的烟雾净化或抽气装置,如图 6.4.5(a)和(b)所示是一种专业手工焊接烟雾净化机及其使用,图 6.4.5(c)是带有烟雾净化装置的焊接工作台示意图。

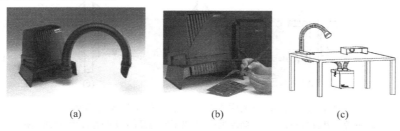

图 6.4.5 手工焊接烟雾净化机及其使用

6.5 焊接质量检测

6.5.1 对焊点的基本要求

1. 可靠的电连接

电子产品的焊接是同电路通断情况紧密相连的。一个焊点要能稳定、可靠通过一定的电流,没有足够的连接面积和稳定的组织是不行的。因为锡焊连接不是靠压力,而是靠结合层达到电连接目的,如果焊锡仅仅是堆在焊件表面或只有少部分形成结合层,那么在最初的测试和工作中也许不能发现。随着条件的改变和时间的推移,电路产生时通时断或者干脆不工作,而这时观察外表,电路依然是连接的,这是电子产品使用中最头疼的问题,也是制造者必须十分重视的问题。

2. 足够的机械强度

焊接不仅起电连接作用,同时也是固定元器件保证机械连接的手段,这就有个机械强度的问题。作为锡焊材料的铅锡合金本身强度是比较低的,常用铅锡焊料抗拉强度约为 $3 \sim 4.7 \ kgf/cm^2$,只有普通钢材的 1/10,要想增加强度,就要有足够的连接面积。当然如果是虚焊点,焊料仅仅堆在焊盘上,自然谈不到强度了。常见影响机械强度的缺陷还有焊锡过少、焊点不饱满、焊接时焊料尚未凝固就使焊件振动而引起的焊点晶粒粗大(像豆腐渣状)以及裂纹、夹渣等。

3. 合格的外观

良好的焊点要求焊料用量恰到好处,外表有金属光泽,没有拉尖、桥接等现象,具有可接受的几何外形尺寸,并且不伤及导线绝缘层及相邻元件。良好的外表是焊接质量的反映,例如:表面有金属光泽是焊接温度合适、金属微结构良好的标志,而不仅仅是外表美观的要求。不过,这一点只适应于锡铅焊料焊接,对于大多数无铅焊料而言,表面不具有金属光泽。有关焊点可接受标准,目前业界认可的标准是 IPC610D。

6.5.2 焊点失效分析

作为电子产品主要连接方法的锡焊点,应该在产品的有效使用期限保证不失效。但实际上,总有一些焊点在正常使用期内失效,究其原因,不外乎有外部因素和内部因素两种。

外部因素主要有以下三点。

1. 环境因素

有些电子产品本身就工作在有一定腐蚀性气体的环境中,例如有些工厂的生产过程中就产生某些腐蚀性气体,即使是家庭或办公室中也不同程度存在腐蚀性气体。这些气体浸入有缺陷的焊点,例如有气孔的焊点,在焊料和焊件界面处很容易形成电化学腐蚀作用,使焊点早期失效。

2. 机械应力

产品在运输(如汽车、火车)中或使用中(如机床、汽车上的电器)往往受周期性的机械振动,其结果使具有一定质量的电子元件对焊点施加周期性的剪切力,反复作用的结果会使有缺陷的焊点失效。

3. 热应力作用

电子产品在反复通电-断电的过程中,发热元器件将热量传到焊点,由于焊点不同材料热胀冷缩性能的差异,对焊点产生热应力,反复作用的结果也会使一些有缺陷的焊点失效。

应该指出的是设计正确、焊接合格的焊点是不会因这些外部因素而失效的。外部因素通过内因起作用,这内部因素主要就是焊接缺陷。虚焊、气孔、夹渣、冷焊等缺陷,往往在初期检查中不易发现,一旦外部条件达到一定程度时就会使焊点失效。一二个焊点失效可能导致整个产品不能正常工作,有些情况下会带来严重的后果。例如电化学腐蚀作用是引起焊点失效的重要因素之一,如图 6.5.1 所示,对于合格的焊点气体不会浸入焊点,但对有气孔的焊点,腐蚀性气体就会浸入焊点内部,很容易在焊料和焊件界面处形成电化学腐蚀作用,使焊点失效。

图 6.5.1 焊点气孔引起电化学腐蚀示意图

除焊接缺陷外,还有印制电路板、元器件引线镀层不良也会导致焊点出问题,例如印制板铜箔上一般都有一层铅锡镀层或金、银镀层,焊接时虽然焊料和镀层结合良好,但镀层和铜箔脱落同样引起焊点失效。

6.5.3 焊点外观检查

1. 典型焊点外观及检查

图 6.5.2 中所示的是两种典型焊点的外观,其中图(a)、图(b)是贴焊导线和插装元件的焊点,图(c)、图(d)是片式元件和 L 形引线的焊点。

其共同要求是:

(1) 焊料的连接面呈半弓形凹面,焊料与焊件交界处平滑,接触角尽可能小;

(2) 表面有金属光泽且平滑;

(3) 无裂纹,针孔,夹渣。

所谓外观检查,除用目测(或借助放大镜,显微镜观测)焊点是否合乎上述标准外,还包括检查以下各点:

(1) 漏焊;

(2) 焊料拉尖;

(3) 焊料引起导线间短路(即所谓桥接);

(4) 导线及元器件绝缘的损伤;

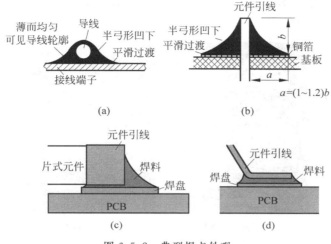

图 6.5.2 典型焊点外观

（5）布线整形；
（6）焊料飞溅。

检查时除目测外还要用指触、镊子拨动、拉线等方法检查有无导线断线、焊盘剥离等缺陷。图 6.5.3 是几种实际典型焊点外形图。

图 6.5.3 几种实际典型焊点外形图

6.5.4 焊点质量国际标准——IPC J—STD—001 与 IPC—A—610D 简介

1. IPC 关于焊接质量标准

在 IPC 与电子工艺技术相关的标准中，ANSI—STD—001 标准（电气与电子组装件焊接要求）和 IPC—A—610 标准（电子组装件的可接受条件）是电子互连基础性的标准，在业界具有很大影响力并得到普遍采纳应用。

自 20 世纪 90 年代初，IPC J—STD—001//IPC—A—610D 标准正式颁布，随着电子组装制造技术的发展，至今已有 A、B、C、D 四个版本。电子组装标准版本更新是一个周密细致的工作过程，特别是必须将已经在生产制造过程的实践得到证明，确实具有强大生命力的新技术、新工艺归纳到标准内，需要广泛征求会员单位和技术专家的意见并经过反复讨论，由编委们对每一章节，每一条款进行重新评价，阐述的文字进行慎重推敲和修改，这也是IPC标准具有很强竞争力和权威性的原因，图6.5.4是IPC J—STD—001//IPC—A—610D标准封面。

图6.5.4　IPC J—STD—001//IPC—A—610D标准封面

2. 标准示例

标准采用大量图形形象、准确、定量地给出什么是可以接受的焊接点，什么是不可以接受的焊接点，使使用者一目了然，图6.5.5所示为IPC—A—610标准中关于片式元件焊点的标准实例。

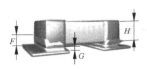 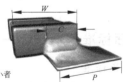

图6.5.5　IPC—A—610标准中关于片式元件焊点的标准实例

6.5.5　常见焊点缺陷及分析

造成焊接缺陷的原因很多，在材料（焊料与焊剂）与工具（烙铁、夹具）一定的情况下，采用什么方式方法以及操作者是否有责任心，就是决定性的因素了。图6.5.6表示导线端子焊接常见缺陷，表6.5.1和表6.5.2分别列出了插装和贴装中印制板焊点缺陷的外观、特点、危害及产生原因，可供焊点检查、分析时参考。

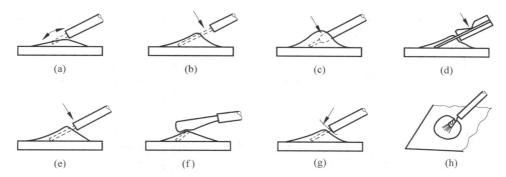

图 6.5.6 导线端子焊接常见缺陷
(a) 虚焊；(b) 芯线过长；(c) 焊锡浸过外皮；(d) 外皮烧焦；
(e) 焊锡上吸；(f) 断丝；(g) 甩丝；(h) 芯线散开

表 6.5.1 插装常见焊点缺陷及分析

焊点缺陷	外观特点	危害	原因分析
焊料过多	焊料面呈凸形	浪费焊料，且可能包藏缺陷	焊丝撤离过迟
焊料过少	焊料未形成平滑面	机械强度不足	焊丝撤离过早
松香焊	焊点中夹有松香渣	强度不足，导通不良，有可能时通时断	1. 加焊剂过多，或已失效；2. 焊接时间不足，加热不足
过热	焊点发白，无金属光泽，表面较粗糙	1. 容易剥落，强度降低；2. 造成元器件失效损坏	烙铁功率过大；加热时间过长
扰焊	表面呈豆腐渣状颗粒，有时可有裂纹	强度低，导电性不好	焊料未凝固时焊件抖动
冷焊	润湿角过大，表面粗糙，界面不平滑	强度低，不通或时通时断	1. 焊件加热温度不够；2. 焊件清理不干净；3. 助焊剂不足或质量差

续表

焊点缺陷	外观特点	危 害	原因分析
不对称	焊锡未流满焊盘	强度不足	1. 焊料流动性不好; 2. 助焊剂不足或质量差; 3. 加热不足
松动	导线或元器件引线可移动	导通不良或不导通	1. 焊锡未凝固前引线移动造成空隙; 2. 引线未处理好; 3. 润湿不良或不润湿
拉尖	出现尖端	外观不佳,容易造成桥接现象	1. 加热不足; 2. 焊料不合格
针孔	目测或放大镜可见有孔	焊点容易腐蚀	焊盘孔与引线间隙太大
气泡	引线根部有时有焊料隆起,内部藏有空洞	暂时导通但长时间容易引起导通不良	引线与孔间隙过大或引线润湿性不良
桥接	相邻导线搭接	电气短路	1. 焊锡过多; 2. 烙铁施焊撤离方向不当
焊盘脱落	焊盘与基板脱离	焊盘活动,进而可能断路	1. 烙铁温度过高; 2. 烙铁接触时间过长
焊料球	部分焊料成球状散落在PCB上	可能引起电气短路	1. 一般原因见不良焊点的形貌中"气孔"部分; 2. 波峰焊时,印制板通孔较少或小时,各种气体易在焊点成形区产生高压气流; 3. 焊料含氧高且焊接后期助焊剂已失效; 4. 在表面安装工艺中,焊膏质量差(金属含氧超标、介质失效),焊接曲线通热段升温过快,环境相对湿度较高造成焊膏吸湿

焊点缺陷	外观特点	危害	原因分析
丝状桥接	此现象多发生在集成电路焊盘间隔小且密集区域，丝状物多呈脆性，直径数微米至数十微米	电气短路	1. 焊料槽中杂质 Cu 含量超标，Cu 含量越高，丝状物直径越粗； 2. 由于杂质 Cu 所形成松针状的 Cu_3Sn_4 合金的固相点（217℃）与 Sn53Pb37 焊料的固相点（183℃）温差较大，因此在较低的温度下进行波峰焊接时，积聚的松针状 Cu_3Sn_4 合金易产生丝状桥接

表 6.5.2 贴装常见焊点缺陷及分析

不良焊点的形貌	说明	原因
漏焊	元器件一端或多端未上焊料	1. 波峰焊接时，设备缺少有效驱赶气泡装置（如喷射波）或喷射波射出高度不够； 2. 印制板传送方向设计或选择不恰当
溢胶	胶粘剂从焊点中或焊点边缘渗出造成空洞	1. 胶粘剂失效不可固化； 2. 点胶过程中出现拉丝、塌陷、失准或过量现象； 3. 返工时人工补胶未达到固化要求
两端焊点不对称	两端焊点明显不一致，易产生焊点应力集中	1. 印制板传送方向设计或选择不恰当； 2. 焊料含氧高且焊接后期助焊剂已失效； 3. 波峰面不稳有湍流
直立	片状器件呈竖立状	1. 因大器件的屏蔽、反射和遮挡作用，焊盘面积和焊膏沉积量不一致，造成两端焊接部位温度不一致； 2. 一端器件端子和焊盘的可焊性比另有一端差； 3. 气相焊接升温速率过快时以上情况均会导致一端的焊料较另一端先熔化，使两端表面张力不一致，先熔的一端将另一端拉起
虹吸	焊料吸引到器件的引脚上，焊盘上失去焊料呈开路状态	此现象多发生在集成电路焊接中： 1. 一般原因可参考不良焊点的形貌"直立"部分； 2. 引脚共面度超标； 3. 未经预热直接进入气相焊，器件引脚较焊盘先达到焊接温度
丝状桥接	此现象多发生在集成电路焊盘间隔小且密集区域，丝状物多呈脆性，直径数微米至数十微米	1. 焊料槽中杂质 Cu 含量超标，Cu 含量越高，丝状物直径越粗； 2. 由于杂质 Cu 所形成松针状的 Cu_6Sn_5 合金的固相点（217℃）与 Sn63Pb37 焊料的固相点（183℃）温差较大，因此在较低的温度下进行波峰焊接时，积聚的松针状 Cu_6Sn_5 合金易产生丝状桥接

6.5.6 拆焊与维修

调试和维修中常需要更换一些元器件,如果方法不得当,就会破坏印制电路板,也会使换下而并没失效的元器件无法重新使用。

1. 通孔插装元器件拆焊

1) 通孔插装元件

一般电阻、电容、晶体管等管脚不多,且每个引线可相对活动的元器件可用烙铁直接拆焊。如图 6.5.7 所示将印制板竖起来夹住,一边用烙铁加热待拆元件的焊点,一边用镊子或尖嘴钳夹住元器件,将引线轻轻拉出。

重新焊接时须先用锥子将焊孔在加热熔化焊锡的情况下扎通,需要指出的是这种方法不宜在一个焊点上多次使用,因为印制导线和焊盘经反复加热后很容易脱落,造成印制板损坏。在可能多次更换的情况下可用图 6.5.8 所示的方法。

图 6.5.7 一般元件拆焊方法

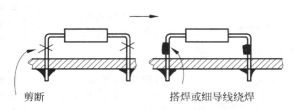
图 6.5.8 断线法更换元件

2) 多引线元器件

当需要拆下多个焊点且引线较硬的元器件时,以上方法就不行了,例如要拆下如图 6.5.9 所示的多线插座,一般有以下三种方法。

(1) 采用专用工具。如图 6.5.9 采用专用烙铁头,用解焊专用工具可将所有焊点加热熔化取出插座。

(2) 采用吸锡烙铁或吸锡器。前面章节中,已经介绍了吸锡烙铁,这种工具对拆焊是很有用的,既可以拆下待换的元件,又可同时不使焊孔堵塞,而且不受元器件种类限制。但它须逐个焊点除锡,效率不高,而且须及时排除吸入的焊锡。

(3) 万能拆焊法。利用铜丝编织的屏蔽线电缆或较粗的多股导线,用为吸锡材料。将吸锡材料浸上松香水贴到待拆焊点上,用烙铁头加热吸锡材料,通过吸锡材料将热传到焊点熔化焊锡。熔化的焊锡沿吸锡材料上升,将焊点拆开(图 6.5.10),这种方法简便易行,且不易烫坏印制板。在没有专用工具和吸锡烙铁时是一种适应各种拆焊工作的行之有效的方法。一些焊接工具和材料供应商提供带有助焊剂的专门用于拆焊的这类铜织编线。

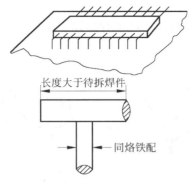 

图 6.5.9　长排插座及拆焊专用工具　　　　图 6.5.10　焊点拆焊

清理掉旧焊锡以后,该区域应当用浸透溶剂的毛刷进行彻底的清洗,以保证良好的焊接点替换,新的元器件安装好以后,重新按工艺要求进行表面涂敷即可。

2. 表贴元器件拆焊

表贴元器件体积小、焊点密集,在制造工厂和专业维修拆焊部门一般应用专门工具设备进行拆焊,例如各种返修设备及多功能电焊台。对于不太复杂的电路板,在非专业设备条件下也可以拆焊,只是技术要求比较严格。

1) 片式元件

片式元件一般指两端电抗元件、二极管及 3～5 端半导体分立元件或类似封装的集成电路。这类元件拆焊并不困难,只是要注意保护元器件及不要烫坏焊盘。

(1) 专用烙铁头

如图 6.5.11 所示专用烙铁头,可以快速对两端片式元件拆焊。显然,不同封装规格的片式元件需要相应的专用烙铁头。

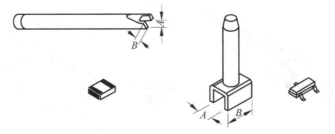

图 6.5.11　拆焊专用烙铁和拆焊头

(2) 热风枪拆焊

如图 6.5.12 所示,使用热风枪比较简单,操作也方便,不需要专业工具和配置多种附件。但对操作技能和经验要求较高,而且还会影响相邻元器件。

(3) 双烙铁拆焊

如图 6.5.13 所示，使用两把电烙铁，同时从两边加热，也可进行拆焊。这种方法需要两人操作，不太方便。

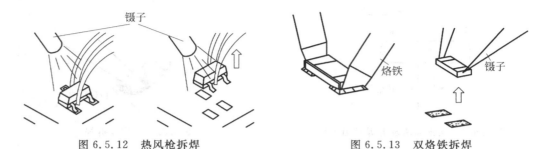

图 6.5.12 热风枪拆焊　　　　图 6.5.13 双烙铁拆焊

(4) 用万能拆焊法

用前面介绍的万能拆焊法，一个人就可以操作。

(5) 快速移动法

工作中手头器材不方便时，可以用一把电烙铁加热一端后，迅速转移到另一端加热，并用另一只手拿镊子拨开元件。这种方法简单易行，但需要较高操作技能，并且烫坏元件和焊盘的风险比较大。

2）SOP/QFP 封装器件

(1) 专用烙铁和拆焊头

如图 6.5.14 所示，有拆焊专用烙铁和配套拆焊头，一把烙铁可以配置多种不同规格拆焊头，以适应不同器件。

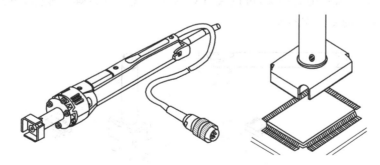

图 6.5.14 拆焊专用烙铁和配套拆焊头

(2) 万能拆焊法

虽然比较麻烦，但在业余条件下也不失为一种可行方法。

3）BGA/QFN 封装器件

这类封装器件一般应该采用专业返修设备进行拆焊，有关返修设备在后面章节专门介绍。在没有专业返修设备时,使用特殊烙铁或热风枪也可以拆焊,只是伤害器件及印制板的风险比较大。

(1) 专业返修设备

如图 6.5.15 所示是专业返修设备和热风头;图 6.5.16 是用返修设备进行拆焊示意图。

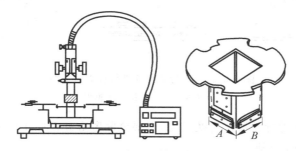

图 6.5.15　专业返修设备和热风头

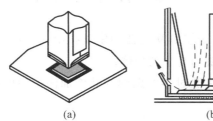 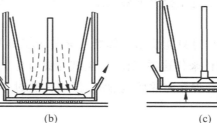

图 6.5.16　热风拆焊示意图
(a) 对准;(b) 加热;(c) 拆焊

(2) 特制烙铁加热法

如图 6.5.17 所示是特制烙铁及烙铁头;图 6.5.18 是用特制烙铁进行拆焊示意图。

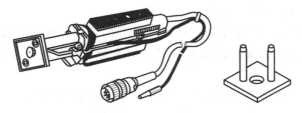

图 6.5.17　特制烙铁及烙铁头

3. 元器件的替换

现代设备中使用的印制电路板通常是双面板及多层板类型,其两面的绝缘材料上都有

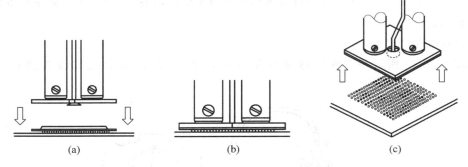

图 6.5.18　用特制烙铁进行拆焊示意图
(a) 对准；(b) 加热；(c) 拆焊

印制电路和元器件,在进行元器件替换以前,需要全面考虑并按照正确的步骤进行。

1) 元器件替换基本准则

(1) 避免不必要的元器件替换,因为存在损坏电路板或邻近的元器件的风险；

(2) 在非大功率电路板上不要使用大功率的焊接烙铁,过多的热量会使导体松动或破坏电路板；

(3) 对通孔操作时只能使用吸锡器或牙签等工具从元器件安装孔中去除焊锡,绝不能使用锋利的金属物体来作这项工作,以免破坏镀通孔中的导体；

(4) 元器件替换焊接完成后,从焊接区域去除过多的助焊剂并施加保护膜以阻止污染和锈蚀。

2) 元器件替换步骤

(1) 仔细阅读设备说明书和用户手册上提供的元器件替换程序,注意原电路板是否采用无铅技术。

(2) 如果是电路板不能从产品中拔出,操作前必须断开电源,拔出电源插头。

(3) 尽可能移开电路板上其他插件和其他可以分离的部分。

(4) 给将要去除的元器件作标记。

(5) 在去除元器件之前仔细观察它是如何放置的,需要记住的信息包括元器件的极性、放置的角度、位置、绝缘需求和相邻元器件,建议对全板及需要进行元器件替换的部位分别照相存档。

(6) 注意操作中只能触摸印制电路板的边缘(指纹尽管看不见,却可能引起板子上污物和灰尘的积累,导致电路板通常应当具有很高阻抗的部分其阻抗变低);在必须触摸电路板的情况下,应当佩戴手套。

(7) 把将要进行处理的焊接点表面的保护膜或密封材料去除,去除时可以采用蘸有推荐使用溶剂的棉签或毛刷涂抹。不允许大量的溶剂滴在电路板上,因为这些溶剂会从电路板的一个地方流到另外一个地方。用烙铁烧穿保护膜不仅非常困难,而且会影响电路板外观和性能。

(8) 采用合适的方法拆焊,尽量避免高温和长时间加热,以保护电路板铜箔和相邻元器件。

(9) 将元器件从印制电路板上去除以后,去除元器件的周围区域需要用蘸有溶剂的棉签或毛刷进行彻底清洗。另外,镀通孔或电路板的其他区域可能还有残留的焊锡,这些也必须予以去除,以便使新的元器件容易插入。

(10) 用清洗工具对新元器件或新部件的引脚进行清洗,需要时还可以使用机械方法;对于导线端头,还必须去除绝缘皮,对于多股的引线,将其拧成一股,并从距绝缘皮 3 mm 的地方镀锡;获得良好焊接点的秘诀就是使所有的焊件都洁净而不仅仅依赖助焊剂达到这一效果。

(11) 将替换元器件的引脚成形以适合安装焊盘的间距,表贴元器件对准并进行定位(至少点焊对角线两点),通孔元器件的引脚插入安装孔时注意不要用强力将引脚插入安装孔,因为尖锐的引脚端可能会破坏镀通孔导体。

(12) 采用合适工具设备、正确的焊料(注意区分有铅和无铅)和适用的工艺完成新元器件焊接,注意焊接的温度和焊锡的用量。

(13) 移开烙铁或其他加热器使焊锡冷却凝固,这段时间不要振动电路板,否则将会产生不良焊接,形成所谓的扰焊缺陷。

(14) 使用无公害清洗溶剂清洗焊接区域中溅的松香助焊剂和残留物,注意不要将棉花纤维留在印制电路板上,将电路板在空气中完全风干。

(15) 检查焊接点,检测电路板功能。

(16) 如果原电路板有保护膜,应该恢复该保护膜。

6.6 无铅焊接和免清洗焊接技术简介

近年,随着人类社会文明的进步,环境保护和生态平衡的要求深入各行各业,对于电子焊接而言,无铅焊接和免清洗焊接技术成为首先引起人们关注和需要解决的技术难题。

6.6.1 无铅焊接技术

无铅(lead free)就是使用其他金属取代锡铅焊料中的金属铅。以锡铅合金焊料为主焊接技术在电子工业的应用已经非常成熟,优异的综合性能和低廉的成本,使锡铅焊料的地位很难动摇。然而无铅浪潮大势所趋,淘汰有铅焊料不可逆转。经过业界十几年的努力,无铅焊接已经进入实用阶段,不过目前无铅焊接还不能完全代替有铅焊接,还有一些关键问题需要解决。

无铅焊接技术的关键是无铅焊料,此外还有无铅焊接设备和工具,以及无铅焊接工艺、焊点可靠性等技术问题。

1. 无铅焊料

1) 对无铅焊料的要求

由于目前应用的电子材料、设备和制造工艺都是适应锡铅焊接要求而确定的,所以理想的 Sn-Pb 合金替代材料应该具有的性能是:

- 熔点应同 Sn-Pb 体系焊锡的熔点(183℃)接近;
- 成本要低,导电性好;
- 机械强度和耐热疲劳性要与 Sn-Pb 体系焊锡大体相同;
- 焊锡的保存稳定性要好;
- 能利用设备和现行工艺条件进行安装;
- 能确保有良好的润湿性和安装后的机械可靠性;
- 焊接后对各种焊接点检修容易和应有良好的电可靠性。

2) 焊料金属

根据材料学原理,在目前地球上已经发现的金属元素中,可以取代 Pb 与 Sn 形成合金焊料的金属材料屈指可数,仅有 Ag、Cu、Bi、In、Sb、Zn 等几种。它们与 Sn 形成二元或三元合金:

二元合金　Sn-Bi　Sn-In　Sn-Ag　Sn-Zn　Sn-Cu

三元合金　Sn-Ag-Cu　Sn-In-Cu　Sn-In-Ag

从金属资源的地球储量、成本、合金熔点、材料强度、工艺性能、使用性能等多种因素综合,目前工业应用比较多、综合性能较好的无铅焊料是 Sn-Ag-Cu,简称 SAC 无铅焊料,已经有系列产品供应。例如:

Sn95.5-Ag3.8-Cu0.7　　　熔点 217℃　　　　简称 387

Sn96.5-Ag3.0-Cu0.5　　　熔点 217～219℃　　简称 305

为了降低成本,现在一部分低 Ag 得到推崇,例如 SAC 105(Ag1.0-Cu0.5)和 SAC 0507(Ag0.5-Cu0.7),性能与 305 相差不大,价格却低不少。

此外,业界也在探索在基本合金金属之外加入少量其他金属,例如镍、稀土元素等成分,以图改进无铅合金性能。

3) 助焊剂

无铅助焊剂的要求:

- 由于焊剂与合金表面之间有化学反应,因此不同合金成分要选择不同的助焊剂;
- 由于无铅合金的浸润性差,要求助焊剂活性高;
- 提高助焊剂的活化温度,要适应无铅高温焊接温度;

- 焊后残留物少,并且无腐蚀性;
- 良好的焊膏印刷性。

由于无铅合金与焊件的润湿性普遍低于有铅合金,同时焊接温度的提高也增加了金属表面的氧化作用,因此必须使用活性更强的助焊剂以去除氧化层,增强润湿性。但是这样将使焊剂残留而使腐蚀作用加强,产生电迁移等缺陷,清洗的难度加大。

尽管目前有关厂商已经推出许多助焊剂产品,但是由于助焊剂的活性与低腐蚀作用是相互矛盾的要求,寻找它们的平衡,同时符合环境保护要求和成本等问题,科技界还在努力研究性能更好的无铅助焊剂。

2. 无铅焊接设备与工具

对无铅焊接设备与工具要求:
- 设备当中与锡接触部分本身不能含有铅的成分;
- 无铅锡的熔炉能够耐腐蚀的性能较好;
- 适应无铅合金焊接工艺要求,能够准确控制焊接温度;
- 要求机器的冷却速度较快。

随着无铅化的推进,电子专业设备厂商已经推出系列化无铅焊接设备和工具,例如无铅焊膏印刷机、无铅波峰焊接机、无铅再流焊机、无铅返修台、无铅焊接台以及各种无铅电烙铁等。由于氮气保护焊接对于防止氧化、增强润湿性有明显作用,各种氮气焊接机以及返修设备也在要求高可靠性产品中获得应用。

3. 无铅焊接工艺

无铅焊接从机制到工艺流程与有铅焊接基本相同,关键是目前工业生产主流无铅焊料 Sn-Ag-Cu 和 Sn-Cu 的润湿性差(比有铅低 15%~20%)、熔点高(30~40℃),再加上焊接中印制电路板、元器件与焊料之间的兼容性,有铅与无铅同时存在,因此无铅工艺难度和复杂性远远超过有铅工艺。

经过科研机构、焊料和设备供应商、产品制造企业以及业界各方面的共同努力,现在对于一般可靠性要求产品,已经形成比较成熟的无铅焊接工艺流程和各种无铅焊接的解决方案,多种无铅产品已经推向市场。

但是,对于高可靠性要求产品,例如航天、医疗、汽车安全等领域而言,无铅工艺仍然处于探索研究阶段。无铅工艺的长期可靠性及特殊环境中的安全性仍然有待进一步认证和实践,从这个意义上说,无铅焊接问题仍然没有解决。

6.6.2 免清洗焊接技术

免清洗焊接技术是绿色电子制造中的一项关键技术,具有保护环境、简化工艺流程、节省制造成本的优点。

免清洗工艺(no clean soldering process)是针对原先采用的传统清洗工艺而言的,是建立在保证原有品质要求的基础上简化工艺流程的一种先进技术,而不是简单的不清洗。简言之免清洗焊接技术就是不清洗而达到清洗的效果。

传统清洗工艺一直采用 CFC 氟氯烃产品、三氯乙烷等作为清洗剂,用于装配印制板的焊接后清洗,以清除印制板表面残留导电物质或其他污染物,保证产品使用的长期可靠性。但是,CFC 等清洗剂中含有 ODS 臭氧耗竭原物质,破坏生态环境,严重威胁人类的安全。采用先进工艺技术替代原有清洗工艺势在必行。

从制造角度和工艺流程管理来说,免清洗焊接技术具有缩短生产周期、降低废料产生、削减原料消耗、减少设备保养频度的特点,在很大程度上节约了生产成本。

免清洗技术的关键是使用免清洗助焊剂。要求免清洗助焊剂不含任何卤化物等有害成分,固体含量低,助焊性能和电气性能好,焊接作业后残留量极少,且无腐蚀性。目前已有免清洗助焊剂商品。

6.7 工业生产锡焊技术

随着电子产品高速发展,以提高工效、降低成本、保证质量为目的机械化、自动化锡焊技术(主要是印制电路板的锡焊)不断发展,特别是电子产品向微型化发展,单靠人的技能已无法满足焊接要求。

浸焊比手工烙铁焊效率高,但依然没有摆脱手工操作,波峰焊比浸焊进了一大步,但已属于昨天的技术,再流焊是今天的主流,呈现强劲发展势头,其他锡焊技术也在发展。由于再流焊技术在当前工业生产中的重要作用,将在后面表面贴装技术中专门介绍。

6.7.1 浸焊与拖焊

1. 浸焊

浸焊是最早替代手工焊接的大批量机器焊接方法。

所谓浸焊,就是将安装好的印制板浸入熔化状态的焊料液,一次完成印制板上焊接。焊点以外不需连接的部分通过在印制板上涂阻焊剂来实现。

图 6.7.1 所示为现在小批量生产中仍在使用的几种浸焊设备实物及示意图。夹持式由操作者掌握浸入时间,通过调整夹持装置可调节浸入角度,针床式又可以进一步控制浸焊时间、浸入及托起速度。这几种浸焊设置都可自动恒温,有的还具有稳定调节功能,一般配置预热及涂助焊剂的设备。浸焊仍然是一种手工操作机器的焊接方式。

2. 拖焊

最早的自动焊接方式就是浸入拖动焊接,焊接过程中将组装好并涂有助焊剂的电路板以水平位置慢慢地浸入到熔融的焊锡池中并沿着表面进行拖动。在静止的焊锡池焊锡表面

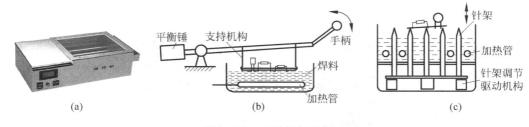

图 6.7.1 几种浸焊设备
(a) 锡炉式；(b) 夹持式；(c) 针床式

上将电路板拖动预先确定好的一段距离,然后将其从焊锡池中取出。通常,电路板以 15°的倾角浸入到焊锡槽中,随着电路板逐渐的运动,此角度逐渐减少到 0°,当电路板再次从焊锡槽中取出时,此角度又从 0°增加到 15°。采用这种方式,可以避免冰锥现象的形成,多数情况下,电路板运动时安装在运载器上,运载器的前沿有一个刮板,用以去除浮在焊锡池表面的浮渣。

尽管拖焊比浸焊又进了一步,但由于焊接中印制电路板与焊锡较长的接触时间增加了基材和元器件的加热程度,并且较大的接触面积使得产生的气体难以逸出,故产生的吹孔缺陷的数量较多,再加上表面浮渣形成较快,这种焊接方法很快被波峰焊取而代之。

6.7.2 波峰焊

波峰焊适于大批量生产。图 6.7.2 为波峰焊示意图,波峰由机械或电磁泵产生并可控制,印制板由传送带以一定速度和倾斜度通过波峰,完成焊接。图 6.7.3 是几种典型波峰焊机模式,图 6.7.4 是波峰焊机的主体结构。

波峰焊涉及技术范围较广:
(1) 助焊剂选择;
(2) 预热温度选择;
(3) 传送倾斜度选择;

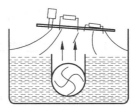

图 6.7.2 波峰焊示意图

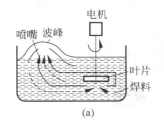
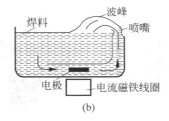
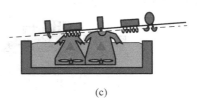

图 6.7.3 几种典型波峰焊机模式
(a) 机械泵式；(b) 电磁泵式；(c) 双波峰焊示意图

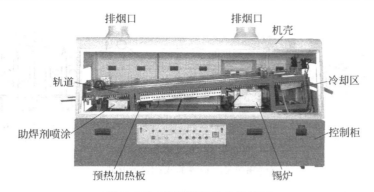

图 6.7.4 波峰焊机的主体结构

(4) 传送速度选择；
(5) 锡焊温度选择；
(6) 波峰高度及形状选择，有双峰、Ω 峰、喷射峰、气泡峰等；
(7) 冷却方式及速度选择，有自然冷却、风冷、汽冷的选择。

波峰焊机由机壳、控制柜、排烟口、轨道、助焊剂喷涂装置、预热加热板、锡炉以及冷却区等部分组成，如图 6.7.4 所示。为了适应无铅化焊接需求，近年又可以使用氮气保护的无铅波峰焊机，结构与普通波峰焊机大同小异。

由于波峰焊无法焊接目前应用越来越多的 BGA 等底部引线封装的元器件，因而近年来在许多表面贴装工艺的产品制造中被再流焊取代。但由于波峰焊在通孔插装工艺中，特别是较大插装元器件焊接中仍然具有优势，因而在通孔插装和表面贴装工艺共存的情况下，波峰焊工艺仍然有存在和发展的空间。

6.7.3 选择性波峰焊与焊接机械手

1. 选择波峰焊

选择波峰焊是为了满足通孔元器件焊接发展要求应运而生的一种特殊形式的波峰焊。这种焊接方法也可以称为局部波峰焊，其主要特点是实现整板局部焊接，液体焊料不是"瀑布式"的喷向整板电路板，而是"喷泉式"喷到需要的部位，因而完全可以克服传统波峰焊的缺点，如图 6.7.5 所示。

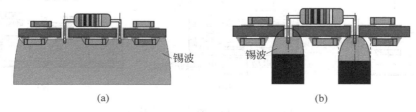

图 6.7.5 传统波峰焊与选择性波峰焊比较示意图
(a) 传统波峰焊；(b) 选择波峰焊

由于使用选择波峰焊进行焊接时,每一个焊点的焊接参数都可以量身订制,不必再互相将就。通过对焊接机编程,把每个焊点的焊接参数(助焊剂的喷涂量、焊接时间、焊接波峰高度等)调至最佳,缺陷率由此降低,我们甚至有可能做到通孔元器件的零缺陷焊接。

与传统波峰焊工艺流程一样,选择焊也是由助焊剂喷涂、预热和焊接三个模块构成,其中喷涂和预热与传统波峰焊类似,只是仅针对板上选择的一个区域操作,而焊接模块是这种焊接方法的关键,需要准确控制液体焊料喷出的形状、高度等参数,图6.7.6就是波峰焊选择焊料喷嘴。通过设备编程装置,助焊剂喷涂模块可对每个焊点依次完成助焊剂选择性喷涂,经预热模块预热后,再由焊接模块对每个焊点逐点完成焊接。为了控制液体焊料的氧化,提高润湿性,也可使用氮气保护。

同时,选择波峰焊只是针对所需要焊接的点进行助焊剂的选择性喷涂,因此线路板的清洁度大大提高,同时离子污染也大大降低。

2. 焊接机械手

焊接机械手是为了解决手工焊接的这些弱点而发展起来的。锡焊机械手也被一些厂商称为焊接机器人,但实际上并不具备真正意义上的机器人功能,因此称为焊接机械手比较确切。图6.7.7所示是焊接机械手两种常见结构模式。其中图6.7.7(a)就是一个具有灵活手臂关节的通用机械手,配上焊接系统(拿上电烙铁和焊锡丝,以及相应温度、送丝速度控制模块,与人工焊接过程类似,只是它只受电脑编程的控制,不受操作者技能和情绪的影响。

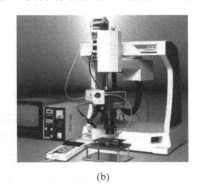

(a)　　　　　　　　　　　(b)

图6.7.6　波峰焊选择焊料喷嘴　　　　图6.7.7　焊接机械手

图6.7.7(b)是专门为焊接开发的运动控制与焊接系统一体化框架式结构,其运动控制与机械手作用类似,除实现 $X/Y/Z$ 三维运动外,还可以在一定范围内转动角度,以适应焊接工艺需求。它们都需要根据电路板元器件、焊接工艺要求规范进行编程。当然,机械手的工作效率、质量取决于计算机,而计算机又取决于人的管理和智慧。

装联与检测技术

装联与检测技术是将电子零件和部件按设计要求装成整机、并通过检测而达到设计要求的多种技术的综合,是电子产品生产过程中极其重要的环节。一个设计精良的产品可能因为装配连接工艺缺陷或调试不当而无法实现预定的技术指标,一台精密的电子设备之中可能由于一个螺钉的松动或检测不到位而造成巨大损失,这样的例子在实际工作中屡见不鲜。了解装联与检测技术对电子产品的设计、制造、使用和维修都是不可缺少的。

7.1 装联与检测技术概述

7.1.1 装联技术

1. 电子产品与装联

电子产品从基本概念上说,包括软件和硬件两大类。本书讨论的内容,限于产品物理实体,即产品硬件。因此除非特别说明,提到电子产品指的都是电子产品硬件。

电子产品硬件,从简单的只有几个元器件,例如电压转换器(例如将 220 V 转换成 110 V)、整流器(交流电转换成直流电)、手电筒等,到复杂的包含成千上万元器件的手机、计算机、工业控制机,直到大型综合系统,例如互联网系统、移动通信系统、工业计算机制造系统等;无论简单到拆开外壳后一目了然,还是复杂到无法通过通常意义上的展示来了解其结构组成(例如大型计算机系统)或者为了某种需要做成无法展示的黑匣子;究其本质,都是以集成电路为核心的各种各样的电子元器件,按照一定规则互相连接的产物。

2. 产品设计与工艺

根据产品功能、性能要求,选择哪些元器件以及这些元器件按照怎样的规则连接,这就是通常被人们看作神秘莫测的电子设计,或者确切说是产品电路原理设计。怎样实现设计意图,或者说设计方案,也就是说怎样把一堆元器件按照时间规则正确、可靠地连接起来,使之能够实现设计的功能、达到预定性能要求,这就是通常被人们看作繁琐的技术含量不高的电子工艺。

对于电子产品而言,产品的先进性、创新性及至关重要的性能价格比,主要取决于电子产品设计;而产品能否实现设计要求,创造社会效益和企业经济效益,关键在于制造工艺。传统意义上的电子产品设计由于微电子技术的快速发展使得设计越来越简化,而传统认为简单的电子工艺却随着电子产品复杂性和微小型化的发展而越来越复杂,这是 21 世纪电子产业发展的新特点。

3. 安装与连接

1)安装、连接与装联技术

按照产品电路原理图设计,将各种各样元器件安装定位,再采用一定方法按原理图要求将它们互相连接起来,完成设计功能和要求,就形成所谓的电子装联技术。装联技术,包括装和联两层意思。装就是元器件安装定位,过去叫安装,现在安装与组装意思相通,但按习惯理解,组装既包括装又包括联,因此本书仅指装时还是用安装;而联自然是指连接,装联也可以称为装连,考虑业界习惯,本书确定为装联。但相应的连接,例如连接器,一般不称为联接和联接器。语言发展的规律是习惯成自然和约定俗成,而不是学究式的说文解字和语法。

2)安装

安装,包括把元器件安装到印制电路板的通孔安装和表面贴装,一部分元器件及零部件的机械安装(螺钉安装、插接安装、粘接安装等)和整机安装等,按照企业工艺分类属于机械装配范畴。安装的正确(各就各位)、准确(形位尺寸)、精确(安装力度,例如一颗螺钉的紧固力度精确到勃)不仅关系到产品制造的整体质量水平和产品的使用性能,甚至关系到产品的生死存亡,有关实例在工业界数不胜数。

在电子装联技术中,安装覆盖的范围很大,从元器件封装到系统组装都需要各种安装技术,表 7.1.1 是电子安装技术的分级。

表 7.1.1 电子安装技术的分级

安装级	名称	技术内容	技术方法设备举例
第 1 级	芯片安装	IC 芯片放置到封装位置,通常称为贴片	IC 绑定机
第 2 级	板级安装	将元器件安装到印制电路板上	元器件插装机 元器件贴片机 元器件压接安装
第 3 级	整机安装	印制电路板及其他零部件安装到机壳内;面板零部件安装;输入输出零部件安装,线缆安装;机壳安装等	螺钉紧固安装 结构插接安装
第 4 级	机柜或系统级安装	若干整机及结构零部件固定在相应位置,通过线缆、插接等方法组成应用系统	螺钉紧固安装 结构插接安装 线缆安装

3) 连接

连接,包括印制电路板提供的元器件连接导线和以焊接为主流的各种各样的连接技术,对于电子产品质量、性能和安全等方方面面都有非常大的影响,更是重视实践和了解工程的人们耳熟能详的常识。只是这种实践性很强的技术,机制浅显,功夫全在实践中,故容易被人们看作雕虫小技。

电子连接从连接的性质可以分为永久性连接和易拆卸连接。其中易拆卸连接是需要经常拆卸、并且容易实现通断的连接,主要通过各种连接器和相应线缆(包括光缆和电缆)实现反复连接和拆卸功能,其技术关键主要在于连接器的质量和合理选择,以及连接器与线缆之间永久性连接的质量;螺钉连接也属于易拆卸连接,不过这种连接更偏向机械属性。

永久性连接是不需要、也不容易拆卸的电气和机械连接,是以焊接为主流的多种技术融合,图 7.1.1 是电子产品常用永久性连接。图中螺钉连接有"※"号是因为一般螺钉连接是非永久性连接,但有些情况下也用螺钉连接实现永久性连接,例如在螺钉上点胶等方法。

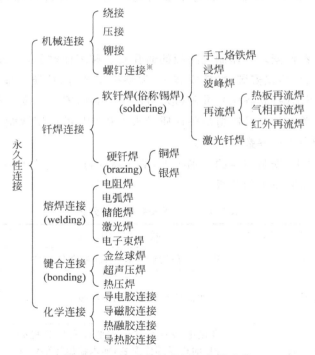

图 7.1.1　电子产品常用永久性连接

安装与连接,概括了电子工艺技术的主要内容,也是本书主线。元器件、印制电路、焊接、表面贴装、检测技术等都是围绕安装与连接的主线展开的,本章则是对上述章节未能包括的有关装联工艺技术的介绍,限于本书篇幅,只能作概要简介。

7.1.2 检测技术

调试与检测技术包括通常电子生产和研制工作中的调整、测试、检验、维修等多项工作。对生产过程而言,这些工作是不同工序、不同生产环节。但对于电子技术工作者来说,这些工作都有共同的要求:对电路原理的理解和分析,电子测量技术和相应仪器仪表设备的掌握以及安全防护。本节主要介绍这项工作的基础。

1. 调试、检测与*产品生产*

调试和检测贯穿于产品生产的全过程。图 7.1.2 为一般电子产品生产过程示意图,由图中我们不难看出调试和检测工作在整个生产过程中的重要性。

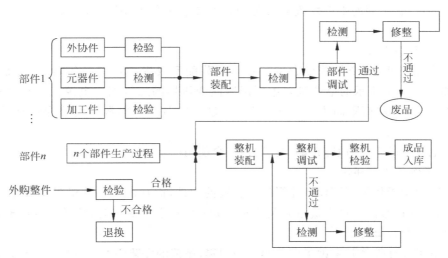

图 7.1.2　电子产品生产流程示意图

生产环节中的每一步调试、检测都有相应的工序和岗位,由技术工人按照工艺卡进行工作。制定既保证产品质量和技术性能,又高效、经济、容易实现的工艺卡,是以丰富的工艺知识和实践经验为基础的。

2. 调试、检测与科研开发

科研工作和产品开发研制工作中始终离不开调试检测工作,可以毫不夸张地说,技术方案确定以后,调试和检测就是决定性的因素。

- 设计方案一开始,就需要对关键零部件和元器件进行样品测试、认证。
- 设计原理试验,离开对试验元器件和零部件的科学检测,往往会事倍功半。
- 试验过程,除了安装以外主要进行的是调试和检测工作。
- 方案的确认是建立在科学测试基础上的。
- 一个电路故障,查寻几小时甚至几天,耗费的时间超过安装时间的数倍、数十倍,并不鲜见。

- 样机试制更是步步离不开调试和检测。

7.2 安装技术

安装是将电子零部件按要求装接到规定的位置上,大部分安装都离不开螺钉紧固,也有些零部件仅需要简单的插接即可。安装质量不仅取决于工艺设计,很大程度上也依赖于操作人员的技术水平和装配技能。

7.2.1 电子安装技术要求

不同的产品,不同的生产规模对安装的技术要求是各不相同的,但基本要求是有章可循的。

1. 保证安全使用

电子产品安装,安全是首要大事。不良的装配不仅影响产品技能,而且造成安全隐患。例如图7.2.1所示的电子装置中利用紧固变压器的螺钉固定电源线,由于螺钉连接设备外壳,电线在螺钉紧固力作用下变形,经过一段时间后电源线绝缘层破坏造成漏电事故。

实际电子产品千差万别,正确的安装是安全使用的基本保证。

2. 不损伤产品零部件

安装时由于操作不当不仅可能损坏所安装的零件,而且还会殃及相邻零部件。例如装瓷质波段开关时,紧固力过大造成开关变形失效;面板上装螺钉时,螺丝刀滑出擦伤面板;装集成电路折断管脚等。

通常电子零部件都是考虑了安装操作的因素,规范的安装完全可以避免损伤产品。

3. 保证电性能

电气连接的导通与绝缘,接触电阻和绝缘电阻都和产品性能、质量紧密相关。如图7.2.2所示,为某设备电源输出线,安装者未按规定将导线绞合镀锡而直接装上,从而导致一部分芯线散出,通电检验和初期工作都正常,但由于局部电阻大而发热,工作一段时间后,导线及螺钉氧化,进而使接触电阻增大,结果造成设备不能正常工作。

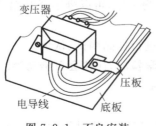

图7.2.1 不良安装

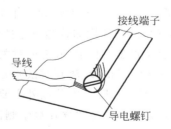

图7.2.2 不良接线示例

4. 保证机械强度

产品安装中要考虑到有些零部件在运输、搬动中受机械振动作用而受损的情况。如图 7.2.3(a)表示一安装在印制板上的带散热片的三极管,显然仅靠印制板上的焊点难以支持较大质量的散热片的作用力,图 7.2.3(b)所示的变压器靠自攻螺钉固定在塑料壳上也难保证机械强度。

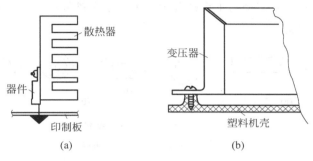

图 7.2.3 安装机械强度不足示例

5. 保证传热、电磁屏蔽要求

某些零部件安装时必须考虑传热或电磁屏蔽的问题。如图 7.2.4 所示,由于紧固螺钉不当,造成功率管与散热器贴合不良,影响散热。

图 7.2.5 所示金属屏蔽盒,由于有接缝会降低屏蔽效果,如果安装时在接缝中衬上导电垫,就可保证屏蔽性能。

图 7.2.4 贴合不良

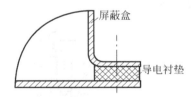

图 7.2.5 屏蔽盒示意图

7.2.2 紧固安装

在电子产品装配工作中,紧固安装占有很大比例,而且随着制造业专业化、集成化进程的加快,这个比例还在增大。

紧固安装,往往包括安装和连接双重作用,用螺钉、螺母将零部件等紧固在各自的位置上,或者用螺钉实现电气连接,看似简单,但要达到牢固、安全、可靠的要求,则必须对紧固件的规格、紧固工具及操作方法等合理选择。

1. 常用紧固件及选用

紧固件种类繁多,详细资料应查阅机械零件手册,这里仅就电子装配中几种常用紧固件作简要介绍。

1) 螺钉结构选用

图 7.2.6 是常用螺钉及螺钉头部结构示意图,除了图中的半圆头螺钉,还有圆柱头等多种选择,常用头部结构有一字槽与十字槽两种。由于十字槽具有对中性好、螺丝刀不容易滑出的优点,使用日益广泛。

图 7.2.6 电子装配常用螺钉
(a) 螺钉(半圆头);(b) 螺钉头部

大多数情况下,对连接表面没有特殊要求时都可以选用圆柱头或半圆头螺钉。其中圆柱头螺钉特别是球面圆柱头螺钉,因槽口较深,改锥用力拧紧时一般不容易拧坏槽口,因此比半圆头螺钉更适用于需较大紧固力的部位(见图 7.2.7(a)),这种螺钉对连接件不提供准确定位。当需要连接面平整时应用沉头螺钉。当沉头孔合适时可以使螺钉与平面保持同高,并且使连接件较确切地定位。这种螺钉因为槽口较浅一般不能承受较大紧固力(图 7.2.7(b))。当螺钉需较大拧紧力且连接要求准确定位,但不要求平面时可选用半沉头螺钉(图 7.2.7(c))。

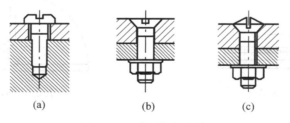

图 7.2.7 常用螺钉连接

垫圈头螺钉则用于薄板或塑料等需要大固定面积的安装中,可以省去放垫圈的麻烦。

自攻螺钉(图 7.2.8(a))一般适用于薄铁板或塑料件连接,在电子产品中应用很多,它的特点是不需在连接件上攻螺纹。显然这种螺钉不适于经常拆卸或受较大拉力的连接,而是用于固定那些质量轻的部件。而像变压器、铁壳电容器等相对质量大的零部件决不可仅用自攻螺钉固定。紧固螺钉(图 7.2.8(b))又叫顶丝,其使用不如上述螺钉普遍,根据结构和使用要求不难确定种类。这类螺钉不用加防松垫圈。

图 7.2.8　自攻螺钉与紧固螺钉

2) 螺母及垫圈

图 7.2.9 是几种常用螺母和垫圈。螺母以六角螺母使用最普及，无特殊要求均可使用。垫圈主要用于螺钉防松。

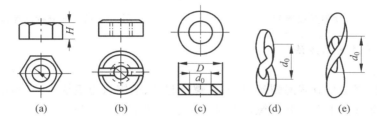

图 7.2.9　常用螺母与垫圈

(a) 六角螺母；(b) 圆螺母；(c) 平垫圈；(d) 弹簧垫；(e) 波形弹簧垫

3) 螺钉尺寸和数量

电子产品中螺钉主要起紧固作用，受力不是很大，通常可采用简单类比法来确定螺钉尺寸和数量。所谓类比法就是对比已有产品和仪器设备，简单类推到新产品设计中去。当然对某些受力较大的地方，特别是反复受剪切力的部位，还是应该进行适当核算的。表 7.2.1 是几种常用小螺钉的极限拉伸力，可供参考。

表 7.2.1　几种常用螺钉的极限拉伸力　　　　　　　　　　　　　kgf

	M2	M2.5	M3	M4	M5	M6	M8
钢	83	135	200	350	570	800	1460
黄铜	70	115	170	300	480	685	1240

4) 螺钉长度

螺钉长度要根据被连接零件尺寸确定，图 7.2.10 所示估计方法可供参考。

5) 材料及表面选择

一般仪器连接螺钉都可以选用成本较低的镀锌钢制螺钉。仪器面板上为增加美观及防止生锈可用镀亮铬或镀镍螺钉，而紧定螺钉由于埋在元件内，所以只需选择防锈蚀处理过的即可。某些要求导电性能高的情况可选用黄铜螺钉、镀银螺钉。

6) 特殊螺钉

一部分电子产品为了防止非专业人员拆卸,使用一些特殊端头的螺钉,例如凸面槽形、五瓣花形、内三角形等,如图 7.2.11 所示。这些螺钉必须使用专用工具,使用一般通用螺丝刀无法操作,或者造成端头损坏。

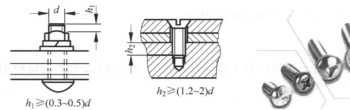

图 7.2.10　螺钉长度确定

图 7.2.11　部分特殊螺钉

2．紧固工具及紧固方法

1) 紧固工具

紧固螺钉所用工具有普通螺丝刀(又名螺丝起子、改锥)、力矩螺丝刀、固定扳手、活动扳手、力矩扳手、套管扳手等。其中螺丝刀又有一字头和十字头之分。

每一种紧固工具都按螺钉尺寸有若干规格。正确的紧固方法应按螺钉大小的不同而选用不同规格的工具。

正规产品应使用力矩工具,以保证每个螺钉都以最佳力矩紧固。大批量生产中一般使用电动或气动紧固工具,并且都有力矩控制机构,如图 7.2.12 所示为专业紧固工具实例。

2) 最佳紧固力矩

紧固力矩小,螺钉松,使用中会松动而失去紧固作用;紧固力矩太大,容易使螺纹滑扣,甚至造成螺钉断裂。

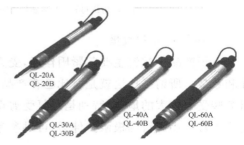

图 7.2.12　专业紧固工具

$$最佳紧固力矩 = (螺钉破坏力矩) \times (0.6 \sim 0.8)$$

每种尺寸的螺钉都有固定的最佳紧固力矩,使用专业力矩工具,可以控制紧固力矩到 $1\text{gf} \cdot \text{cm}$ 的精确程度,这在有些紧固安装中是必要的,例如散热器安装、密封结构的安装等。

使用普通工具则依靠合适的规格和操作者经验来完成。

3) 紧固方法

(1) 使用普通螺丝刀紧固要领:先用手指尖握住手柄拧紧螺钉,再用手掌紧握拧半圈左右。

(2) 紧固有弹簧垫圈的螺钉时,要使弹簧垫圈刚好压平。

(3) 没有配套螺丝刀时,通过握刀手法控制力矩方法。

如图 7.2.13(a)力矩最小,适用于 M3 以下螺钉;图 7.2.13(b)力矩稍大,适用于 M3～M4;图 7.2.13(c)力矩较大,用于 M5～M6。

图 7.2.13　螺丝刀握法
(a) 力矩小；(b) 力矩稍大；(c) 力矩大

(4) 成组螺钉紧固,采用对角轮流紧固的方法,如图 7.2.14 所示。先轮流将全部螺钉预紧(刚刚拧上劲为止),再按图 7.2.14 所示顺序紧固。

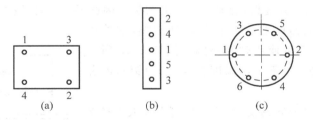

图 7.2.14　成组螺钉紧固顺序示例

3. 螺钉防松

常用防松方法有三种,根据具体安装对象确定。

1) 加装垫圈

平垫圈可防止拧紧螺钉时螺钉与连接件的相互作用,但不能起防松作用。弹簧垫圈使用最普遍且防松效果好,但这种垫圈经多次拆卸后防松效果会变差,因此应在调整完毕的最后工序时紧固它。波形垫圈防松效果稍差,所需拧紧力较小且不吃进金属表面,常用于螺纹尺寸较大、连接面不希望有伤痕的部位。齿形垫圈所需压紧力小但其齿能咬住连接件表面,特别是漆面的防松垫,在电位器类元件中用的较多。止动垫圈的防振作用靠耳片固定六齿螺母,仅用于靠近连接件边缘但不需拆卸的部位,一般不常用。

2) 使用双螺母

双螺母防松的关键是紧固时先紧下螺母,之后用一扳手固定下螺母,用另一扳手紧固上螺母,使上下螺母之间形成挤压而固定。双螺母防松效果良好,但受安装位置和方式的限制。

3) 使用防松漆或胶

螺钉紧固后加点漆(一般由硝基磁漆和清漆配成)或胶也可起到防松作用,一般只限于小于 M3 的螺钉。

4. 导电螺钉(栓)

作为电气连接用的螺钉(栓)需要考虑载流量,这种螺钉(栓)一般用黄铜制造,可参照表 7.2.2。

表 7.2.2 导电螺钉载流量

电流范围	<5A	5～10A	10～20A	20～50A	50～100A	100～150A	150～300A
选用螺钉	M3～M4	M4	M5	M6	M8	M10	M12

注：材料：黄铜

7.2.3 典型零部件安装

1. 瓷件、胶木件、塑料件的安装

这类零件的特点是强度低,容易在安装时损坏。因此要选择合适衬垫和注意紧固力。

瓷件和胶木件安装时要在接触位置加软垫,如橡胶垫、纸垫、软铝垫,决不可使用弹簧垫圈。图 7.2.15 所示为一瓷绝缘架的安装,由于工作温度较高,选用铝垫圈并用双螺母防松。

塑料件较软,安装时容易变形,应在螺钉上加大外径垫圈,使用自攻螺钉时螺钉旋入深度不小于螺钉直径的 2 倍。

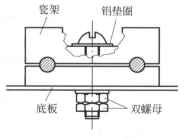

图 7.2.15 瓷绝缘架的安装

2. 面板零件安装

面板上调节控制所用的电位器、波段开关、接插件等通常都是螺纹安装结构。安装时一要选用合适的防松垫圈;二要注意保护面板,防止紧固螺母时划伤面板。图 7.2.16 为几种常见的面板零件安装方法。

3. 功率器件安装

功率器件工作时要发热,依靠散热器将热量散发出去,安装质量对传热效率关系重大。以下三点是安装要点：

(1) 器件和散热器接触面要清洁平整、保证接触良好;

(2) 接触面上加硅酯;

(3) 两个以上螺钉安装时要对角线轮流紧固,防止贴合不良。

4. 印制电路板安装

把印制电路板安装到机壳下底板可以采用多种安装技术。对于体积要求不是很严格以及非移动或便携式产品,为了获得良好的机械稳定性,印制电路板至少三边都应留有 10～25 mm 的空位以供支撑之用。通常情况下,0.8 mm 和 1.6 mm 厚的电路板应至少每

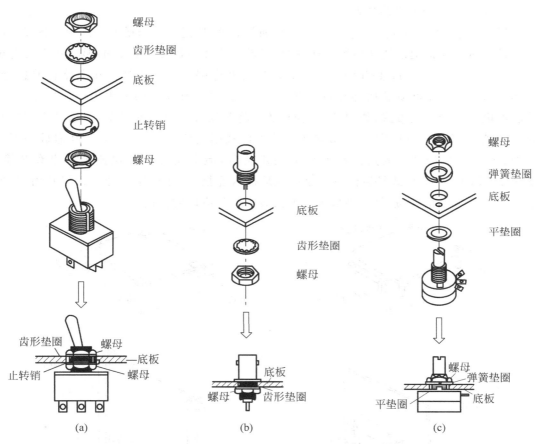

图 7.2.16 几种常见的面板零件安装方法
(a)开关安装；(b)插座安装；(c)电位器安装

隔 10 cm 有一个支撑点。

1) 印制电路板安装要求

对于印制电路板装配技术的选择需要参考下列因素：
- 印制电路板的尺寸和形状；
- 输入输出端连接方式和位置；
- 印制电路板的调试、维修空间需求；
- 散热要求；
- 屏蔽罩要求；
- 可利用的有效空间；
- 电路类型以及与其他电路间的关系。

2) 印制电路板的安装与固定

插入式印制电路板连接最便捷的方式是插件导轨,通过扩展卡槽的方法为设备以外电路板的测试提供便捷的快速拆装方式,插件导轨的类型取决于电路板的形状和安装定位的精确程度。图 7.2.17 是几种常用的插件导轨及电路板安装方法。在电路板的边缘,必须留有足够的空间安装插件导轨。图 7.2.17(a)是一种简单的适用于任何尺寸、任何形状的电路板的安装方式,如想节约空间,还可将其安装于容器的四壁,但这种方式安装比较麻烦;图 7.2.17(b)中,Z 字形支架尺寸可以根据电路板确定,适应性好但拆装不大方便;图 7.2.17(c)中,虽然没有实际的固定装置,但电路板能被快速地取出和替换;图 7.2.17(d)中,立柱式导轨使电路板慢慢地插入连接器,然后用某种装置将其固定,安装可靠而且拆装很容易,是大多数工业及仪表类产品应用的首选。

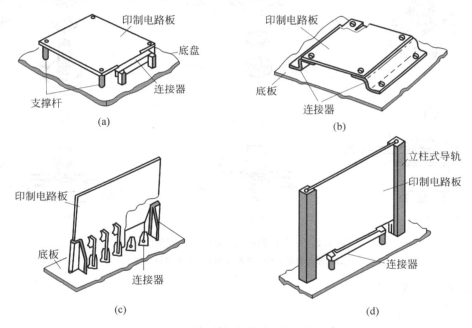

图 7.2.17 几种常用的插件导轨及电路板安装方法
(a) 安装于带螺纹的支撑杆上;(b) Z 字形支架;(c) 金属片支撑导轨;(d) 带有凹槽的立柱导轨

3) 印制板加固

对于面积比较大或一个方向尺寸比较大的印制板,为了保证在机械力(例如印制板上有比较重的元器件、或工作于振动环境中)作用下电路板仍能保持平坦,可以采用把电路板安装在一个框架中或使用加固物的方法。这些加固措施也可以在焊接前就安装到电路板,可以避免电路板在波峰焊接或回流焊接中可能产生的弯曲,如图 7.2.18 所示。

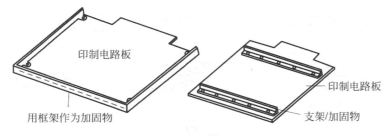

图 7.2.18 印制板加固方法

7.3 几种常用连接技术

几乎所有的电子产品都离不开导线连接。早期的电子产品完全依靠导线互连,虽然印制电路技术取代了大部分导线连接,无线传输和通信可以淘汰一部分导线连接,但是随着电子产品系统复杂化和系统化,电路板之间、零部件之间、组成系统的整机之间以及信号输入输出仍然离不开各种连接。

连接技术种类很多,本节仅介绍导线连接、导电胶条连接和插接等几种常用连接技术。

7.3.1 导线连接

导线连接是除焊接之外应用最广泛的电子连接技术。根据产品要求,正确选取导线的品种规格、合理设计布线方法、采用可靠的连接技术,是保证产品质量和性能的重要环节。

1. 安装导线及绝缘材料选用

导线除裸线外,主要由导体和绝缘体两部分构成。

(1) 导体——电子产品所用导线的导体基本都使用铜线。纯铜表面容易氧化,一部分导线在铜线表面电镀抗氧化金属,例如镀锌、镀锡、镀银等。

(2) 绝缘体——绝缘材料主要有塑料类(聚氯乙烯、聚四氟乙烯等)、橡胶类、纤维(棉、化纤等)和涂料类(聚酯、聚乙烯漆等),它们可以单独使用,也可组合使用。绝缘体除电绝缘功能外,还有保护导线不受外界环境腐蚀和增强机械强度的作用。

电线电缆种类繁多,电子产品常用线材有安装导线(见图 7.3.1)、屏蔽线、同轴电缆、扁平电缆等。后面几种线材的使用和加工有特殊要求,将作专门介绍。

选用导线通常要考虑以下因素。

1) 电气因素

(1) 允许电流与安全电流 导线通过电流会产生温升,在一定温度限制下的电流值称为允许电流。不同绝缘材料、不同导线截面的电线允许电流不同。实际选择导线时要使导线中最大电流小于允许电流并取适当安全系数。根据产品级别和使用要求,安全系数可取 0.5~0.8(安全系数=工作电流/允许电流)。

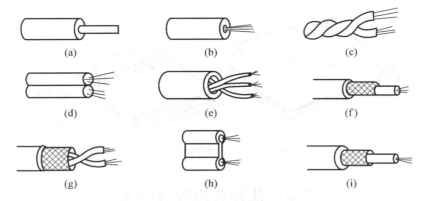

图 7.3.1 常用安装导线

(a) 单股线；(b) 多股线；(c) 双绞线；(d) 双排线；(e) 带护套多芯线；(f) 带护套屏蔽层单芯线；
(g) 带护套屏蔽层双芯线；(h) 300 Ω 电缆线；(i) 75 Ω 电缆线

安装导线常用的电源线,因其使用条件复杂,经常为人体触及,一般要求安全系数更大一些,通常规定截面不得小于 0.4 mm² 且安全系数不超过 0.5。

表 7.3.1 为铜芯导线在环境温度 25℃,载流芯允许温度 70℃ 条件下,架空敷设条件下允许的电流值。实际电子装配选用导线时,由于导线工作环境温度往往较高,载流芯允许温度也不允许达到 70℃,所以实际允许载流量比表 7.3.1 中数量要小很多。

表 7.3.1 常用导线参考载流量

标称截面/mm²	0.2	0.3	0.4	0.5	0.6	0.7	0.8	1.0	1.5	2.0
参考载流量/A	4	6	8	10	12	14	16	20	25	30

作为粗略估算,可按 3 A/mm² 的载流量选取导线截面,在通常条件下是安全的。

(2) 导线电压降　当导线较短时可以忽略导线电压降,但当导线较长时就必须考虑。为了减小导线上的压降,常选取较大截面积的导线,这也是我们经常强调电子产品中地线要有足够截面积的缘故。

(3) 额定电压　导线绝缘层的绝缘电阻是随电压升高而下降的,如果超过一定电压则会发生击穿放电现象。一般导线给出的试验电压表示加电 1 min 无放电现象,实际使用电压一般取试验电压的 (1/5～1/3)。

(4) 频率及阻抗特性　如果通过导线的电流频率较高,则必须考虑阻抗及介质损耗、集肤效应等。射频电缆的阻抗必须与电路阻抗特性匹配,否则不能正常工作。

(5) 信号线屏蔽　传输低电平信号时,为了防止外界噪声干扰,应选用屏蔽线,例如音响电路的功率放大器之前的信号线均用屏蔽线。

2) 环境因素

(1) 机械强度　如果产品的导线在运输、使用中可能承受机械力的作用,选择导线时就要对抗拉强度、耐磨性、柔软性有所要求,特别是高电压、大电流工作的导线。

(2) 环境温度 环境温度对导线的影响很大,会使导线变软或变硬甚至变形开裂,造成事故。选择导线要能适应产品工作温度。

(3) 耐老化腐蚀 各种绝缘材料都会老化腐蚀,例如长期日光照射会加速橡胶绝缘老化,接触化学溶剂可能腐蚀导线绝缘外皮等。应根据产品工作环境选择相应导线。

3) 装配工艺因素

(1) 选择导线时要尽可能考虑装配工艺的优化。例如,一组导线应选择相应芯线数的电缆而避免用单根线组合,既省工又增加可靠性;再如带织物层的导线用普通剥线方法很难剥端头,如果不是强度的需要则不宜选用这种导线当普通连接线。

(2) 导线颜色,符合习惯、便于识别,可参考表 7.3.2。

表 7.3.2 导线颜色选择

电 路 种 类		导 线 颜 色
一般 AC 线路		①白;②灰
AC 电源线	相线 L1	黄
	相线 L2	绿
	相线 L3	红
	工作零线 N	淡蓝
	保护零线 PE	黄绿双色
DC 线路	+	①红;②棕
	GND	①黑;②紫
	−	①蓝;②白底青纹
晶体管电路	E	①红;②棕
	B	①黄;②橙
	C	①青;②绿
立体声电路	R 声道	①红;②橙
	L 声道	①白;②灰
视频		黄

2. 扁平电缆

扁平电缆又称带状电缆或排线,是电子产品常用的导线之一。在数字电路特别是计算机电路中,连接导线往往成组出现,工作电平、导线去向都一致,使用扁平电缆很方便。

目前常用的扁平电缆是导线芯为 $7\times0.1\ mm^2$ 的多股软线,外皮为聚氯乙烯,导线间距为 1.27 mm,导线根数为 20～60 不等,颜色多为灰色或灰白色,在一侧最边缘的线为红色或其他不同颜色,作为接线顺序的标志,如图 7.3.2 所示。

扁平电缆使用中大都采用穿刺卡接方式与专用插头连接。如图 7.3.3 所示,接头内有与扁平电缆尺寸相对应的 U 形接线簧片,在压力作用下,簧片刺

图 7.3.2 扁平电缆

破电缆绝缘皮,将导线压入 U 形刀口,并紧紧挤压导线,获得电气接触。这种压接一般有专用压线工具,也可用手工压接。图 7.3.4 所示是已接好的扁平电缆组件。

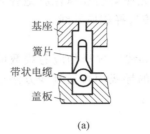 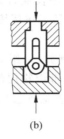  

图 7.3.3 扁平电缆穿刺卡接示意图
(a) 对准;(b) 压入;(c) 连接

图 7.3.4 已接好的扁平电缆组件

3. 线束

电子产品内部布线有两种方式:一种是按电路图用导线分别连接,称为分散布线,研制及单件生产中往往采用这种方式;另一种是先将导线捆扎成线束后布线,称为集中布线,在批量正规生产中都采用这种方式。

采用线束方式,可以和产品装配分别制作,采用专业生产,保证质量、减少错误、提高效率。

线束有软线束和硬线束两种,由产品结构和性能决定。

1) 软线束

软线束一般用于产品中功能部件之间连接,由多股导线、屏蔽线、套管及接线端子组成,一般无需捆扎,按导线功能分组。图 7.3.5 是某设备媒体播放机线束。

软线束一般无需画出实样图,用接线图和线表就可以确切描述线束的所有参数。

图 7.3.6 就是图 7.3.5 所示线束的接线图。

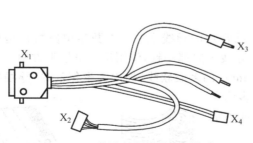 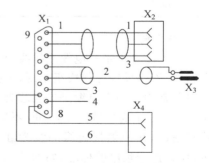

图 7.3.5 某设备媒体播放机线束

图 7.3.6 软线束接线图

这种线束一般用套管将同功能线穿在一起,当线数较多且有相同插接端子时需作标记,标记方法同硬线束标记。

2) 硬线束

硬线束多用于固定产品零部件之间的连接,特别在机柜设备中使用较多。按产品需要将多根导线捆扎成固定形状的线束。这种线束必须有实样图。图 7.3.7 是某设备的线束图(也称线把图、线扎图)。

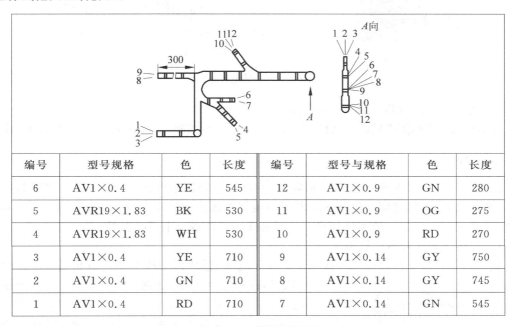

编号	型号规格	色	长度	编号	型号与规格	色	长度
6	AV1×0.4	YE	545	12	AV1×0.9	GN	280
5	AVR19×1.83	BK	530	11	AV1×0.9	OG	275
4	AVR19×1.83	WH	530	10	AV1×0.9	RD	270
3	AV1×0.4	YE	710	9	AV1×0.14	GY	750
2	AV1×0.4	GN	710	8	AV1×0.14	GY	745
1	AV1×0.4	RD	710	7	AV1×0.14	GN	545

图 7.3.7 线束图示例

7.3.2 导电胶条连接

导电胶条连接是一种可拆卸电气互连技术。近年由于便携式和可移动电子产品迅猛发展,这种连接方式以其方便快捷、成本低和可以接受的可靠性,获得广泛应用。

导电胶条连接使用一种称为导电胶条的连接器提供元器件与印制电路板之间的连接。导电胶条连接器又称导电斑马胶条,简称斑马胶条或斑马条,是由导电硅胶和绝缘硅胶交替分层叠加后硫化成形的一种条形多通道连接器,如图 7.3.8(a)所示。导电橡胶连接器性能稳定可靠,生产装配简便高效,广泛用于游戏机、电话、电子表、计算器、仪表等产品的液晶显示器与电路板的连接,可按客户的要求任意定做。

导电胶条根据产品需要可以做成各种形式,图 7.3.8(b)所示。

一般导电胶条具有以下性能。

(1) 导电层电阻率(PV):3~15 Ω·cm。

(2) 绝缘层电阻(PVZ):≥1012 Ω。

(3) 最大使用电流密度:2.5 mA/mm^2。

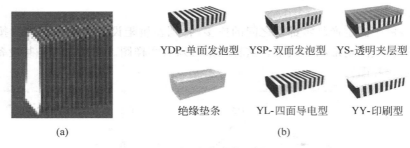

图 7.3.8 导电胶条

(4) 使用环境：温度 $-45\sim150\,^\circ\mathrm{C}$；相对湿度 $85\%(+25\,^\circ\mathrm{C})$。

导电胶条由于电阻率较高，一般只用于弱导电领域，例如液晶等显示面板与电路板的连接。

7.3.3 插接

插接是一种可以实现元器件与元器件、元器件与印制电路板、印制电路板与印制电路板、零部件之间、整机之间反复连接与断开的电气互连方法。这种连接结构简单，应用非常广泛，在电子产品中的故障率比较高。选择插接需要注意以下技术要素。

1. 接插件要有足够接触面积

插接是依靠接插件金属互相接触而形成导电通道，从而完成电路连通功能。金属的接触必然存在接触电阻，如图 7.3.9 所示，两个金属面接触在一起，不可能实现理想的面接触，肉眼看时表面光滑平整，实际上表面是凹凸不平的，只有几个点接触，因而有效接触面积比理想接触面积小很多。

图 7.3.9 两个金属面接触微观示意图

2. 接插件表面镀层至关重要

金属表面与空气接触会发生化学反应，在金属表面上形成氧化物、硫化物或其他化合物薄膜，这一非金属薄膜层的电阻远大于金属本体，并且薄膜电阻随厚度增加而增大直到变成绝缘体。因此，接插件表面防护至关重要。

一般接插件采用铜作为导电体，而铜表面很容易被氧化，必须增加保护镀层。常用连接器接触部分表面都有镀层，最好的镀层是金，所有要求较高的插接镀层都采用金镀层，例如印制电路板上的金手指、重要连接器的插针插孔等；其次为银，银的抗氧化性能不如金，但银氧化物也可以导电，因此采用银镀层也是插接的有效选择；还有其他金属及合金镀层，要根据产品应用环境和产品种类合理选择。

3. 接插件要保持一定接触压力

增加连接器两个导体之间的接触压力可使表面的凸点产生变形，从而增大接触面积，使接触电阻减少，同时一定的接触压力也可以破坏接触表面轻微的膜层而增强导电性。

因此，所有接插件接触表面都通过各种方法保持一定接触压力，图 7.3.10 是几种连接器接触结构示意图，都通过插接一边的簧片和另一边的结构尺寸配合而保持插接接触压力。

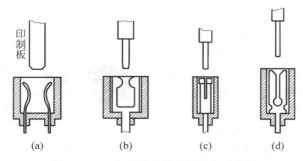

图 7.3.10 几种连接器接触结构示意图

簧片材料一般用铂青铜（弹性好、可热处理、永久疲劳变形小，但价格贵，一般用在要求较高的场合）或锡磷青铜（价格便宜、弹性差、易疲劳，一般用在普通场合）制造。

在插接连接中，产生接触压力的除了簧片结构外，还有一种通过插针、插孔以一定的锥度配合插入产生压力的结构，如图 7.3.11 所示。

但是接触压力也不是越大越好，一方面接触压力越大，需要的插拔力也越大，而适当的插拔力是考察接插件性能的参数之一；另一方面，当接触压力加到一定程度后，接触电阻不再有明显减小。

4. 合适的插拔力

插拔力就是在插接时插头插入和拔出插座所需要的力。对于多接点连接器，尽管单个插针插拔力不是很大，但总体加起来不小。例如一个 100 个接点的连接器，一般法向接触力为 196×10^3 N 时，每根针的插拔力约为 0.98 N 或更高。100 根针的插拔力就将在 98 N 以上。

当插接连接一个连接器或元器件的插针很多时，为了保证插拔方便，又保持一定接触压力，并防止损坏插针，可设计成零插拔力插座（ZIF）。如图 7.3.12 所示，就是一种 1800 根针阵列的 ZIF 插座示意图。现在计算机主板上 CPU 的插接就是使用这种零插拔力插座，所以安装和拆卸很方便。

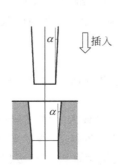

图 7.3.11 靠锥度配合产生接触压力

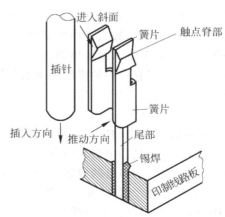

图 7.3.12 零插拔力插座结构示意图

5. 工艺设计细节不可忽略

对于插接连接的质量和可靠性,除了上述因素外,还必须注意与连接器有关的印制电路板和安装工艺设计细节。例如有一个数码音乐播放器产品,在耳机插头与外壳尺寸配合中,出了一个不应该有的问题,导致用该产品听音乐时经常会有一个声道没有声音,如图 7.3.13 所示,读者可以自己分析问题所在。

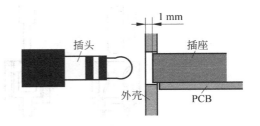

图 7.3.13　连接器安装工艺设计细节问题示意图

7.4　装联技术中的静电防护

在电子制作中,往往出现这样令人困惑的现象:精心设计好电路板,购买了一堆电子元器件,经过一番努力好不容易装配到印制电路板上,满怀信心地通电一试,却不能正常工作。检查电路板,设计正确并且经过仿真测试,没有问题;检查元器件,完全合格。问题何在?经验不足的技术人员往往将之归结于焊接工艺过程。焊接工艺是造成电子装联失效的重要原因,但不是唯一原因。在电子制作中还有一个杀手,就是看不见、摸不着,因而容易被忽视的静电危害。

静电放电往往会损伤器件,甚至使器件失效,造成严重损失,因此在电子测试装配中的静电防护非常重要。下面介绍静电及其产生的基本原理、静电防护机制以及在实际电子装联操作中的应用常识。

7.4.1　静电

静电是人类认识电现象的起源,摩擦起电就是人类最早获得的电能。每个人都会遭遇静电现象,静电与我们息息相关。

静电是相对于动电,即导体中的流动电荷而言的,是一般情况下不流动的电荷。静电是正负电荷在局部范围内失去平衡的结果,它存留于物体表面,是通过电子或离子的转换而形成的一种电能。静电多由绝缘体物体间互相摩擦或干燥空气与绝缘体摩擦产生,当能量积累到一定程度,妨碍它中和的绝缘体再也阻挡不住时,即发生剧烈放电,即静电放电(ESD),这时的最高电压可达几千乃至几万伏,往往造成危害。

静电现象有利有弊。

在人类科技发展中,静电现象已在静电喷涂、静电纺织、静电分选、静电成像等领域得到广泛的有效应用,这是静电现象的利。

但在另一些场合,静电的弊触目惊心:例如在第一个阿波罗载人宇宙飞船的模拟演习中,由于静电放电导致爆炸,使三名宇航员尚未出师身先死;在火药制造、煤矿等工矿企业生产过程中,由于静电放电,造成爆炸伤亡的事故时有发生,给人类生命财产造成巨大损失。

静电现象如雨雪风雷,不可避免,只能因势利导、趋利避害。

7.4.2 静电对电子装联技术的危害

在电子制造技术中,在目前我们实际应用的工艺技术中,静电现象几乎是有百害而无一利。其危害主要是由静电放电引起的介质击穿。

1. 静电介质击穿

随着半导体技术的发展,集成电路的工艺线越来越小,集成度越来越高,集成电路的内绝缘层越来越薄,互连导线宽度与间距越来越小,例如 CMOS 器件绝缘层的典型厚度约为 $0.1\mu m$,其相应耐击穿电压在 80~100 V;VMOS 器件的绝缘层更薄,击穿电压在 30 V 甚至低至 20 V。

人体所感应的静电电压一般可达 1 kV 以上,这就意味着,倘若我们在工作中自身所带的静电电位与 IC 接触,那么几乎所有的 IC 都将被破坏,这种危险存在于任何没有采取静电防护措施的工作环境中。而在电子产品制造中以及运输、存储等过程中所产生的静电电压也远远超过 MOS 器件的击穿电压,往往会使器件产生击穿失效,造成损失。

2. 硬击穿和软击穿

静电电压可以分为硬击穿和软击穿两种。硬击穿是直接使器件失效,一般在装配完成后的检测中可以发现;而软击穿是器件局部结构损伤和性能降低(图 7.4.1),是对元器件使用寿命的一种潜在威胁,往往不表现为器件失效,而表现在实际应用中性能降低或逐渐失效。由于软击穿在产品检测时容易漏网,在使用中出现问题时又容易归结为其他原因,因而软击穿容易被忽略,造成的危害比硬击穿更大。

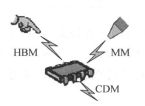 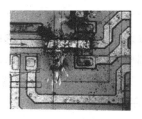

图 7.4.1 集成电路内部静电击穿

3. 静电防护工作是一项系统工程

静电防护工作涉及敏感电子产品的制造、装配、处理、检查、试验、维修、包装、运输、储存、使用等各个环节,而且是一种串联模式,符合链条效应原则,即任一环节上的失误,都将导致整个防护工作的失败;同时,它又与敏感产品所处的环境(接触的物品、空气气氛、湿度、地面、工作台、椅、加工设备、工具等)和操作人员着装(包括穿戴的服装、帽子、鞋袜、手套、腕带等)有直接关系,任一方面的疏漏或失误,都将导致静电防护工作的失败。

因此静电防护工作应该采用系统工程方法,从静电防护的系统要求着眼,全面地考虑设计、制造各个环节及其协调工作,才能将静电对电子系统的影响控制在可以接受的范围内。

7.4.3 电子装联静电防护

1. 静电敏感器件(SSD)

对静电反应敏感的器件称为静电敏感器件(SSD)，表7.4.1为静电敏感器件的分级表。静电敏感器件主要是指超大规模集成电路，特别是金属氧化物半导体(MOS电路)。不同种类的元器件对静电敏感程度不同，表7.4.2为常用静电敏感器件的敏感度。

表7.4.1 静电敏感器件的分级表

Ⅰ级	0～1999 V	Ⅲ级	4000～15 999 V
Ⅱ级	2000～3999 V	非静电敏感	≥16 000 V

表7.4.2 各种元器件的静电敏感程度

电子器件	静电电压/V	电子器件	静电电压/V
VMOS	30～1800	MOS	250～3000
MOSFET	100～200	肖特基二极管	300～2500
砷化镓 FET	100～300	SMD 薄膜电阻器	300～3000
EPROM	100 以上	双极型晶体管	380～7800
JFET	140～7000	射极耦合逻辑电路	500～1500
SAW(声表面波滤波器)	150～500	可控硅	680～1000
运算放大器	190～2500	肖特基 TTL	100～2500

由表7.4.2可以看出，各器件静电敏感度的范围尽管较大，但其下限一般都只有数十伏至数百伏，低于电子制作或工业生产中操作者、工作台面、工具所带的静电压，因而发生静电损害的可能性很大。另外，装有静电敏感器件的单板也易受静电损伤，电路设计、布板、加工、测试与维修中都存在风险。

2. 电子产品制造中的静电源

(1) 人体的活动，人与衣服、鞋、袜等物体之间的摩擦、接触和分离等产生的静电是电子产品制造中的主要静电源之一。人体静电是导致器件产生硬(软)击穿的主要原因。人体活动产生的静电电压约0.5～2 kV。

(2) 服装、鞋与工作台面、坐椅、地面摩擦时，可在服装表面产生6000 V以上的静电电压，并使人体带电。

(3) 树脂、漆膜、塑料膜封装的器件放入包装中运输时，器件表面与包装材料摩擦能产生几百伏的静电电压，对敏感器件形成威胁。

(4) 用高分子材料(通常称为塑料)制作的各种包装袋、元件盒等都可能因摩擦、冲击产生1～3.5 kV的静电电压。

(5) 电子生产设备和工具，例如电烙铁、波峰焊机、再流焊炉、贴装机、调试和检测等设备内的高压变压器、交/直流电路都会在设备上感应出静电,如果设备静电泄放措施不好,都会引起敏感器件在制造过程中的失效。

3. 静电防护原理及控制方法

电子实际操作中,特别是电子产品制造过程中,产生静电是不可避免的,关键在于有效防护;所谓防静电主要是防止静电对敏感器件放电。

(1) 静电防护原理如图 7.4.2 所示

$$\text{静电防护原理} \begin{cases} \text{控制静电源——不产生或少产生静电} \\ \text{静电的消除——通过技术措施释放静电} \end{cases}$$

图 7.4.2　静电防护原理

(2) 静电的控制方法如图 7.4.3 所示。

$$\text{静电的控制方法} \begin{cases} \text{工艺控制法——通过对工艺流程中材料的选择、装备安装和操作管理等过程应采取预防措施,控制静电的产生和电荷的聚集,抑制静电电位和放电能量} \\ \text{泄漏法——主要采用静电接地使电荷向大地泄漏以及利用增大物体电导的方法使静电泄漏} \\ \text{静电屏蔽法——采用接地的屏蔽罩防止静电,具体有两种方式。} \\ \qquad \text{内场屏蔽:屏蔽带电体,使带电体的电场不影响周围其他物体;} \\ \qquad \text{外场屏蔽:屏蔽被隔离物体,使其免受外界电场的影响} \\ \text{复合中和法——利用静电消除器(例如离子风枪,离子风机,离子风棒,离子风嘴,离子风鼓)所产生的正负离子来中和带电体的电荷,减少静电危害} \end{cases}$$

图 7.4.3　静电的控制方法

静电的控制技术是在静电电荷积聚不可避免的情况下,采取综合措施将静电危害控制在允许的范围内。

4. 电子设计与静电控制

在电子产品研制和电子制造工艺中,静电危害主要是对电子元器件,特别是静电敏感器件的损伤以及电子产品测试、使用中系统静电对产品或电子装置的意外损伤。如果在元器件设计或电子电路设计中考虑到静电危害,采取必要技术措施使电子器件静电敏感度降低或使电子产品抗静电损伤能力提高,无疑会降低静电危害。这种在设计中把静电防护考虑进去的方式,属于主动防护,对提高电子产品可靠性和降低静电危害具有重要意义。

1) 器件级静电防护

在器件的设计中,为了体现静电防护的思想,在器件内部设置静电防护元件,尽量使用对静电不敏感的器件以及对所使用的静电放电敏感器件提供适当的输入保护,使其更合理地避免静电的伤害。

2) 电路级静电防护

在电子电路的设计中,在电路信号输入端设计静电防护元件也是增强产品静电防护能力的重要方法,例如采用 TVS(瞬态电压抑制器),如图 7.4.4 所示。

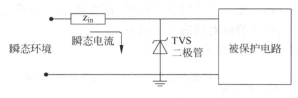

图 7.4.4 用 TVS 保护电路

3) 环境的静电防护

生产环境的防静电设计是静电控制的最后一道防线,也是静电控制的关键所在。有关生产环境的防静电设计是一门专门技术,包括生产厂房结构设计、空气湿度控制、静电消除设备设计、静电防护用品选择和应用、生产设备及工具和辅助用品的选择和应用,以及生产管理技术等一系列技术和管理措施,通常需要专业的设计和实施。

7.4.4 电子研发及电子制作中的静电防护

1. 电子工作台防静电系统

电子研发及电子制作离不开工作台。电子工作台直接与元器件、印制板组件、成品等发生接触、分离或发生摩擦,没有一定防静电措施是不安全的。工作台面、工装工具、元器件包装盒等,一般情况下大多采用高绝缘物质的橡胶、塑料、木材、玻璃等制成,极易在工作中产生电荷积聚且难以接地泄露,是造成静电敏感器件损害的重要原因。因此必须对其进行防静电处理,使其构成一个完整的静电操作系统。图 7.4.5 是电子工作台接地防护示意图。

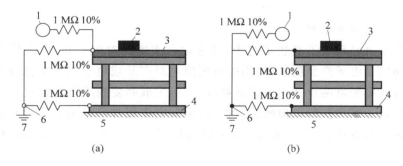

图 7.4.5 工作台接地防护

1—防静电腕带;2—防静电器件容器等;3—工作台面;4—工作台底座;5—地板;6—公共接地点;7—大地

1) 防静电台垫

在进行静电敏感器件的操作时,工作台上应铺设具有静电导电和静电耗散功能的材料制成的防静电台垫。使所有与器件接触的端子、工具、仪器仪表、人体达到一致的电位,并通过接地使静电能迅速泄露。防静电台垫是在橡胶材料中添加适量的炭黑、金属粉或导电纤维,使其产生由炭黑粒子等形成的导电网络而制成,其目的都是让静电荷能迅速被中和或泄露。

2) 防静电腕带与手套

由于在电子研发及电子制作工作中工作人员一般不穿着防静电工作服和工作鞋,地面一般也不做防静电处理,因此佩戴防静电腕带与手套就成为防止人体静电危害的重要措施(图 7.4.6)。

图 7.4.6　防静电腕带与手套

3) 防静电包装

在塑料等绝缘材料中填入炭黑,使聚合物中的炭黑离子形成聚集体,为泄露静电形成一连续通道便构成防静电包装,用于包装或存储静电敏感器件和含静电敏感器件的印制载板。或者采用内层是防静电塑料薄膜,而外层是极薄的金属膜的双层材料,既能泄漏静电荷,又可起静电屏蔽作用。

4) 防静电工具

在印制电路板装配和锡焊、检查过程中,为防止手工操作时工具带电引起的静电危害,应采用防静电烙铁和防静电吸锡器等之类的防静电工具。

5) 防静电仪器仪表

在元器件检测和电路板组件测试中使用电源、信号发生器、频率计、虚拟仪器等各种仪器仪表,这些仪器仪表必须具备防静电功能,才能使整个系统成为防静电系统。

2．电子工作室的要求

电子研发及电子制作中,当电子产品或试验装置要求较高时,尤其对于涉及静电敏感器件及含有静电敏感器件的电路板组件,应该对工作室温度和湿度有相应要求。

(1) 工作室具有可靠接地系统;

(2) 一般温度控制在 18～28℃,过高或过低都将影响设备的正常运作和精度;

(3) 相对湿度应在 50％～85％,过低则容易产生静电,过高会产生潮湿敏感器件等材料的吸湿及设备结露等问题。

3．动手操作中的静电防护工作——养成良好职业习惯

(1) 进行动手操作前了解防静电知识和措施,例如防静电标志、防静电保护区标志等

图 7.4.7 防静电和防静电保护区标

（如图 7.4.7 所示）；

（2）服装，图纸资料等不得接触元器件，图纸资料应放入防静电文件袋内；

（3）普通塑料盒、橡皮、餐具、茶具、提包、毛织物、报纸、手套等易产生静电的杂物不要放在工作台上；

（4）接触静电敏感器件应该戴好防静电腕带；

（5）手拿 PCB 或敏感器件时尽量持边缘，避免接触其引线和导电图形；

（6）静电敏感器件不要在非静电保护环境下离开生产厂家所带的防静电盒。

7.5 常用电子仪器及应用

7.5.1 常用电子仪器简介

1. 传统仪器与现代仪器

调试与检测仪器从总体上可以分为传统仪器与现代仪器两大类。

1）传统测试仪器

传统测试仪器指计算机化仪器之外的各种仪器，例如广泛应用的万用表、电压表、晶体管测试仪等。

传统测试仪器很早就有，经历了电子管、晶体管分立器件、集成电路等发展历程，而且逐渐由模拟式仪器向数字式仪器发展。

（1）模拟式仪器

早期电测量技术主要是模拟测量，此类仪器的基本结构是电磁机械式，主要是借助指针来显示测量结果。

（2）数字式仪器

随着数字技术的引入和集成电路的发展，使电测仪器由模拟式逐渐演化为数字式，其特点是将模拟信号测量转化为数字信号测量，并以数字方式输出最终结果，适用于快速响应和较高准确度的测量。这类仪器目前相当普及，如数字电压表、数字频率计等。

2）现代测试仪器

现代测试仪器指计算机化仪器，主要有智能仪器、虚拟仪器和网络仪器 3 类。

（1）智能仪器

智能仪器是将计算机技术应用到仪器中，利用计算机强大的信息处理能力使测试仪器具有自动化、集成化和智能化的功能。随着计算机技术的日益强大以及其体积的日趋缩小，这类仪器功能也越来越强大。单片机（MCU）、数字信号处理器（DSP）、可编程阵列（FPGA）以及嵌入式系统都在测试仪器中大显身手，引发传统仪器的不断革新和发展。

(2) 虚拟仪器

虚拟仪器是电脑化仪器的另一种形式——一种将仪器装入计算机、以软件为核心的测试平台。理论上几乎所有专用仪器和通用仪器都可以通过虚拟仪器实现,是现代测试仪器的发展方向。

(3) 网络仪器

网络仪器就是网络化虚拟仪器。网络的发展为基于网络的测试系统提供了平台,也成就了所谓网络仪器的诞生。随着基于工业以太网的总线规范推出,为网络化虚拟仪器的设计与实现提供了标准,这种以网络作为系统的骨干、无需机箱的虚拟仪器平台,以其优越的性能预示着广泛的发展空间。

2. 专用仪器与通用仪器

从应用领域说,电子测量仪器总体可分为专用仪器和通用仪器两大类。

1) 专用仪器

专用仪器为一个或几个产品而设计,可检测该产品的一项或多项参数,例如电视信号发生器、电冰箱性能测试仪等。

2) 通用仪器

通用仪器为一项或多项电参数的测试而设计,可检测多种产品的电参数,例如示波器、函数发生器、逻辑分析仪等。

对通用仪器,一般按功能又可细分为以下几类。

(1) 信号发生器　用于产生各种测试信号,如音频、高频、脉冲、函数、扫频等的信号发生器。

(2) 测量仪表　用于测量电压及派生量,如模拟电压表、数字电压表、万用表、毫伏表、欧姆表、电流表等。

(3) 信号分析仪器　用于观测、分析、记录各种信号,如示波器、波形分析仪、逻辑分析仪等。

(4) 频率时间相位测量仪器　如频率计、相位计等。

(5) 元器件测试仪　如 RLC 测试仪、晶体管测试仪、Q 表、晶体管图示仪、集成电路测试仪等。

(6) 电路特性测试仪　如扫频仪、阻抗测量仪、网络分析仪、失真度测试仪等。

(7) 其他仪器　用于和上述仪器配合使用的辅助仪器,如各种放大器、衰减器、模拟负载、滤波器等。

3. 测试仪器显示特性

各种测试仪器按显示特性可分为以下三类,如图 7.5.1 所示。

1) 模拟式

将被测试的电参数转换为机械位移,通过指针、标尺刻度,指示出测量数值。理论上模拟式指示是连续的,但由于标尺刻度有限,实际分辨力不高。如各种指针式电压表、电流表、频率表等。

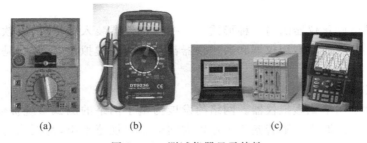

图 7.5.1 测试仪器显示特性
(a) 模拟式；(b) 数字式；(c) 屏幕图形显示

2) 数字式

将被测试的连续变化的模拟量通过 A/D 变换,转换成离散的数字量,通过数显装置显示。数字显示具有读数方便,分辨力强,精确度高的特点,已成为现代测试仪器的主流。如各种数字电压表、频率计等。

3) 屏幕图形显示

通过示波管、显示器等将信号波形或电参数的变化显示出来,各种示波器、图示仪、扫频仪等是其典型应用；虚拟仪器本身就基于计算机技术,其显示完全依赖于计算机屏幕显示。

7.5.2 仪器选择与配置

1. 选择原则

(1) 测量仪器的工作误差应远小于被测参数要求的误差。一般要求仪器误差小于被测参数要求的十分之一。例如某产品要求直流电压误差小于 1%,如果选用普通指针式万用表(一般电压测量误差 2.5%)或 $3\frac{1}{2}$ 数字万用表(电压测量误差为 0.5%±1 个字)均达不到要求,应选择 $4\frac{1}{2}$ 以上数字万用表(误差 0.03% 以下)。

(2) 仪器的测量范围和灵敏度应覆盖被测量的数值范围。例如某产品信号源频率为 10 Hz~1 MHz,选用普通 10 MHz 以上示波器可满足要求。

(3) 仪器输入输出阻抗要符合被测电路的要求。例如测量一个阻抗为 10 kΩ 的电路电压,如果用普通指针式万用表(阻抗为 20 kΩ/V 以下)测量误差就很大。

(4) 仪器输出功率应大于被测电路的最大功率,一般应大一倍以上。

以上几条是基本原则,实际应用可根据现有资源和产品要求灵活应用。例如要测量功率为 10 W 的音箱,而手头仅有功率为 2 W 的信号发生器,可以做一个功率放大器(功率、频响和失真度满足测试要求)作为测试接口。

2. 配置方案

调试与检测仪器的配置要根据工作性质和产品要求确定,具体有以下几种选配方法。

1) 一般从事电子技术工作的最低配置(传统仪器)

(1) 万用表,最好指针万用表及数字万用表各一台,因为数字万用表有时出现故障不易觉察,比较而言,指针万用表可信度较高。

$3\frac{1}{2}$ 数字万用表即可满足大多数应用,位数越多,精度和分辨率越高。指针万用表应选直流电压挡阻抗为 20 kΩ/V 且有晶体管测试功能的。

(2) 信号发生器,根据工作性质选频率及档次。普通 1 Hz~1 MHz 低频函数信号发生器可满足一般测试需要。

(3) 示波器,示波器价格较高且属耐用测试仪器,普通 20~40 M 的双踪示波器,可完成一般测试工作。

(4) 可调稳压电源,至少双路 0~24 V 或 0~32 V 可调,电流 1~3 A,稳压稳流可自动转换。

2) 标准配置

除上述 4 种基本仪器外,再加上频率计数器和 RLC 测试仪,即可以完成大部分电子测试工作。如果再有一两台针对具体工作领域的仪器,例如从事音频设备研制工作配置失真度仪和扫频仪等,即可完成主要调试检测工作。

3) 产品项目调试检测仪器

对于特定的产品,又可分为两种情况。

(1) 小批量多品种。一般以通用或专用仪器组合,再加上少量自制接口、辅助电路构成。这种组合适用广,但效率不高。建议采用适合的虚拟仪器替代传统仪器组合。

(2) 大批量生产。应以专用和自制设备为主,强调高效和操作简单。目前自动测试系统已经可以满足各种产品测试要求,是大批量生产测试系统的首选。

4) 推荐配置

由于计算机应用的普及和虚拟仪器技术的快速发展,灵活、高效的虚拟仪器平台在性能价格比上已经优于传统仪器的组合。因此除了电源和万用表外,可以选择适当的虚拟仪器平台,配置自己的测试系统。例如一种称为五合一综合测试仪的 USB 接口虚拟仪器,具有数字存储示波器、FFT 频谱分析仪、任意波形发生器、瞬态波形记录仪、数字多用表、串口分析仪、音频分析等功能,可以满足大部分电子测试需求,如图 7.5.2 所示。

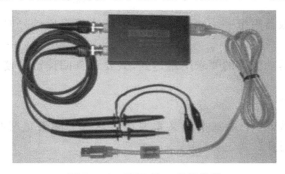

图 7.5.2　USB 接口虚拟仪器

此外,有些虚拟仪器平台配置中还含有数字电源模块,如果不是从事大功率产品研发,则这样一套虚拟仪器配置就可以完成全部工作。

7.5.3 仪器的使用与安全

电子测量仪器不同于家用电器,要求使用者具备一定电子技术专业知识,才能使仪器正常使用并发挥应有的功效。

1. 正确选择仪器功能件

这里的选择不是指一般使用电子仪器时首先要求正确选择功能和量程,而是指针对测量要求对仪器可选件的正确选择。这一点对保证测量顺利、正确进行非常重要,但实际工作中又往往被忽视。

用示波器观测脉冲波形是一个典型例子。一般示波器都带有1∶1和10∶1两个探头,或在1个探头上可转换两种比率。用哪一种探头更能真实再现脉冲波形?很多人不假思索地认为是1∶1的探头。其实不然,由于示波器输入电路不可避免地有一定输入电容(图7.5.3(a)),在输入信号频率较高(例如1 MHz以上)时,将使观测到的波形畸变(图7.5.3(c))。而10∶1的探头由于探极中有衰减电阻R_1和补偿电容C_1(图7.5.3(b))。调节C_1使$R_1C_1=R_iC_i$,从理论上讲此时输入电容C_i不存在对信号的作用,因而能够真实再现输入脉冲信号(图7.5.3(c))。

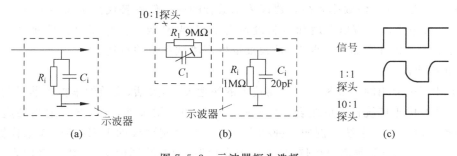

图 7.5.3　示波器探头选择

(a) 1∶1探头电路;(b) 10∶1探头电路;(c) 测量波形结果

再如有的频率计数器附带一个滤波器,当测量某个频率段信号时,必须加上滤波器,结果才是正确的。

这种正确选择仪器功能件的要求不难达到,只要认真阅读产品使用说明并在实践中体验和积累经验即可。

2. 合理接线

对测量仪器的接线,一个最基本而又重要的要求是:顺着信号传输方向,力求最短。图7.5.4是接线方式对比。

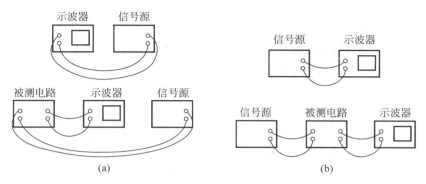

图 7.5.4 仪器接线方式对比
（a）不合理接线；（b）合理接线

3. 保证精度

保证测量精度最简单有效的方法是对有自校装置的仪器（如一部分频率计和大部分示波器），每次使用开始时都进行一次自校。

对没有自校装置的仪器，利用精度足够高的标准仪器，校准精度较低的仪器，例如用四位半数字多用表校正常用的指针表或三位半数字表。

另一个简单而又可靠的方法是当新购进仪器时，选择有代表性的性能稳定的元器件进行测量，将其作为标准记录存档，以后定期用此标准复查仪器。这种方法的前提是新购仪器是按国家标准出厂的。

不言而喻，最根本的方法还是要按产品要求定期到国家标准计量部门进行校准。

4. 谨防干扰

检测仪器使用不当会引入干扰，轻则使测试结果不理想，重则使测试结果与实际相比面目全非或无法进行测量。

引起干扰的原因多种多样，克服干扰的方法也各有千秋。以下几点是最基本的、并经实践证明是最有效的方法。

1) 接地
- 接地连线要短而粗。
- 接地接点要可靠连接，降低接触电阻。
- 多台测量仪器要考虑一点接地（见图 7.5.5）。
- 测试引线的屏蔽层一端接地。

2) 导线分离
- 输入信号线与输出线分离。
- 电源线（尤其 220 V 电源线）远离输入信号线。

- 信号线之间不要平行放置。
- 信号线不要盘成闭合图形。

3) 避免弱信号传输
- 从信号源经电缆引出的信号尽可能不要太弱,可采用测试电路衰减方式(见图 7.5.6)。
- 不得已传输弱信号时,传输线要粗、短、直,最好有屏蔽层(屏蔽层不得作导线用),且一端接地。

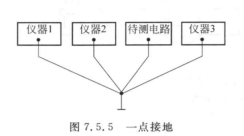

图 7.5.5　一点接地

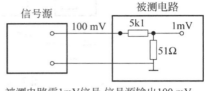

图 7.5.6　测试电路衰减方式

7.6　调试技术

电子装配是将电子基础产品——电子元器件,按照特定的规则——电路原理——连接起来,使电路具有预期的功能而实现基础产品升值。使电子元器件的连接实现特定功能的关键一步是调试。几乎没有一种电子产品可以免调试。即使某些功能结构较简单的所谓免调试产品,实际免除的是调整,因为不经过测试是无法证明产品功能价值的。

7.6.1　调试概述

1. 调试技术及特点

调试技术包括调整和测试两部分。

调整,主要是对电路参数的调整。一般是对电路中可调元器件,例如电位器、电容器、电感等以及有关机械部分进行调整,使电路达到预定的功能和性能要求。

测试,主要是对电路的各项技术指标和功能进行测量和试验,并同设计性能指标进行比较,以确定电路是否合格。

调整与测试是相互依赖、相互补充的,通常统称为调试,在实际工作中,二者是一项工作的两个方面。测试、调整,再测试、再调整,直到实现电路设计指标。

调试是对装配技术的总检查,装配质量越高,调试的直通率越高,各种装配缺陷和错误都会在调试中暴露。调试又是对设计工作的检验,凡是设计工作中考虑不周或存在工艺缺陷的地方,都可以通过调试发现,并为改进和完善产品提供依据。

调试工作与装配工作相比,前者对工作者的技术等级和综合素质要求较高,特别是样机调试是技术含量很高的工作,没有扎实的电子技术基础和一定的实践经验是难以胜任的。

2. 两种不同的调试工作

调试有两种完全不同类型的工作。

一种是产品调试。在产品从装配开始直到合格品入库的流程中,要经过若干个调试阶段。调试是装配工作中的若干个工序、完全按照生产流水线的工艺过程进行,如图7.6.1所示。在调试工序检测出的不合格品,淘汰出生产线由其他工序处理。

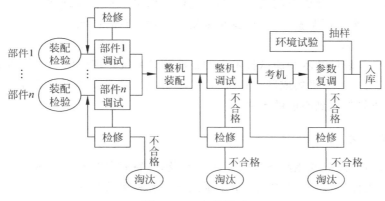

图 7.6.1 产品调试

另一种是样机调试。这里所说的样机,不是单纯的电子产品试制中制作的样机,而是泛指各种实验电路、电子工装以及通称为电子制作的各种电子线路。这种样机的调试过程如图7.6.2所示,其中故障检测占了很大比例,而且调试和检测工作都是由技术人员完成的。这里的调试不是一个工序,而是产品设计的过程之一,是产品定型和完善的必由之路。

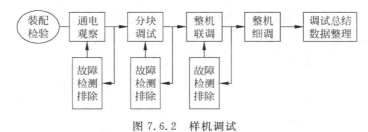

图 7.6.2 样机调试

3. 调试技术的发展

当代调试技术的发展有三个明显的趋势。

1) 强调整体调试

由于微电子技术和EDA(电子设计自动化)技术的飞速发展和日臻完善,电子产品元器件数量减少,设计制造水平不断提高,使得大批产品内的同一功能电路之间差别微小,不同功能块之间的配合有条件在产品设计中解决,因此一个电子产品内各功能块不需要或很少需要调试。调试工作主要集中在整体调试,极大提高了效率,降低了产品制造成本。

2) 趋向免调整、少测试

采用高集成度专用集成电路和大规模、超大规模通用集成电路,以及高质量周边电路元器件,再加上SMT(表面组装技术)高的可靠制造技术使电子产品走出传统的反复调整和测试的模式,向免调整、少测试方向发展。例如现代采用单片集成电路和SMT技术制造的数字调谐收音机,几乎不用调整,只须很少测试便可达到较高的指标。

3) 发展自动测试

基于计算机软硬件技术和测试技术上的自动测试系统是现代电子产品调试的主流和未来,特别是最先进的计算机集成制造系统(CIMS)将电子产品的测试完全由计算机控制,产品的一致性和质量都达到空前的水平。

7.6.2 调试安全

调试与检测过程中,要接触各种电路和仪器设备,特别是各种电源及高压电路、高压大容量电容器等,为保护检测人员安全,防止测试设备和检测线路的损坏,除严格遵守一般安全规程外,还必须注意调试和检测工作中制定的安全措施。

1. 供电安全

大部分故障检测过程中都必须加电,所有调试检测过的设备仪器,最终都要加电检验。抓住供电安全就抓住了安全的关键。

(1) 调试检测场所应有漏电保护开关和过载保护装置,电源开关、电源线及插头插座必须符合安全用电要求,任何带电导体不得裸露。

检测场所的总电源开关,应放在明显且易于操作的位置,并设置相应的指示灯。

(2) 注意交流调压器的接法。检测中往往使用交流调压器进行加载和调整试验。由于普通调压器输入与输出端不隔离,必须正确区分相线与零线的接法。如图7.6.3中使用二线插头座,容易接错线,使用三线插头座则不会接错。

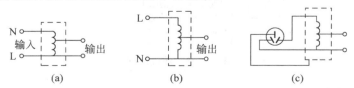

图 7.6.3 自耦调压器接线方法
(a) 错误;(b) 正确;(c) 使用三线插头座

(3) 在调试检测场所最好装备隔离变压器,一方面可以保证检测人员操作安全,另一方面防止检测设备故障与电网之间相互影响。隔离变压器之后,再接调压器,则无论如何接线均可保证安全(见图 7.6.4)。

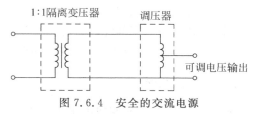

图 7.6.4　安全的交流电源

2. 测量仪器安全

(1) 所用测试仪器要定期检查,仪器外壳及可接触部分不应带电。凡金属外壳仪器,必须使用三线插头座,并保证外壳良好接地。电源线一般不超过 2 m,并具有双重绝缘。

(2) 测试仪器通电时若保险丝烧断,应更换同等规格熔丝管后再通电,若第二次再烧断则必须停机检查,不得更换大容量保险丝。

(3) 带有风扇的仪器如通电后风扇不转或有故障,应停机检查。

(4) 功耗较大的仪器(>500 W)断电后应冷却一段时间再通电(一般 3~10 min,功耗越大时间越长),避免烧断保险丝或仪器零件。

3. 操作安全

(1) 操作环境保持整洁,检测大型高压线路时,工作场地应铺绝缘胶垫,工作人员应穿绝缘鞋。

(2) 高压或大型线路通电检测时,应有两人以上进行,发现冒烟、打火、放电等异常现象,应立即断电检查。

几个必须记住的安全操作观念:

(1) 不通电不等于不带电。对大容量高压电容只有进行放电操作后才可以认为不带电。

(2) 断开电源开关不等于断开电源。如图 7.6.5 所示虽然开关处于 OFF 位置,但相关部分仍然带电,只有拔下电源插头才可认为是真正断开电源。

(3) 电气设备和材料安全工作的寿命有限。无论最简单的电气材料,如导线、插头插

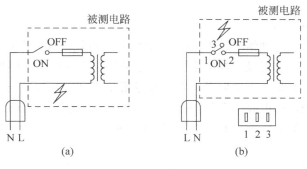

图 7.6.5　电器调试检测安全示意图
(a) 使用二线插头,开关未断开相线;(b) 虽断开相线,但开关接点 3 带电

座,还是复杂的电子仪器,由于材料本身老化变质及自然腐蚀等因素,安全工作的寿命是有限的,决不可无限制使用。

各种电气材料、零部件、设备仪器安全工作的寿命不等,但一般情况下,8~10年以上的零部件和设备就应该考虑检测更换,特别是与安全关系密切的部位。

7.6.3 样机调试

样机调试是产品研制或电子创造中的重要技术环节,对调试工作者的理论基础、动手能力以及经验要求较高,通常都是由技术人员自己动手完成调试工作的。

1. 样机调试的特点

由于样机是未经实际验证的和没有进行正常工作的电子电路,故障存在的范围和概率远远大于产品调试。各种意想不到的错误都有发生的可能,抓住它的特点才能少走弯路。以下几点是来自实践的总结。

1)充分估计装配差错

样机大部分采用手工单件装配,元器件大都由市场临时购来,因而装配差错是调试时首先要考虑的。不仅各种常见装配问题,如错装、漏焊、虚焊、桥接等容易碰到,而且有些不常见的差错,如元器件位置张冠李戴、极性和方向南辕北辙等也有出现。调试前仔细审视扫描、花费些时间和精力,决非多余。

2)不可忽视工艺欠缺

除了装配差错外,样机调试时还会遇到先天不足造成的故障,即工艺设计欠缺,常见的有以下几种:

(1)元器件种类、规格选用不当,造成样机性能指标达不到设计要求;

(2)印制电路板设计有错误,造成电路不能正常工作;

(3)印制电路板设计时防干扰措施不当或欠考虑导致样机出现干扰,达不到设计要求;

(4)印制电路板制造过程出现错误,例如常见的金属化孔不通、线间短路或导线断路等。

3)也要想到原理症结

样机调试有时遇到这种情况:经过反复调试,各种可能的故障全都排除了,仍然达不到设计目标或者根本无法实现设计功能指标。在这种情况下应该考虑样机电路是否有原理性错误或缺陷。这一方面是由于电路设计者总有考虑不周或忽略电路某些因素的时候,另一方面各种参考资料提供的电路由于种种原因难免未经实践或存在错误。在这种情况下应该结合调试过程和测试参数仔细分析电路原理,找出症结。否则只在装配、工艺中查找难免进入死胡同。

2. 样机调试准备

1)技术准备

调试样机前一定要准备好样机的电路原理图、印制电路板装配图、主要元器件功能接线图和主要技术参数。如果不是自己设计的样机还要熟悉样机工作原理、主要技术指标及功能要求。

2）条件准备

根据样机规模准备场地和电源、必需的仪器仪表及辅助设备，检查仪器设备的完好程度及精度，对不常用或不熟悉的仪器设备应先阅读使用说明并实际练习，作好调试准备工作。在调试高压或有危险的电路时，应在调试场地铺设绝缘胶垫并在调试现场挂出警示标记。

3）样机准备

在通电调试前一定要对样机进行直观检查，重点查验部分是：
- 电源接线是否正确，熔断丝是否装入并符合要求；
- 重点元器件型号、规格及安装是否符合设计要求；
- 输出有无负载，有无短路或接线错误；
- 印制电路板常规检查，是否有装错、漏装、桥接等缺陷。

4）确认测试点和调整元器件

如果对样机不是很熟悉，应先在装配图上标记出测试和调整点，并尽可能给出测试参数范围和波形图等技术资料。

3. 调试要点

1）电源第一

对本身带电源的样机，一定要先调电源，具体调试时按以下顺序进行。

（1）空载初调　先切断电源所有负载，空载条件下加电，测量输出电压是否正确。对于有稳压器的电源，空载输出与带载基本一致，对有些开关稳压器需要带一定负载测量。如果电源有可调电位器，应调整到预定设计值，必要时还用示波器观测波纹值。

（2）加载细调　初调正常后可接入负载。对某些功率较大的电源，最好先接模拟等效负载，如滑线电阻或大功率电阻器，防止真实负载有故障造成电源冲击损坏。

（3）测量精调　等效负载下，工作正常后接入真实负载，测量电源各项参数并调整到最佳状态，锁定调整电位器并观察一段时间，确认电源正确后再进入下一阶段调试。

2）先静后动

即先静态调试，后动态调试。对模拟电路而言，一般是不加输入信号并将输入端接地，进行直流测试，包括对各部分直流工作点、静态电流等参数进行调整，使之符合设计要求，然后加上输入信号，测量和调整电路。收音机、电视机等调试过程都是按此顺序进行的。

对数字电路来说，先不送入数据而测量各逻辑电路的有关直流参数，然后再输入数据进行功能调试。

3）先分后合

对多级信号处理电路或多种功能组合电路要采用先分级、分块调试，最后进行整体或整个系统调试的方法。这种方法一方面使调试工作条理清楚、要求明确，另一方面可以避免一部分电路失常影响或损坏相关其他电路。

多功能组合电路有时一个功能模块中又可分为若干功能块,有些功能块中又可分为若干级。例如图 7.6.6 所示收录机的电路框图就是多重嵌套的组合电路。

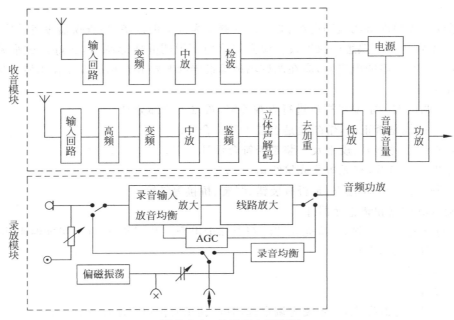

图 7.6.6 收录机电路框图

对这个电路进行调试时,收音、录放、电源和音频功放四个大模块可独立分别调试,对收音模块中的调频和调幅两部分也可分别独立调试,而对调频和调幅收音电路而言,高频、变频、中放、检波或鉴频部分又是多级电路,可采取由前向后或由后向前顺序分别调试,这几部分电路全部调好后再连接成整机进行统调。

4) 使用稳压稳流电源

样机调试时由于种种意想不到的问题可能在开机通电时造成意想不到的损失,使数日甚至更长时间的心血顷刻之间化为乌有,而且还需花更多时间、精力查找和恢复样机原来的状态。如果在第一次通电时就采用稳压稳流电源,大部分情况下可避免损失。

这种电源一般都具有稳压稳流自动转换,即在整定电流范围内,电源以稳压方式工作,超过整定电流即以稳流方式工作(此时输出电压降低),使用时将样机本身电源断开,通过电流表接到稳压稳流电源上(见图 7.6.7)。

电源在接入电路前先调好电压电流,一般调试时,电压采用设计工作电压,电流可调到工作电流的 1.2～1.5 倍。如果电路设计时没有给出电流,可根据电路原理或经验估算。接通电路时注意观察电压表,如电压下降则应立刻关机检查。

采用这种方法可以避免大部分调试时的灾害性损失。等电路正常工作后,再接入已调好的样机电源。

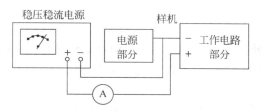

图 7.6.7　采用稳压稳流电源调试

7.6.4　整机检测

为了保证电子产品的质量,检验工作贯穿于整个生产过程中。产品的检验一般可分为三个阶段:

(1) 元器件、零部件、外协件及材料入库前检验;
(2) 生产过程逐级检验;
(3) 整机检验。

整机检验除了进行必要的产品指标检测外,还包括对产品进行考验和环境试验。

1. 直观检验

(1) 外观:无损伤无污染,机械装配符合要求。
(2) 附件、连接件完好,符合要求。
(3) 操作机构及旋钮按键等动作灵活、安装牢固。

2. 主要性能指标测试

按产品技术指标和国家有关技术标准,选用符合标准的仪器仪表对整机进行测试检查。

对使用市电的产品,还应进行电源适应范围抽查及绝缘和耐压抽测。一般电源适应范围不低于:电压 $220(1\pm10\%)$ V;频率 (50 ± 4) Hz。

绝缘和耐压测试一般在电源插头与机壳或电源开关之间、有绝缘要求的端子与机壳之间,以及内部电路与机壳之间。耐压要求有 500 V,1000 V,1500 V,2000 V,…,5000 V 等级别,根据产品使用环境按标准检测。

3. 考机

考机也叫老化,是整机出厂前的一项质量检测。通过考机可使部分产品存在的故障隐患暴露出来。

考机一般采取通电考机,有时还要给产品加上一定负载。考机的时间通常在 4,8,24,48 h 或更长的时间范围选取。有些连续工作的产品需要设置高温环境以缩短考机时间。

4. 环境试验

环境试验是在模拟的环境极限条件下进行的质量认证试验。与考机不同,环境试验仅对产品进行抽检,而且必须在国家质量管理部门认可的专业测试机构进行,试验结果要出具有权威性的证明文件。

环境试验一般包括以下内容。

1) 温度试验

温度试验包括额定使用温度上、下限试验,储存运输条件上、下限温度试验。经过额定时间(4~24 h)上、下限温度放置后,产品应能正常工作。

2) 湿度试验

湿度试验也包括额定使用范围和储运条件湿度试验,将产品在一定湿度环境放置一定时间(4~12 h)后,测试产品有关性能。

3) 振动和冲击试验(以下三项试验均带外包装)

将产品放在专门的振动台上按标准振幅、频率振动一定时间;然后放到专门的冲击台上,按标准加速度(30g)进行一定次数(例如 20 次)的冲击试验,用于检验整机机械性能和紧固性能。

4) 运输试验

运输试验可在运输试验台上进行,也可在一定条件下直接进行行车试验(如 20~30 km/h 速度,在三级公路行驶 200 km)。试验后产品机械性能和电性能仍应符合要求。

5) 跌落试验

将产品提升到规定高度(30~80 cm)后自由落下,跌落于平整的水泥地面上,然后进行外观及性能检测。

7.7 现代测试系统简介

现代测试系统,主要包括智能仪器、虚拟仪器、网络仪器以及由它们组成的自动测试系统等内容,融合了现代电子技术、计算机技术、信息技术、测试技术和网络技术等高科技成果,实现了电子测试技术的自动化、可编程化、智能化和网络化等功能,适应了现代科技发展的需求,成为信息化社会最重要技术的领域之一。

7.7.1 智能仪器

所谓智能仪器是用以形容新的一代测量仪器,这类仪器仪表中含有微处理器、单片计算机(MCU)、复杂的可编程器件(CPLD)、系统级芯片(SoPC)或体积很小的微型机,利用计算机技术构成功能强大的测试仪器。智能仪器有时亦称为内含微处理器的仪器或基于微型机的仪器,计算机就是仪器的新概念即源于此。这类仪器,因为功能丰富又很灵巧,目前应用非常广泛。

1. 智能仪器的构成

智能仪器与计算机一样,由硬件和软件两部分组成。

在物理结构上,微型计算机嵌入测量仪器。微处理器及其支持部件是整个测试电路的一个组成部分,但是,从计算机的观点来看,测试电路与键盘、通信接口、显示器等部件一样,仅是计算机的一种外围设备。

软件是智能仪器的关键。智能仪器的管理程序也称监控程序,分析、接受、执行来自键盘或接口的命令，完成测试和数据处理等任务。

软件存于 ROM 或 EPROM，是智能仪器的灵魂。智能仪器的基本结构如图 7.7.1 所示。

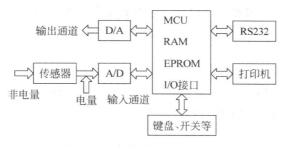

图 7.7.1　智能仪器结构示意图

智能仪器与随后出现的虚拟仪器都是计算机化的仪器，但智能仪器是计算机嵌入仪器，其外部形态是仪器，图 7.7.2 是几种常用智能测试仪器。

图 7.7.2　常用智能测试仪器实例
（a）数字示波器；（b）函数发生器；（c）数字万用表

智能仪器的出现，极大地扩充了传统仪器的应用范围。智能仪器凭借其体积小、功能强、功耗低等优势，迅速在家用电器、科研单位和工业企业中得到了广泛的应用。

2. 智能仪器的功能特点

与传统仪器仪表相比，智能仪器具有以下功能特点。

（1）操作自动化。具有自测功能，包括自动调零、自动故障与状态检验、自动校准、自诊断及量程自动转换等。智能仪表能自动检测出故障的部位甚至故障的原因。这种自测试可以在仪器启动时运行，同时也可在仪器工作中运行，极大地方便了仪器的维护。

（2）具有数据处理功能，这是智能仪器的主要优点之一。智能仪器由于采用了单片机或微控制器，使得许多原来用硬件逻辑难以解决或根本无法解决的问题，现在可以用软件非常灵活地加以解决。例如，传统的数字万用表只能测量电阻、交直流电压、电流等，而智能型的数字万用表不仅能进行上述测量，而且还具有对测量结果进行诸如零点平移、取平均值、求极值、统计分析等复杂的数据处理功能，不仅使用户从繁重的数据处理中解放出来，也有效地提高了仪器的测量精度。

（3）具有友好的人机对话能力。智能仪器使用键盘代替传统仪器中的切换开关，操作人员只需通过键盘输入命令，就能实现某种测量功能。与此同时，智能仪器还通过显示屏将仪器的运行情况、工作状态以及对测量数据的处理结果及时告诉操作人员，使仪器的操作更加方便直观。

(4) 具有可程控操作能力。一般智能仪器都配有 GPIB、RS232C、RS485 等标准的通信接口,可以很方便地与 PC 机和其他仪器一起组成用户所需要的多种功能的自动测量系统,来完成更复杂的测试任务。

7.7.2 虚拟仪器

虚拟仪器技术是测试技术和计算机技术综合集成的产物,代表了现代测试技术和仪器技术发展的方向,是现代测试仪器最具革命性的技术。

1. 软件就是仪器

虚拟仪器(virtual instrument,VI)是基于计算机的可以实现传统测试仪器功能的综合测试平台,如图 7.7.3 所示。将计算机技术应用于电子测试领域,利用计算机对数据存储和快速处理能力可以实现并扩展普通仪器可以达到的功能。这种利用计算机实现电子测量仪器功能的方式称为虚拟仪器。

图 7.7.3 虚拟仪器示意图

所谓虚拟,是指它不具有传统仪器的电源、机壳、面板及显示部件等,而是通过计算机显示器及键盘、鼠标实现面板操作及显示功能;对被测信号的输入采集及调理转换功能是由专门的插卡实现的;虽然虚拟仪器的核心部分是专用软件,但对于电子测量而言,它具有传统仪器一样或超过传统仪器的功能和性能,是实实在在的仪器,虚拟仪器只是一种习惯称谓。

虚拟仪器和此前的智能仪器虽然都是计算机化的仪器,但虚拟仪器是将仪器装入计算机,可以作为计算机的一种外部设备应用,其外部形态是计算机,核心技术是软件,软件就是仪器的新概念即源于此。

2. 虚拟仪器的特点

虚拟仪器与传统仪器的不同点如表 7.7.1 和图 7.7.4 所示。

表 7.7.1 虚拟仪器与传统仪器的不同

传 统 仪 器	虚 拟 仪 器
• 功能由制造厂定义	• 用户可在一定范围内定义
• 图形界面小,人工读数,信息量少	• 图形界面友好,计算机读数分析处理
• 数据处理能力有限	• 数据可编辑、存储、打印
• 扩展功能差	• 计算机技术开放功能模块可扩展功能
• 技术更新慢(周期 5~10 年)	• 技术更新快(周期 1~2 年)
• 开发维护费用高	• 基于软件体系,节省开发维护费用
• 价格高	• 同档次仪器比传统仪器价格低很多
• 品种繁多,功能齐全	• 主要用于波形产生、频率测量、波形测量记录等领域

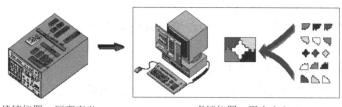

传统仪器：厂商定义　　　　虚拟仪器：用户定义

图 7.7.4　虚拟仪器和传统仪器的不同

虚拟仪器具有以下四大优势：

（1）丰富和增强了传统仪器的功能。虚拟仪器将信号分析、显示、存储、打印和其他管理集中交由计算机来处理。

（2）仪器由用户自己定义。

（3）开放的工业标准。虚拟仪器硬件和软件都制定了开放的工业标准，使资源的可重复利用率提高，功能易于扩展，管理规范，生产、维护和开发费用降低。

（4）便于构成复杂的测试系统。可通过网络构成复杂的分布式测试系统，进行远程测试、监控和诊断。可节约仪器购买和维护费用。

3．虚拟仪器的发展趋势

随着计算机技术、仪器技术和网络通信技术的不断完善，虚拟仪器将向以下三个方向发展。

1）外挂式虚拟仪器

PC-DAQ 式虚拟仪器是现在比较流行的虚拟仪器系统，但是，由于基于 PCI 总线的虚拟仪器在插入 DAQ 时都需要打开机箱等，比较麻烦，而且，主机上的 PCI 插槽有限，再加上测试信号直接进入计算机，各种现场的被测信号对计算机的安全造成很大的威胁，同时，计算机内部的强电磁干扰对被测信号也会造成很大的影响，故以 USB 接口方式的外挂式虚拟仪器系统将成为今后廉价型虚拟仪器测试系统的主流。

2）PXI 型高精度集成虚拟仪器测试系统

PXI 系统高度的可扩展性和良好的兼容性，以及比 VXI 系统更高的性价比，将使它成为未来大型高精度集成测试系统的主流虚拟仪器平台。

3）网络虚拟仪器

根据虚拟仪器的计算机网络技术特性，能够方便地将虚拟仪器组成计算机网络。利用网络技术将分散在不同地理位置不同功能的测试设备联系在一起，使昂贵的硬件设备、软件在网络上得以共享，减少了设备重复投资，其优越性显而易见。

7.7.3　网络仪器

以 Internet 为代表的网络技术的出现以及它与其他高新科技的相互结合，不仅已开始将智能互联网产品带入现代生活,而且也为测量与仪器技术带来了前所未有的发展空间和机遇,网络化测量技术与具备网络功能的新型仪器应运而生。

1. 网络就是仪器

网络仪器是适合在远程测控中使用的仪器。

网络仪器是计算机技术、网络通信技术与仪表技术相结合所产生的一种新型仪器。许多仪器仪表具有远程通信能力,近年正发生着许多新的、重要的变化,扩展了 Web 技术的应用,特别是扩展了传输控制协议/网络协议(TCP/IP)、浏览器和嵌套服务器的应用。在虚拟仪器的基础上,增加其登录因特网及网络浏览的功能,就可以实现基于 Web 的网络化仪器功能;从这一角度讲,基于 Web 的网络仪器是虚拟仪器技术的延伸与扩展。

与计算机就是仪器、软件就是仪器的概念异曲同工,未来对于测试仪器来说,完全可以实现网络就是仪器。

2. 网络仪器的实现

理论上,任何测试(测量)仪器或系统一旦连网,即一旦与某种合适的电子化信息载体结合在一起就组成了网络仪器,如同电信服务运营商今天已能进行远程测试一样。

通过一种数据转换器,将数据采集仪器的数据流转换成遵循 TCP/IP 协议的形式,然后上 Intranet/Internet 网;而基于 TCP/IP 的网络化智能仪器则通过嵌入式 TCP/IP 软件,使现场变送器或仪器直接具有 Intranet/Internet 功能。它们与计算机一样,成了网络中的独立节点,很方便地就能与就近的网络通信线缆直接连接,而且即插即用,直接将现场测试数据送上网;用户通过浏览器或符合规范的应用程序即可实时浏览到这些信息(包括处理后的数据、仪器仪表的面板图像等)。虚拟仪器(VI)把传统仪器的前面板移植到 Web 页面上,通过 Web 服务器处理相关的测试需求,通过 Intranet/Internet 实时地发布和共享测试数据,图 7.7.5 虚拟仪器与网络结合的示意图。

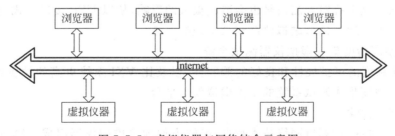

图 7.7.5　虚拟仪器与网络结合示意图

3. 网络仪器的优势

- 通过网络,用户能够远程监测控制过程和实验数据,而且实时性非常好。一旦过程中发生问题,有关数据也会立即展现在用户面前,以便采取相应措施(包括向远方制造商咨询等),可靠性大为增强。

- 通过网络，一个用户能远程监控多个过程，而多个用户也能同时对同一过程进行监控。例如，工程技术人员在他的办公室里监测一个生产过程，质量控制人员可在另一地点同时收集这些数据，建立数据库。
- 通过网络，大大增强了用户的工作能力。用户可利用普通仪器设备采集数据，然后指示另一台功能强大的远方计算机分析数据，并在网络上实时发布。
- 通过网络，用户还可就自己感兴趣的问题在世界范围内进行合作和访问，比如，软件工程师可以利用网络化软件工具把开发程序或应用程序下载给远方的目标系统，进行调试或实时运行，就像目标系统在隔壁房间一样方便。

总之，网络通过释放系统的潜力，改变了测量技术的以往面貌，打破了在同一地点进行采集、分析和显示的传统模式；依靠 Internet 和网络技术，人们已能够和将能够有效地控制远程仪器设备，在任何地方进行采集、任何地方进行分析、任何地方进行显示。不久的将来，越来越多的测试和测量仪器将融入 Internet 网。

7.7.4 自动测试系统

1. 自动测试系统及其发展

1) 什么是自动测试系统

自动测试系统(auto mated test system，ATS)是指那些采用计算机控制，能实现自动化测试的系统，也就是对那些能自动完成激励、测量、数据处理并显示或输出测试结果的一类组合信息技术系统的统称。

自动测试系统是为了适应工业生产和科研中，大规模检测和复杂系统测试的要求而发展起来的，具有高速度、高精度、多功能、多参数和宽测量范围等众多特点。工程上的自动测试系统往往针对一定的应用领域和被测对象，并且常按应用对象命名，例如彩色电视自动测试系统、手机自动测试系统、飞机自动测试系统、汽车自动测试系统等。

自动测试系统关注的是系统的通用性、仪器互换性、测试程序移植性，即整个系统的功能和性能而不是单个测试设备。特别是科研开发工作中的自动测试系统，通用性具有重要意义，一套自动测试系统不需要做较大的修改就可以用于不同领域的测试，从而节省了开发新测试系统的成本。此外仪器互换性和测试程序的可移植性也是重要因素，使不同厂商开发的具有同种功能的仪器进行互换，完成某种测试功能的程序代码更换了测量仪器后仍然可以利用，这些都是衡量自动测试系统水平的重要指标。

自动测试系统可由多种计算机、仪器、软硬件构成，图 7.7.6 是一种基于虚拟仪器的自动测试系统架构示意图。

2) 自动测试系统的发展

从技术发展层面上说，目前自动测试系统的发展经历了三代。

(1) 第一代自动测试系统——专用型

第一代自动测试系统多为专用系统，通常是针对某项具体任务而设计的。其结构特点

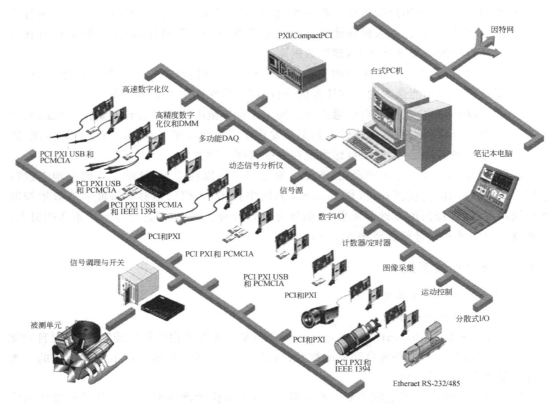

图 7.7.6 基于虚拟仪器的自动测试系统架构示意图

是采用比较简单的定时器或扫描器作为控制器,其接口也是专用的;但它是从人工测试向自动测试迈出的重要的一步,是质的飞跃。它在测试功能、性能、测试速度和效率,以及使用方便等方面明显优于人工测试,使用这类系统能够完成一些人工测试无法完成的任务。

显然,这种系统通用性和柔性都差,而且成本很高。

(2) 第二代自动测试系统——台式仪器积木型

第二代自动测试系统采用了标准化的通用可程控测量仪器接口总线(IEEE 488)及可程序控制的仪器和测控计算机(控制器),以积木方式组建的系统,从而使得自动测试系统的设计、使用和组装都比较容易,系统的通用性和柔性都有了很大进步,特别适合于科学研究过程中的各种试验、验证测试,已广泛应用于工业、交通、通信、航空航天、核设备研制等多种领域。

但基于 IEEE 488 总线的自动测试系统传输速度低,很难适应高速、大数据吞吐量的需求;同时积木方式系统结构不利于减小系统体积、重量和降低成本。另一方面系统中计算机并没有充分发挥作用,系统的工作过程基本上还是对传统人工测试的模拟。

(3) 第三代自动测试系统——模块化仪器集成型

第三代自动测试系统是基于 VXI、PXI 等测试总线,主要由模块化的仪器、设备所组成的自动测试系统。可组建高速、大数据吞吐量的自动测试系统。在系统中,仪器、设备嵌入计算机,用统一的计算机显示屏以软面板(S Panel)的形式来实现,从而避免了重复配置,大大降低了整个系统的体积和重量,并能在一定程度上节约成本。

由模块化 VI 仪器和设备组成的自动测试系统具有数据传输速率高、数据吞吐量大、体积小、重量轻、系统组建灵活、扩展容易、自用复用性好、标准化程度高等众多优点,是当前先进的自动测试系统特别是军用自动测试系统的主流组建方案。

2. 自动测试系统的基本结构

自动测试系统由计算机、可程控仪器(可程序控制的测量仪器和设备等)、接口/适配器和软件系统等四个基本部分组成,如图 7.7.7 所示。

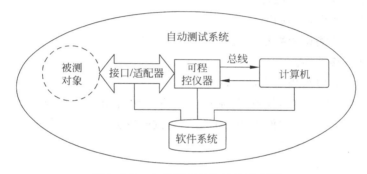

图 7.7.7 自动测试系统结构示意图

1) 计算机(或微处理器)

这是整个系统的核心。在软件控制下,微机控制各个自动测试系统正常运转,并对测量数据进行某种方式的处理,如计算、变换、数据处理、误差分析等;最后将测量结果通过打印机、显示器、磁盘磁卡或电表、数码显示等方式输出。

2) 可程控仪器

在自动测试过程中,测量仪器或设备的工作,如测量功能、工作频段、输出电平、量程等的选择和调节都是由微机所发指令的控制下完成的。这种能接受程序控制并据之改变内部电路工作状态,以及完成特定任务的测量仪器称为仪器的可程序控制,简称可程控,或称程控仪器。显然程控仪器是组成自动测试系统的基本部分。

3) 接口/适配器

一个自动测试系统中,各仪器和设备与被测对象之间的联系,包括信号采集、转换、调理、交换等功能的总体称为该自动测试系统的接口/适配器系统,一般简称为接口系统。显然,接口系统是自动测试系统达到自动测试目的,使自动测试系统进行信息采集、测量、处理和交换必不可少的重要环节。

接口系统要求机械兼容(适当的连接器和它们之间的连线)、电磁兼容(防止干扰、逻辑电平符合)和数据兼容(信号转换与交换)良好。

4) 软件系统

软件系统是自动测试系统的灵魂,通常包括3个层面的软件:

(1) 系统管理软件　对整个自动测试系统提供全面管理;

(2) 仪器软件　组成系统的各种仪器设备软件部分,包括虚拟仪器软件和接口软件;

(3) 测试与控制软件　测试工艺及信息管理软件。

对自动测试系统软件要求:

- 提高测试代码的可重用性;
- 减少开发周期;
- 支持系统柔性和可扩展性;
- 支持全球化的设计和制造;
- 满足复杂系统测试的数据吞吐量;
- 软件具有可移植性。

3. 基于虚拟仪器的模块化自动测试系统

由于虚拟仪器具有的突出优点,特别适合组成各种自动测试系统。基于虚拟仪器的模块化自动测试系统是一个以软件为中心的自动测试解决方案,其架构非常简洁,如图7.7.8所示。

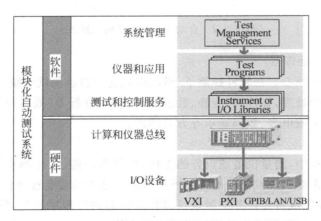

图7.7.8　基于虚拟仪器的模块化自动测试系统架构

软件部分由测试系统管理软件、虚拟仪器构成和应用软件以及测试流程过程控制等服务软件构成,除了开发商提供的基本软件外,需要根据具体测试要求由技术服务部门或使用者进行进一步开发。基于虚拟仪器的模块化自动测试系统的硬件部分相对要简单得多,主要是选择合适的标准化产品。有越来越先进的计算机和各种适合系统的总线,以及标准化的 I/O 设备,包括 VXI、PXI、LXI、GPIB、USB 等组成。所谓的模块化自动测试系统,可能从硬件来看,只是一台电脑和一个 I/O 接口箱,如图 7.7.9 所示。

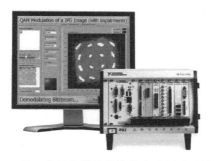

图 7.7.9　基于虚拟仪器的模块化自动测试系统的硬件

这种基于虚拟仪器的模块化自动测试系统如果实现网络化,将是未来自动测试系统发展的方向,可以达到很高的性能价格比。

8 表面贴装技术

电子组装技术是实现电子系统微型化和集成化的关键。由于发展的差异和惯性,传统的组装技术还将在相当时期继续发挥作用,但新一代安装技术以不容置疑的优势将逐步取代传统方式,这是大势所趋。

本章内容将带领你纵观电子组装技术的发展,熟悉当代组装技术的主流——表面贴装技术的主要内容,并了解组装技术的发展趋势。

8.1 概 述

8.1.1 表面贴装技术

1. 什么是表面贴装技术

表面贴装技术是一种电子产品组装技术,简称 SMT(surface mount technology),又称为表面组装技术。按英文原义,应该称为表面安装技术,早期的技术资料也是这样翻译的。在国家制定技术标准时定义为表面组装技术,但现在业界使用最普遍的名称却是表面贴装技术,这是由于贴装形象地表达了这种组装方式的特点——把片式元器件贴在印制电路板的表面上,同时还产生了 SMT 的中文简称表贴技术;不过,现在 SMT 这个英文缩写使用的频率更高。

表面贴装是将体积缩小的无引线或短引线片状元器件直接贴装在印制板铜箔上,焊点与元器件在电路板的同一面(参见图 8.1.1)。

表面贴装技术从原理上说并不复杂,似乎只是通孔插装技术的简单改进,但实际上这种改进引发了从电子产品设计理念、设计规则直到具体方法的设计变革,以及从组装材料、工艺、设备到工业环境、企业管理等电子组装技术全过程变革,实现了电子产品组装的高密度、高可靠、小型化、低成本以及生产的自动化和智能化,完全可以称为组装制造技术的一次革命。现在表面贴装技术已成为现代电子组装制造业的主流技术,我们使用的各种移动数码产品如计算机、手机、平板电视机、数码相机等,几乎所有与电子有关的产品,都离不

8 表面贴装技术

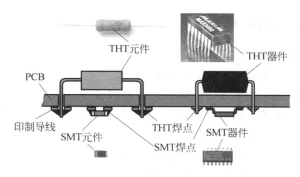

图 8.1.1　SMT 与 THT 安装方式示意图

开 SMT。

2. SMT 与 THT

在 SMT 兴起之前,电子安装采用通孔安装技术(through hole technology,THT),其基本特征是元器件有较长引线,插入印制电路板上的通孔,在印制板另一面焊接,这种技术曾经作为电子组装的主流技术在电子产品发展中长期应用。随着半导体集成电路的飞速发展,计算机、信息时代的到来,这种传统的技术已不能满足电子设备小型化、高性能、高速度(信息处理速度)、高可靠性的需要。

表面贴装技术是在克服通孔插装技术的局限性而发展起来的。通孔插装需要在印制电路板上打孔,长引脚元器件插入通孔,在电路板的另一面焊接而实现安装。图 8.1.1 所示是 SMT 与 THT 两种安装方式示意图。

元器件长引脚与插入通孔方式是 THT 的特点,也是造成电子产品体积大,笨重的根源。元器件无引脚或短引脚和贴装方式是 SMT 的特点,也是创造小型化、轻型化的关键。THT 和 SMT 的比较如表 8.1.1 所示。

表 8.1.1　THT 与 SMT 的比较

技术	年　代	技术缩写	代表元器件	安装基板	安装方法	焊接技术
通孔安装	20 世纪 50～70 年代	THT	晶体管,轴向引线元件	单、双面 PCB	手工、半自动插装	手工焊、浸焊
	20 世纪 60～80 年代		单、双列直插 IC,轴向引线元器件编带	单面及多层 PCB	手工、半自动、全自动插装	波峰焊,浸焊,手工焊
表面贴装	20 世纪 70 年代开始	SMT	SMC、SMD 片式封装 VSI、VLSI	高质量 SMB	全自动贴片机	波峰焊、再流焊

SMT 已经在很多领域取代了传统的通孔安装,并且这种趋势还在发展,目前在大多数移动产品及微型数码产品中毫无例外都采用 SMT 制造,预计未来 90% 以上电子信息产品将主要采用 SMT。

8.1.2 表面贴装技术的内容

作为一门组装制造技术,表面贴装技术主要由基础部分(元器件、印制电路板和组装材料)和组装工艺与设备两大部分,而工艺与设备又包括主干工艺与设备(涂覆、贴装、焊接)、辅助工艺与设备(清洗、检测、返修等)两类。

作为一个现代制造产业,从技术科学和技术整合发展的层面看,SMT 不仅包括上述两大部分,还包括 SMT 设计(包括产品组装设计、可制造性设计、电磁兼容设计、热设计、防护设计等)和 SMT 管理(包括质量管理、工艺管理、设备管理、物料管理等)。

SMT 的内容见图 8.1.2。

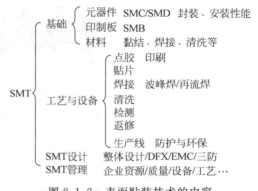

图 8.1.2 表面贴装技术的内容

8.1.3 表面贴装技术的特点及应用

1. SMT 的特点

1) 优点

- **高密集** SMC、SMD 的体积只有传统元器件的 1/3~1/10 左右,可以装在 PCB 的两面,有效利用了印制板的面积,减轻了电路板的重量。一般采用了 SMT 后可使电子产品的体积缩小 40%~60%,重量减轻 60%~80%。

- **高可靠** SMC 和 SMD 无引线或引线很短,重量轻,因而抗振能力强,焊点失效率可比 THT 至少降低一个数量级,大大提高产品可靠性。

- **高性能** SMT 密集安装减小了电磁干扰和射频干扰,尤其高频电路中减小了分布参数的影响,提高了信号传输速度,改善了高频特性,使整个产品性能提高。采用 THT 电路,工作频率大于 500 MHz 就很困难;而目前采用 SMT 可达 3 GHz,可以毫不夸张地说,没有 SMT 就没有计算机、手机等现代高频产品。

- **高效率** SMT 更适合自动化大规模生产。采用计算机集成制造系统(CIMS)可使整个生产过程高度自动化,将生产效率提高到新的水平。

- **低成本** SMT 使 PCB 面积减小,成本降低;无引线和短引线使 SMD、SMC 成本降低,安装中省去引线成形、打弯、剪线的工序;频率特性提高,减少调试费用;焊点可靠性提高,减小调试和维修成本。一般情况下采用 SMT 后可使产品总成本下降 30%以上。

2) 缺点

- **表贴元器件不能涵盖所有电子元器件** 尽管大部分元器件都有表贴封装,但仍然有一部分元器件不适用或难以采用表贴封装,例如大容量电容、大功率器件等。

- **技术要求高** 涉及学科广,对从业人员技术要求高。

- 初始投资大　生产设备结构复杂，涉及技术面宽，费用昂贵。

2. SMT 的应用

现在，大多数有 50 个以上元件的 SMT 板多采用 SMT 与通孔技术的结合，其混合度是产品性能、元件可获得性和成本的函数。目前常见 80% 的 SMT 与 20% 的通孔元件的混合，发展趋向是 SMT 的比例在不断增加，100%SMT 元器件的产品越来越多。

由于一部分元器件不适用或难以采用表贴封装，因此根据产品要求、元器件情况及制造条件来选择采用最佳方案，获得最好性价比是毋庸置疑的。

8.1.4　表面贴装技术的发展

以集成电路封装的发展和无源元件小型化的进程为标志，波峰焊、再流焊、点胶与焊膏涂敷工艺不断发展，以及以印刷、贴片、焊接为主的组装设备日益精密化、智能化和柔性化的趋势，迄今表面贴装技术可以描述为特征明显的三代发展进程。

1. 第一代 SMT 技术——扁平周边引线封装及片式元件贴装技术
- ■ 时代：20 世纪 70~80 年代
- ■ 电子元器件
  - 集成电路　封装形式 SOP/SSOP/QFP/TQFP
    引线节距 1.27　1.0　0.8　0.65　0.5　0.4　0.3
  - 印制电路板　双面板、多层板
- ■ 典型组装工艺
  - 手工贴装与焊接
  - 波峰焊
  - 再流焊
- ■ 组装设备
  - 波峰焊机
  - 印刷机
  - 高速贴片机＋多功能贴片机
  - 再流焊机

2. 第二代 SMT 技术——底部引线（BGA）封装细小元件贴装技术
- ■ 时代：20 世纪 90 年代
- ■ 电子元器件
  - 集成电路　封装形式　BGA/QFN
    引线节距　1.5　1.27　1.0　0.8　0.65
  - 无源元件　0603
  - 印制电路板　多层板
- ■ 典型组装工艺

- 再流焊/双面再流焊
■ 组装设备
- 精密印刷机
- 高速多功能贴片机
- 精密再流焊机

3. 第三代 SMT 技术——3D/芯片级及微小型元件组装技术
■ 时代：21 世纪开始
■ 电子元器件
- 集成电路　封装形式　CSP/FCBGA/MCM/WLP/PiP
　　　　　　引线节距　1.0　0.8　0.65　0.5
- 无源元件　0402
- 印制电路板　多层板、柔性板
■ 典型组装工艺
- 无铅焊接
- 柔性板组装
- PoP(堆叠组装)
■ 组装设备
- 智能精密印刷机
- 模组式高速多功能贴片机
- 精密再流焊机/选择性焊接机
- AOI/X ray(自助光学检测/X 光检测)

实际上，上述 3 代 SMT 技术并没有明显的分界线，而且 3 代 SMT 技术现在都在应用，只不过在不同的应用领域和产品中各种技术比例不同而已。从技术发展的趋势看，新一代取代老一代是必然趋势，但由于老一代技术成熟并且具有成本综合优势，就具体实际产品需求而言，并非新一代技术一定比老一代具有优势，而是根据产品要求具体分析和应用。

8.2　表面贴装元器件

电子产品的小型化、轻型化和微型化的需求是表面组装技术诞生的原动力，而电子元器件的微小型化则既是产品微小型化的基础，也是推动表面贴装技术不断向前发展的强大动力，学习和掌握表面贴装技术，必须从表面贴装器件开始。

8.2.1　元器件的表贴封装

电子元器件的封装是电子工艺关注的重要内容，从组装方式来说，电子元器件有通孔安装(简称插装)与表面贴装(简称表贴)两大类。

现在几乎所有的电子元器件都有表面贴装形式,而且大量新型集成电路等元器件只有表面贴装形式,表贴元器件已经成为现代电子元器件的主流。本节仅介绍元器件封装及表贴封装的概况。

1. 元器件封装及表贴封装的特点

1) 元器件封装

电子元器件的封装(package)是由电子封装延伸出来的概念,有狭义和广义之分。

狭义的电子封装,指半导体制造领域(包括半导体分立器件和集成电路)中对制造好的半导体芯片(通常称为裸芯片)加上保护外壳和连接引线,使之便于测试、包装、运输和组装到印制电路板上。如图8.2.1所示,封装不仅起着安装、固定、密封等保护芯片及增强电热性能等方面的作用,而且还通过芯片上的接点用导线连接到封装外壳的引脚上,这些引脚又通过印刷电路板上的导线与其他器件相连接,从而实现内部芯片与外部电路的连接。封装技术的水平直接影响到芯片自身性能的发挥和与之连接的印制电路板的设计和制造,因此是半导体制造的重要技术之一。

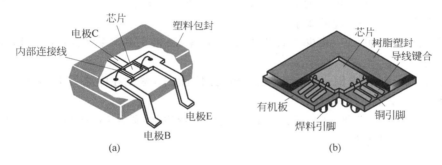

图 8.2.1　半导体器件封装示意图
(a) 表贴三极管封装结构;(b) 集成电路封装结构

广义的电子封装,即通常称为电子元器件的封装,不仅包括半导体器件的封装,而且包括电阻、电容、电感、电位器、开关、继电器、连接器、变压器等无源元件及敏感器件、显示器件、保护器件等其他元器件,也包括电路模块的封装。图8.2.2为电阻器的插装与表贴封装结构示意图。尽管这些元器件与半导体器件在电路中的功能和作用各不相同,但都需要外壳保护元器件的"芯"并提供与印制电路板的可靠连接方法,因此,对于电子元器件来说,封

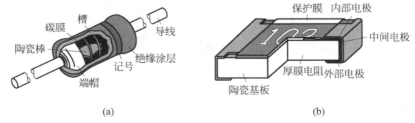

图 8.2.2　电阻器的插装与表贴封装结构示意图

装形式同样很重要。

电子元器件的封装与电子工艺密切相关,封装材料(金属、陶瓷、塑料等)以及封装形式(通孔插装与表面贴装)不仅涉及封装的成本效率,也涉及产品的工艺特性与性能质量,是工艺技术的重要内容之一。

2) 表贴封装的特点

表面贴装元器件是电子元器件中适合采用表面贴装工艺进行组装的元器件名称,也是表面组装元件(surface mount components,SMC)和表面组装器件(surface mount devices,SMD)的中文通称。早期表面贴装元器件也称为片式元件(chip components),现在除非特别说明,习惯上把表面贴装元器件简称表贴元器件,或表贴元件、表贴器件以及英文缩写SMC/SMD。

表面贴装元器件在功能和主要电性能上和传统插装元器件没有什么差别,主要不同之处在于元器件的结构和封装。另外表面贴装元器件在焊接时要经受较高的温度,元器件和印制板必须具有匹配的热膨胀系数。

图 8.2.3 是常见表面贴装元器件的外形,其主要特点如下:

- 小型化——体积、重量减小;
- 无引脚或引脚很短,减少了寄生电感和电容,改善了高频特性,有利于提高电磁兼容性;
- 形状简单、结构牢固,组装后与电路板的间隔很小,紧贴在电路板上,耐振动和冲击,提高电子产品的可靠性;
- 尺寸和包装标准化,适合采用自动贴装机进行组装,效率高,质量好,能实现大批量生产,综合成本低。

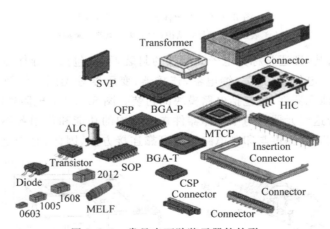

图 8.2.3 常见表面贴装元器件外形

2. 表贴封装类型

元器件有多种分类方法,对于组装制造而言,我们主要关心的是组装性能,即元器件的封装和结构性能。

对于贴装而言,无论元器件的功能、性能和材料千差万别,只要外封装一样,我们就可以看作一种元件。表贴元器件的类型如图 8.2.4 所示。

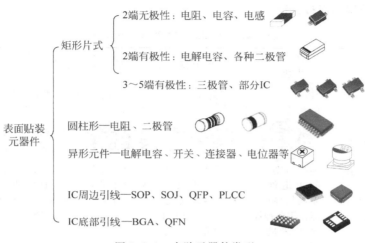

图 8.2.4 表贴元器件类型

3．集成电路封装与表贴元器件引线结构

1）集成电路封装

集成电路是电子元器件的灵魂和核心,在元器件封装中集成电路的封装形式最多、发展速度最快。五花八门的封装形式、林林总总的英文缩写令人目不暇接。但是对于组装制造而言,我们只对封装的外特性感兴趣,即封装尺寸、引线结构、表面材料特性等与贴装、焊接等工艺有关的性能。从这一点,可以把过去、现在及未来可能出现的所有集成电路封装归纳为图 8.2.5 所示的几种。

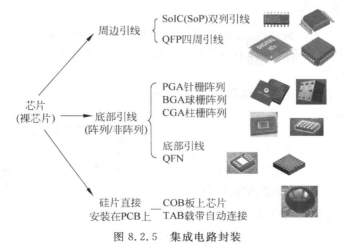

图 8.2.5 集成电路封装

2) 表贴元器件引线结构与连接

按照元器件的端子结构,表面组装元器件可分为有引脚和无引脚两种类型。无引脚的以无源元件居多,有引脚的都是特殊短引线结构,以有源器件和机电元件为主。表 8.2.1 列出了引线结构类型和连接特征。

表 8.2.1 引线结构类型和连接特征

	片式无引脚	翼形(L形)引脚	J形引脚	对接引脚	无引脚球栅阵列	无引脚底部焊片
图形						
优点	·空间利用系数高; ·组装性能好; ·抗振动和冲击	·能适应薄、小间距组件的发展趋势; ·能使用各种焊接工艺进行焊接	·较大的空间利用系数; ·引线较硬,在货运和使用过程中不易损坏	·引线简单; ·较小的封装外形	·较大的空间利用系数; ·适合高引线数; ·节距可以较大	·较大的空间利用系数; ·可设置散热焊盘,利用PCB散热
缺点	细小尺寸元件对组装设备和工艺要求高	·占面积较大; ·运输和使用过程中引脚易受损	焊接工艺的适应性不及翼形引线	·强度低; ·组装因素敏感	组装设备和工艺要求高; 检测返修难度高	组装设备和工艺要求高; ·检测返修难度高
封装	长方体元件	SoIC SoP	PLCC	SoIC	BGA	QFN

8.2.2 表面贴装元件

表面贴装元件中使用最广泛、品种规格最齐全的是电阻和电容,它们的外形结构、标识方法、性能参数都和普通安装元件有所不同,选用时应注意其差别。

1. 表面贴装电阻

表面贴装电阻主要由矩形片状和圆柱形两种。

1) 矩形片状电阻

(1) 结构

矩形片状电阻结构外形见图 8.2.6,基片大都采用 Al_2O_3 陶瓷制成,具有较好机械强度和电绝缘性。电阻膜采用 RuO_2 电阻浆料印制在基片

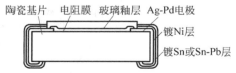

图 8.2.6 矩形片状电阻结构外形

上,经过烧结制成。由于 RuO_2 成本较高,近年又开发出一些低成本电阻浆料,如氮化系材料(TaN-Ta)、碳化物系材料(WC-W)和 Cu 系材料。

保护层采用玻璃浆料印制在电阻膜上,经烧结成釉。

电极由三层材料构成:内层 Ag-Pd 合金与电阻膜接触良好,电阻小,附着力强;中层为 Ni,主要作用是防止端头电极脱落;外层为可焊层,采用电镀 Sn 或 Pb-Sn,Sn-Ce 合金。

(2) 外形尺寸

矩形片状电阻外形尺寸如图 8.2.7,图示尺寸为目前最小功率(1/32 W)的尺寸,括号内尺寸为 1/8 W 的尺寸,另外还有 1/10 W 的,尺寸介于二者之间。

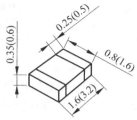

图 8.2.7 矩形片状电阻外形尺寸

(3) 型号标识

矩形片状电阻型号含义如下:

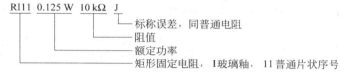

其中额定功率系列(W):1,1/2,1/4,1/8,1/10,1/16,1/32;阻值范围:1 Ω~10 MΩ。

(4) 包装及使用

片状电阻包装有散装、盒式包装及编带包装三种,片状电阻焊接温度一般为(235±5)℃,焊接时间为(3±1)s,最高焊接温度为 260℃。

2) 圆柱形电阻

圆柱形电阻结构示意图参见图 8.2.2,基本可以认为这种电阻是普通圆柱长引线电阻去掉引线,两端改为电极的产物。其材料及制造工艺、标记都基本相同。只是外形尺寸要小,其中 1/8 W 碳膜圆柱电阻尺寸为 φ1.25 mm×2 mm,两端电极长度仅 0.3 mm,这种电阻目前仅有 1/8 W,1/4 W 两种。

3) 矩形片状和圆柱形电阻的比较(表 8.2.2)

表 8.2.2 两种表面贴装电阻主要性能对比

电阻项目		矩形片状	圆柱形
结构	电阻材料	RuO_2 等贵金属氧化物	碳膜、金属膜
	电极	Ag-Pd/Ni/焊料三层	Fe-Ni
	保护层	玻璃釉	耐热漆
	基体	高铝陶瓷片	圆柱陶瓷
阻值标志		三位数码	包码(3,4,5 环)
电气性能		阻值稳定,高频特性好	温度范围宽,噪声电平低,谐波失真比矩形低

续表

电阻项目	矩形片状	圆柱形
安装特性	无方向但有正反面	无方向,无正反面
使用特性	偏重提高安装密度	偏重提高安装速度

2. 表面贴装电容

表面贴装电容中使用最多的是多层片状陶瓷电容,其次是铝和钽电解电容,有机薄膜和云母电容较少。表面贴装电容的外形同电阻一样,也有矩形片状和圆柱形两大类。表 8.2.3 表示几种主要表面贴装电容的技术规范。

表 8.2.3　几种主要表面贴装电容的技术规范

	多层片状陶瓷	圆柱形瓷介	圆柱铝电解	片状钽电解	片状有机薄膜	片状云母
尺寸/mm	$L=1.5\sim 5$ $W=0.8\sim 6.3$ $H=0.5\sim 2.0$	$L=3.2\sim 5.9$ $D=1.6\sim 2.0$	$H=5.4\sim 10.2$ $D=4.3\sim 10.3$	$L=4.6\sim 8.0$ $W=2.5\sim 5.0$ $H=1.7\sim 5.0$	$L=7.3$ $W=5.3$ $H=3.25$	$L=2.0\sim 5.6$ $W=1.25\sim 5.0$ $H=1.4\sim 2.0$
工作温度	$-55\sim +125℃$ 部分 $-30\sim +85℃$	$-25\sim +85℃$	$-40\sim +85℃$	$-55\sim +85℃$	$-40\sim +105℃$	$-55\sim +125℃$
容量	A 类: $5\sim 47\,000$ pF B 类: 220 pF$\sim 2.2\,\mu$F	A 类: $1\sim 150$ pF B 类: $180\sim 1000$ pF C 类: $1500\sim 22\,000$ pF	$1\sim 470\,\mu$F	$0.1\sim 22\,\mu$F	$0.01\sim 0.15\,\mu$F	$0.5\sim 2200$ pF
介质损耗	A 类: 1 MHz$\leqslant 0.1\%$ B 类: 1 kHz$\leqslant$ $2.5\%\sim 5\%$	A 类: 1 MHz$\leqslant 0.1\%$ B 类: 1 kHz$\leqslant$ $2.5\%\sim 5\%$	$\leqslant 10\%\sim 24\%$ (120 Hz)	$\leqslant 6\%\sim 12\%$ (120 Hz)	$\leqslant 0.6\%$ (1 kHz)	$\leqslant 0.25\%\sim 0.5\%$
额定电压/V	25,50,100,200 (500)	A 50 B 50 C 12,25	4,6.3,10, 16,25, 36,50	4,6.3,10, 16,25, 36,50	25,75,100	100,500

表面贴装电容目前尚无国际统一标准,各国各大公司均采用自己标准。我国目前引进的主要是日本标准。表面安装电容的安装及焊接与表面贴装电阻相同。

3. 其他表面贴装元件

其他几种表面贴装元件如表 8.2.4 所示。表中每一类元件仅列出一种作为代表,实际上还有其他种类和规格,例如连接器就有边缘连接器,条形连接器,扁平电缆连接器等多种形式。

表 8.2.4　其他几种表面贴装元件

	电位器（矩形）	电感器（矩形片状）	滤波器	继电器	开关（旋转型）	连接器（芯片插座）
形状						
尺寸/mm	$L=3\sim6$ $W=3\sim6$ $H=1.6\sim4$	$L=3.2\sim4.5$ $W=1.6\sim3.2$ $H=0.6\sim2.2$	$4.5\times2.2\times1.8$	$16\times10\times8$	$10\times13\times5.1$	引线间距：1.27 高：9.5
典型参数	阻值： $100\,\Omega\sim1\,M\Omega$ 阻值误差： $\pm25\%$ 使用温度： $-55\sim+100℃$ 功率： $0.05\sim0.5\,W$	电感： $0.05\,\mu H$ 电流： $10\sim20\,mA$	中心频率： $10.7\,MHz$ $455\,kHz$	线圈电压： $DC4.5\sim4.8\,V$ 额定功率： $200\,mW$ 触点负荷： $AC125\,V,2\,A$	开关电压： $15\,V$ 电流： $30\,mA$ 寿命： $20\,000\,步$	引线数： $68\sim132$

此外还有表面贴装敏感元器件(如片状热敏电阻、片状压敏电阻等)以及不断涌现的新型元器件,但就其封装与安装特性而言,一般不超出上述 SMC 的范围。

8.2.3　表面贴装器件

表面贴装半导体器件有晶体二极管、三极管、场效应管、各种集成电路及敏感半导体器件。

1. 半导体分立器件及封装

大部分半导体分立元器件都可采用表面贴装形式。SMD 与普通安装器件的主要区别在于外型封装,以下几种是常用 SMD 分立器件的封装形式。

1) 圆柱无引线

常见的有 $\phi1.5\,mm\times3\,mm$ 和 $\phi2.7\,mm\times5.2mm$ 两种,主要用于各种二极管,功耗一般为 $400\sim1000\,mW$,以色环表示极性,同普通封装二极管标志方法相同,见图 8.2.8。

2) 二端片式(图 8.2.8)

3) 三、四、五端片式(图 8.2.9)

图 8.2.8 二端式 SMD   图 8.2.9 三、四、五端片式 SMD

大部分单元件封装的三极管都采用三端封装,双元件及多元件二极管、三极管采用 3～5 端封装,8 端以上的多元件封装与集成电路封装相同。具体器件型号规格与对应封装,需要查看有关产品说明及资料。

2. 集成电路封装

由于集成电路规模不断发展,外引线数目不断增加,促使封装形式不断向小间距方向发展,目前常用的有以下几类。

1) SoP 封装(双列扁平封装)

SoP 封装是由 DiP 封装演变来的,这类封装有两种形式：J 形(又叫钩形)和 L 形(又称翼形),L 形焊装及检测比较方便,但占用 PCB 面积较大；J 形则反之(参见图 8.2.10)。

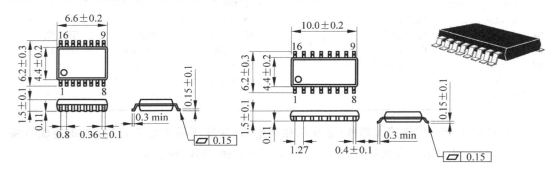

图 8.2.10 SoP 封装

目前常用 SoP 引线间距有 1.27 mm 和 0.8 mm 两种,引线数为 8～32。最新推出的引线间距 0.76 mm,引线数可达 56 条。

2) QFP 封装(方形扁平封装)

这种封装可以容纳更多引线,见图 8.2.11。

QFP 有正方形和长方形两种,引线间距有 1.27,1.016,0.8,0.65,0.5,0.4(mm)等数种,外形尺寸从 5 mm×5 mm 到 44 mm×44 mm,引线数 32～567。但常用的是 44～160 条。图 8.2.11 是 64 条引线的 QFP(L 形)的外形尺寸。

目前最新推出的薄形 QFP(又称 TQFP)引线间距小至 0.254 mm,厚度仅 1.2 mm。

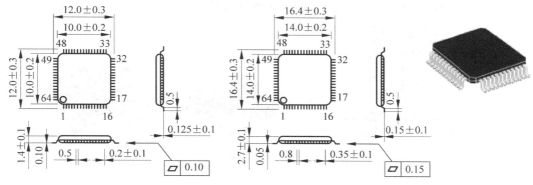

图 8.2.11 QFP 封装

3) PLCC 封装(塑封有引线芯片载体)

这类封装四边都有向封装体底部弯成 J 形的短引线,如图 8.2.12 所示,显然这种封装比 QFP 更省 PCB 面积,但同时使检测和维修更为困难。

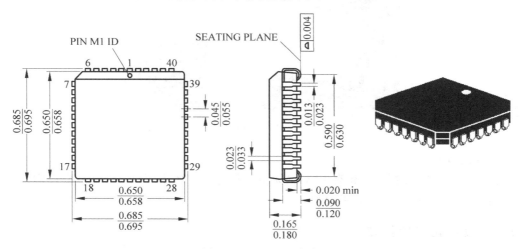

图 8.2.12 PLCC 封装

PLCC 封装引线数为 18~84 条,主要用于计算机电路和 ASIC、GAL 等电路的封装。

4) 针栅与焊球阵列封装

针栅阵列(pin grid array,PGA)与焊球阵列(ball grid array,BGA)封装是针对引线增多、间距缩小、安装难度增加而另辟蹊径的一种封装形式,它让众多拥挤在四周的引线排成陈列引线均匀分布在 IC 的底面(图 8.2.13),因而在引线数多的情况下引线间距不必很小。PGA 通过插座与印制板连接,用于可更新升级的电路,如台式计算机的 CPU 等,阵列间距一般为 2.54 mm,引线数从 52 到 370 或更多。BGA 则直接贴装到印制板上,将芯片封装到不同基板上,例如塑料基板上,称为 PBGA;陶瓷基板上,称为 CBGA 等。现在常用的阵列间距为 1.5 mm 或 1.27 mm,引线数从 72 至 736 或者更多。

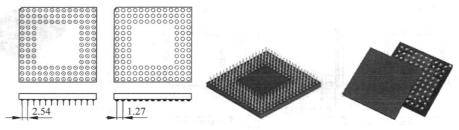

图 8.2.13　PGA 与 BGA 封装

5) QFN

QFN 也是一种底部引线封装,与 BGA 不同的是其引线不是焊球而是焊片,一般也不排成陈列,一般用于引线数不多而要求面积小、可以利用印制板散热的器件,通常中间焊盘用于散热,如图 8.2.14 所示。

图 8.2.14　QFN 封装

6) 其他封装

除上述几种常用封装外,还有 LCCC(无引线陶瓷芯片载体)及 LDCC(有引线陶瓷芯片载体)等封装形式,一般产品应用较少。

8.2.4　表贴元器件包装

SMC/SMD 包装形式的选择也是影响自动贴装机生产效率一项关键因素。必须结合贴片机送料器的配置(类型和数目)进行最佳选择,图 8.2.15 是各种包装示意图。

编带　　　　　管式　　　　　托盘式　　　　　散装

图 8.2.15　各种包装

- 编带——除大尺寸的 QFP、LCCC、BGA 外,其余元器件均可采用,已标准化。编带宽度有 8、12、16、24、32、44、56 mm,是应用最广、使用时间最长、适应性最强、贴装效率高的一种包装形式。
- 管式——主要用于 SoP、SoJ、PLCC、PLCC 的插座。通常用于小批量生产及用量较小的场合。
- 托盘式——主要用于 SoP、QFP、BGA 等。
- 散装——用于矩形、圆柱形电容器、电阻器等。

8.3 表面贴装印制板和材料

表面贴装技术的硬件基础中,除了表面贴装元器件外,还有表面贴装印制板和组装工艺材料,对于学习电子产品组装来说也是必不可少的基础知识。

8.3.1 表面贴装印制电路板

表面贴装用的印制电路板,由于 SMC 和 SMD 安装方式的特点,与普通 PCB 在基板要求、设计规范和检测方法上都有很大差异,为叙述简单,我们用 SMB(surface mounting printed circuit board)作为它的简称,以区别于普通 PCB。

与传统印制电路板相比,表面贴装用的印制电路板有以下特点。

1. 高密度布线

随着 SMD 的引线间距由 1.27→0.762→0.635→0.508→0.381→0.305(mm),不断缩小,SMB 普遍要求在 2.54 mm 网络间过双线(线宽 0.23 mm→0.18 mm)甚至过三线(线宽及线间距 0.20 mm→0.12 mm),并且向过 5 根导线(线宽及线间距 0.15 mm→0.08 mm)方向发展。

2. 小孔径、高板厚孔径比

在 SMB 上由于孔已不再用于插装元件(混装的 THT 除外)而只起过孔作用,因而孔径也日益减小。一般 SMB 上金属化孔直径为 $\phi 0.6$ mm~$\phi 0.3$ mm,发展方向为 $\phi 0.3$ mm~$\phi 0.1$ mm。同时 SMB 特有的盲孔与埋孔直径也小到 $\phi 0.3$ mm~$\phi 0.1$ mm。减小孔径与 SMB 布线密度相适应,孔径越小制造难度越高。

由于孔径减小,SMB 板厚一般并不能减小,并且由于用多层板,所以 SMB 的板厚孔径比一般在 5 以上(THT 一般在 3 以下),甚至高达 21。

3. 多层数

为提高 SMT 装配密度,SMB 的层数不断增加。在大型电子计算机中用的 SMB 高达 60 层以上。

4. 高电气性能

由于 SMT 用于高频、高速信号传输电路,电路工作频率由 100 MHz 向 1 GHz 甚至更高频段发展,对 SMB 的阻抗特性、表面绝缘、介电常数、介电损耗等高频特性提出更高要求。

5. 高平整光洁度和高稳定性

在 SMB 中即使微小的翘曲,不仅影响自动贴装的定位精度,而且会使片状元器件及焊点产生缺陷而失效。另外,表面的粗糙或凸凹不平也会引起焊接不良,而基板本身热膨胀系数如果超过一定限制也会使元器件及焊点受热应力而损坏,因此 SMB 对基板要求远远超过普通 PCB。

例如因热膨胀系数不同引起的热应力,对于 THT 而言,长引脚在这里成为优点,长引线的弹性属性使其可以吸收热应力而不会损坏元器件连接;而 SMT 的无引脚、短引脚在这里成为缺点,刚性结构使其无法吸收热应力而造成元器件连接损坏,如图 8.3.1 所示。

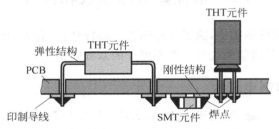

图 8.3.1 THT 与 SMT 结构属性不同引起热应力影响差别示意图

6. 高质量基板

SMB 的基板必须在尺寸稳定性、高温特性、绝缘介电特性及机械特性上满足安装质量和电气性能的要求;一般 PCB 板常用的环氧玻璃布板仅能适应一般单、双面板上安装密度不高的 SMB。高密度多层板应采用聚四氟乙烯、聚酰亚胺、氧化铝陶瓷等高性能基板。

7. 设计要求高

SMB 的设计除了遵循普通 PCB 设计原则和规范外,还有其特殊的要求,主要是满足以下几方面要求:

(1) 自动化生产要求 例如板上必须设计标准的光学定位标志和传输用夹持边,才能进行自动化生产;

(2) PCB 制造工艺能力的要求 PCB 制造中图形转移、蚀刻、层压、打孔、电镀、印刷等工艺中都存在误差,设计时必须留有余地;

(3) 焊接要求 SMB 组装中焊接对产品质量影响最大,为了满足不同产品、不同焊接工艺(波峰焊或再流焊)及质量要求,在 SMB 材料选择、元器件布局和方向、焊盘形状、元器件间距、布线方式、阻焊层设计等方面,都必须符合可制造性设计规则,因而 SMB 设计比 THT 要复杂得多。例如一个两端元件的焊盘形状,在 SMB 中就有多种,如图 8.3.2 所示,远远超过 THT 印制板设计。

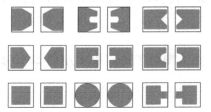

图 8.3.2 SMB 设计中两端元件的焊盘形状

(4) 装配、测试、维修等工艺要求 例如如果产品采用 ICT 在线测试，SMB 上必须设计相应测试点。

有关 SMB 设计的详细要求参见本书第 5 章有关内容及其他资料。

8.3.2 表面贴装材料

表面贴装材料一般指表面组装工艺材料，包括焊料、助焊剂、黏合剂、焊膏、清洗剂等在整个表面贴装过程中所使用并完成特定工艺要求的材料。其中焊料和助焊剂在焊接技术中已经介绍过，本章主要介绍黏合剂、焊膏、清洗剂等表面贴装技术特殊材料。

1. 黏合剂

黏合剂通常称为胶，在表面贴装技术中应用非常广泛，从贴装中作为把元器件黏结到 PCB 上的贴片胶，到作为添加剂加入到焊膏中，黏合剂都是必不可少的一种工艺材料。

1) 分类

(1) 按材料分：环氧树脂、丙烯酸树脂及其他聚合物。

(2) 按固化方式分：热固化、光固化、光热双固化及超声波固化。

(3) 按使用方法分：丝网漏印、压力注射、针式转移。

2) 特性要求

除有与一般黏合剂同样的要求外，SMT 使用黏合剂还要求：

(1) 快速固化，固化温度≤150℃，时间≤20 min。

(2) 触变特性好，触变性是胶体物质的黏度随外力作用而改变的特性。特性好，指受外力时黏度降低，有利于通过丝网网眼，外力去除后黏度升高，保持形状不漫流。

(3) 耐高温，能承受焊接时 240～270℃ 的温度。

(4) 化学稳定性和绝缘性，要求体积电阻率≥10^{13} Ω·cm。

3) 应用实例(图 8.3.3)

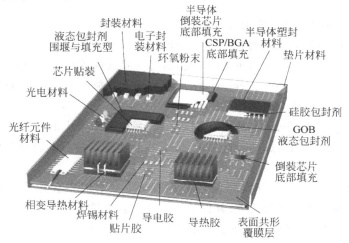

图 8.3.3 黏合剂在表面贴装中应用

(1) 贴片胶　把元器件黏结到 PCB 上,通常称为红胶;
(2) 底部填充胶　BGA 焊接后需要在底部填充黏合剂以增强可靠性;
(3) 封装胶　芯片软封装(COB)工艺中保护裸芯片必须的材料;
(4) 灌封胶　在电子模块中,将一部分元器件或电路板组件用灌封胶密封;
(5) 导热胶　在散热器等热设计中增强导热作用。

2. 焊膏

焊膏(solder paste)是表面贴装主流焊接技术——再流焊的关键材料,焊膏印刷是 SMT 的第一道工序,它影响着后续的贴片、再流焊、清洗、测试等电子组装步骤,直接决定着电子产品的质量及其可靠性。随着超细引脚间距(<0.5 mm)的发展,要求每个焊盘印刷焊膏量少、精确度高、一致性好,对焊膏要求越来越高。

1) SMT 对焊膏要求

焊膏在 SMT 中起着黏合和焊接双重的作用,元件贴装在焊膏上后,要保持元件在焊盘上不位移,经再流焊炉后,将元件与 PCB 焊接在一起,因此要求焊膏具有以下性能。

(1) 良好的可焊性
- 良好的润湿性能　取决于金属和焊剂中活性剂成分;
- 不发生焊料飞溅　取决于焊膏的吸水性、焊膏中溶剂的类型、沸点和用量以及焊料粉中的杂质类型和含量;
- 保证焊接强度　取决于金属材料和工艺;
- 焊后残留物　要求无腐蚀、可清洗。

(2) 良好的印刷性
- 印刷中容易脱模;
- 在印刷或涂布后以及在再流焊预热过程中,焊膏应保持原来的形状和大小,不产生塌落;
- 元件贴装在焊膏上后,要保持元件在焊盘上不位移。

要达到上述印刷性,要求焊膏具有以下物理特点:
- 合适的黏度(viscosity),焊膏在自然滴落时的滴延性的胶黏性质;
- 良好的触变性(thixotropicratio),贴片胶与锡膏在施压挤出时具有流体的特性与挤出后迅速恢复为具有固塑性的特性;
- 可接受的塌落性(slump),焊膏印刷后在重力和表面张力的作用及温度升高或停放时间过长等原因而引起的高度降低、底面积超出规定边界的坍流现象。

(3) 可接受的工艺性
- 储存寿命　在 0~10℃下应可保存 3~6 个月。储存时不会发生化学变化,也不会出现焊料粉和焊剂分离的现象,并保持其黏度和黏结性不变;
- 较长的工作寿命,在印刷或滴涂后通常要求能在常温下放置 12~24 小时,其性能保持不变。

2）焊膏的组成

组成　合金焊粉 85%～90%（重量比）/60%（体积比）

　　　　焊剂　15%～10%（重量比）/40%（体积比）

(1) 合金焊粉

合金焊粉通常采用高压惰性气体（N_2）将熔融合金喷射而成。合金成分有：

- 锡铅合金　一般为 6337 合金（63%Sn37%Pb）；
- 无铅合金　种类较多，目前常用为 305 合金（3%Ag,0.5%Cu,其余 Sn）。

合金焊粉微粒一般为球形，粒度约 25～45 μm。

(2) 焊剂和添加剂

焊剂和添加剂决定焊膏的主要性能（印刷、焊接及工艺性），主要由以下成分：

- 焊剂——松香、合成树脂，净化金属表面，提高焊料润湿性；
- 黏结剂——松香、松香脂、聚丁烯，提供黏性，黏牢元件；
- 活化剂——硬脂酸、盐酸等，净化金属表面；
- 溶剂——甘油乙二醇，调节焊膏特性；
- 触变剂——防止焊膏塌陷，引起连焊。

(3) 焊膏

将合金焊粉与焊剂和添加剂混合均匀就成为类似牙膏状的焊膏，如图 8.3.4 所示是涂覆在焊盘上的焊膏。

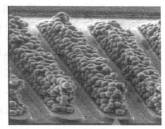

图 8.3.4　涂覆在焊盘上的焊膏

3）焊膏分类及选择

(1) 按合金焊料熔点分：高温 300℃（例如 10Sn90Pb）　要求耐高温产品

　　　　　　　　　　　中温 183℃（例如 63Sn37Pb）　普通产品

　　　　　　　　　　　低温 140℃（例如 42Sn58Bi）　含有热敏感元件产品

(2) 按焊剂活性分：RSA　高活性

　　　　　　　　RA　活性、松香型　可焊性差的产品

　　　　　　　　RMA　中等活性　一般产品

　　　　　　　　R　低活性

(3) 按焊膏黏度分：700～1200 Pa·s　模板印刷

　　　　　　　　400～600 Pa·s　丝网印刷

　　　　　　　　350～450 Pa·s　分配器

(4) 按清洗方式分：有机溶剂清洗、水清洗、半水清洗、免清洗。

(5) 焊料粒度选择：图形越精细，焊料粒度越高。

4）焊膏应用

(1) 冷藏——焊膏成分中焊剂、黏结剂、活化剂、触变剂等化学材料都是温湿度敏感材料，要求保存在恒温、恒湿的冰箱内，温度为 2～10℃。

(2) 回温——焊膏使用时,应做到先进先出的原则,应提前至少 2 h 从冰箱中取出,密封置于室温下,待焊膏达到室温时打开瓶盖;注意不能加速它的升温;若中间间隔时间较长,应将焊膏重新放回罐中并盖紧瓶盖放于冰箱中冷藏。

(3) 搅拌——焊膏涂覆前要搅拌(搅拌机或人工),使焊膏中的各成分均匀,降低焊膏的黏度。

(4) 一次用完——焊膏开封后,原则上应在当天内一次用完。

(5) 使用期——超过使用期的焊膏不能使用。

3. 清洗剂

1) 清洗剂的要求和特性

清洗剂应根据焊接过程中使用的焊剂种类及污染程度而定。优良的清洗剂既能除去极性污染物,又能同时除去非极性污染物。对清洗剂选择的具体要求是:

(1) 对污染物有较强的溶解能力,能有效地溶解和去除污染杂质,不留残迹或斑痕;

(2) 应与设备和元器件具有兼容性,不腐蚀设备与元器件,操作简便;

(3) 应无毒或低毒,其人体接触允许最低限度(TWA 值)必须符合规定;

(4) 不燃、不爆,物理、化学性能稳定;

(5) 价格低廉、耗用量小并易于回收利用;

(6) 表面张力低,有利于穿透元件与基板间的狭窄缝隙,提高清洗效率;

(7) 对环境无害,最好选用非 ODS 类溶剂。

2) 清洗剂种类

现在常用清洗剂见图 8.3.5。

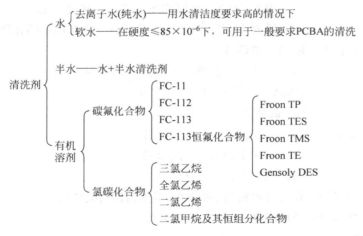

图 8.3.5　常用清洗剂

8.4　表面贴装工艺与设备

工艺与设备是制造技术的两个基本要素,是涉及知识面很广、工作量很大、实践性很强的工程技术,掌握表面贴装工艺与设备离不开实践环节,本节介绍基本知识和概括可以作为参加实践的准备。

8.4.1　表面贴装基本形式与工艺

1. 表面贴装基本形式

表面贴装技术发展迅速,但由于电子产品的多样性和复杂性,目前和未来相当时期内还不能完全取代通孔安装。实际产品中相当大部分是两种方式混合,表 8.4.1 所示是 SMT 基本形式。

表 8.4.1　SMT 基本形式

类型	组装方式		组件结构	电路基板	元器件	特征
ⅠA	全表面装	单面表面组装		PCB 单面陶瓷基板	表面组装元器件	工艺简单,适用于小型、薄型化的电路组装
ⅠB		双面表面组装		PCB 双面陶瓷基板	表面组装元器件	高密度组装,薄型化
ⅡA	双面混装	SMD 和 THT 都在 A 面		双面 PCB	表面组装元器件及通孔插装元器件	先插后贴,工艺较复杂,组装密度高
ⅡB		THT 在 A 面,A、B 两面都有 SMD		双面 PCB	表面组装元器件及通孔插装元器件	THT 和 SMC/SMD 组装在 PCB 同一侧
ⅡC		SMD 和 THT 在双面		双面 PCB	表面组装元器件及通孔插装元器件	复杂,很少用
Ⅲ	单面混装	先贴法		单面 PCB	表面组装元器件及通孔插装元器件	先贴后插,工艺简单,组装密度低
		后贴法		单面 PCB	表面组装元器件及通孔插装元器件	先贴后插,工艺简单,组装密度低

2. 表面贴装基本工艺

1) 波峰焊工艺与设备

波峰焊工艺(见图 8.4.1)是插装技术的主流工艺,也可用于一部分贴装工艺的焊接。

随着表面贴装技术的发展,特别是底部引线集成电路封装的应用,波峰焊工艺就无能为力了。尽管目前波峰焊工艺的一部分应用正在被再流焊逐渐取而代之,不过波峰焊还是电子组装焊接的重要方法之一。

波峰焊工艺流程与设备如下所示:

涂敷贴片胶(点胶或刮胶) ⇒ 固化 ⇒ 贴片 ⇒ 波峰焊接
(点胶机或印刷机)　　　　(固化炉)　(贴片机)　(波峰焊机)

2) 再流焊工艺与设备

再流焊工艺(图 8.4.2)是贴装技术的主流工艺。产生于 20 世纪 70 年代的再流焊工艺以其工艺过程简单,适合自动化机器生产而显示出强大的生命力,特别是底部引线集成电路新型封装 BGA/QFN 的大量应用,使再流焊工艺当仁不让地成为表面组装的典型工艺。

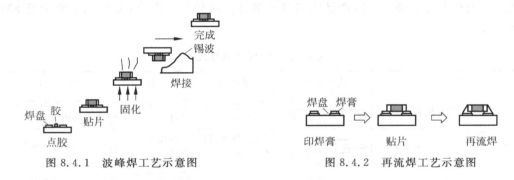

图 8.4.1　波峰焊工艺示意图　　　　图 8.4.2　再流焊工艺示意图

再流焊工艺流程与设备如下所示:

印刷 ⇒ 贴片 ⇒ 回流焊接
(印刷机)　(贴片机)　(回流焊炉)

3) 其他辅助工艺与设备

除了波峰焊和再流焊两种主要工艺和设备外,在规模化生产中检测工艺和设备、返修工艺和设备以及清洗工艺和设备也是不可或缺的技术,其流程与设备如下所示:

检测 ⇒ 返修 ⇒ 清洗
(人工/AOI/Xray)　(返修台或返修工作站)　(清洗机)

8.4.2　涂覆工艺与设备

1. 涂覆方法

涂覆是指将胶体按需要的形和量涂覆在固体(工件)上的一种技术,也称为涂敷或涂布。电子组装中主要涂覆黏合剂(包括助焊剂)和焊膏,有以下三种方法。

1) 针印法

针印法是利用针状物浸入黏合剂中,提起时针头挂上一定量的黏合剂,将其放到 SMB

预定位置,使黏合剂点到板上,如图 8.4.3 所示。当针蘸入黏合剂深度一定且胶水黏度一定时,重力保证了每次针头携带黏合剂的量相等,如按印制板位置做成针板并用自动系统控制黏度、针插入深度等过程,即可完成自动针印工序。

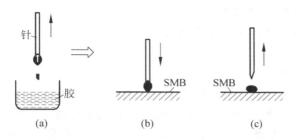

图 8.4.3　针印法示意图
(a) 挂胶;(b) 接触 SMB;(c) 点胶完成

2) 印刷法

印刷法又称为丝网法,是由于这种方法早期采用丝网制作印刷模板而得名。现在性能更好、寿命更长的金属模板取代了丝网,但基本原理和工艺流程依然如故。模板(又称为网板)印刷法涂布胶或焊膏,如图 8.4.4 所示。网板是 80～200 目的丝网、铜板或不锈钢板,通过蚀刻、激光加工等方法形成图形漏孔,制成网板。

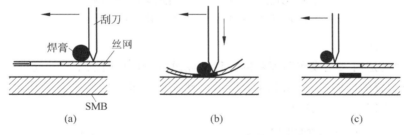

图 8.4.4　印刷法示意图
(a) 开始;(b) 印刷;(c) 完成

印刷方法精确度高,涂布均匀,效率高,是目前 SMT 的主要涂布方法。目前有手动、半自动、自动式的各种型号规格的商品印刷机。

3) 注射法

注射法是用如同医用注射器一样的方式将黏合剂或焊膏注到 PCB 上。通过选择注射孔大小形状和注射压力可调节注射物的形状和量。

2. 焊膏印刷技术

在再流焊工艺中,把焊膏涂覆到 PCB 上是通过印刷方式实现的。把适量的焊膏均匀地施加在 PCB 的焊盘上,以保证贴片元器件与 PCB 相对应的焊盘达到良好的电气连接,并具有足够的机械强度。

1) 焊膏印刷要求
- 焊膏量均匀,一致性好;
- 焊膏图形清晰,相邻图形之间尽量不黏连,焊膏图形与焊盘图形重合性好,焊膏覆盖焊盘的面积应在 75% 以上;
- 焊膏印刷后应边缘整齐,无严重塌落;
- 焊膏不污染 PCB。

2) 印刷焊膏的原理

焊膏具有触变特性,受到压力会降低黏性。当刮刀以一定速度和角度向前移动时,对焊膏产生一定的压力,焊膏黏度下降,在刮刀推动下在刮刀前滚动,将焊膏注入网孔,形成焊膏立体图形;在刮刀压力消失后,黏度上升,因而保证顺利脱模,完成焊膏印刷目的,如图 8.4.5 所示。

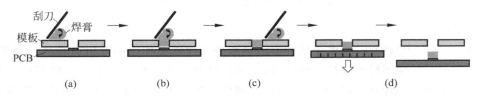

图 8.4.5 焊膏印刷原理示意图
(a) 焊膏在刮刀前滚动前进;(b) 产生将焊膏注入漏孔的压力;
(c) 切变力使焊膏注入漏孔;(d) 焊膏释放(脱模)

3) 焊膏印刷机

焊膏印刷机是用来完成印刷焊膏的一种专业设备,有自动化、半自动化或手工等多种不同档次、不同配置的印刷机,如图 8.4.6 所示。现在使用最多的是全自动印刷机,全部印刷工作都在计算机控制下自动完成。

图 8.4.6 全自动焊膏印刷机

(1) 印刷机的基本结构
- 夹持基板(PCB)的工作台　包括工作台面、真空或边夹持机构、工作台传输控制机构;
- 印刷头系统　包括刮刀、刮刀固定机构、印刷头的传输控制系统;

- 丝网或模板以及丝网或模板的固定机构；
- 定位、测试及运动控制系统 包括视觉对中系统、擦板系统、二维三维测量系统等。

（2）印刷机的主要技术指标
- 最大印刷面积：根据最大的 PCB 尺寸确定，一般为 500 mm×500 mm 左右。
- 印刷精度：一般要求达到±0.025 mm。
- 印刷速度：通常用印刷时间表示，例如印刷 12 s，表示印刷头完成一次循环时间，不包括 PCB 移动定位及清洗模板时间。

4）焊膏喷印机

焊膏喷印机是近年推出的令人耳目一新的新型焊膏涂敷技术，如图 8.4.7 所示，它利用喷墨打印机原理，将焊膏像墨水一样打印到 PCB 上，其最大特点是不需要制作模板，完成一块印制电路板焊膏涂敷如同打印一份文稿一样方便。

图 8.4.7 焊膏喷印机及其打印头

5）印刷模板

印刷模板，又称网板、漏板、钢板，它用来定量分配焊膏，是保证焊膏印刷质量的关键工装。
金属模板的制造方法：
（1）化学腐蚀法（减成法）—锡磷青铜、不锈钢板；
（2）激光切割法—不锈钢、高分子聚酯板；
（3）电铸法（加成法）—镍板。
三种制造方法的比较见表 8.4.2。

表 8.4.2 三种制造方法的比较

方法	基材	优点	缺点	适用对象
化学腐蚀法	锡磷青铜不锈钢	价廉，锡、磷青铜易加工	1. 窗口图形精度低； 2. 孔壁不光滑； 3. 模板尺寸不能过大	0.65 mm QFP 以上的器件
激光法	不锈钢高分子聚酯	1. 尺寸精度高； 2. 窗口形状好	1. 价格较高； 2. 孔壁有时会有毛刺	0.5 mm QFP、BGA 等器件
电铸法	镍	1. 尺寸精度高； 2. 窗口形状好	1. 价格昂贵； 2. 制作周期长	0.3 mm QFP、BGA 等器件

在表面贴装技术中,焊膏的印刷质量直接影响表面贴装板的加工质量。在焊膏印刷工艺中不锈钢模板的加工质量又直接影响焊膏的印刷质量,模板厚度与开口尺寸决定了焊膏的印刷量。而不锈钢激光模板均需要通过外协加工制作,因此在外协加工前必须正确填写"激光模板加工协议"和"SMT模板制作资料确认表",选择恰当的模板厚度和设计开口尺寸等参数,以确保焊膏的印刷质量。

3. 涂敷贴片胶技术

涂敷贴片胶是波峰焊工艺中的一个重要环节,在片式元件贴装后需要用贴片胶把片式元件暂时固定在PCB的焊盘位置上,防止在传递过程及插装元器件、波峰焊等工序中元件掉落。另外在双面再流焊工艺中,为防止已焊好面上大型器件因焊料受热熔化而掉落,有时也需要用贴片胶起辅助固定作用。

1) 贴片胶印刷

贴片胶印刷方式又称刮胶技术或胶印技术,其工作原理、工艺、设备与焊膏印刷类似,可以通过模板厚度及开口大小准确控制贴片胶的量,通过模板与PCB定位机构控制胶液的位置,生产效率高。

贴片胶印刷设备与焊膏印刷相同。

2) 点胶

贴片胶涂敷除了可以用印刷方法外,还常用点胶法。

点胶又称为压力注射法,是目前常用的涂布方法之一,它是将装有贴片胶的注射针管安装在点胶机上,在计算机程序控制下,自动将贴片胶分配到PCB指定的位置。

点胶的优点是灵活、易调整、无需模板、产品更换极为方便,它既适合大批量生产,也适合多品种生产。此外贴片胶在针管内密封性好,不易污染,胶点质量高。

点胶的缺点是速度慢,设备投资费用大。

3) 点胶机

点胶机是贴片胶涂敷的设备,与印刷机类似,也有自动化、半自动化或手工等多种不同档次、不同配置的点胶机。其中手动方式采用手动点胶装置,用于试验或小批量生产中。

8.4.3 贴片工艺与设备

贴片技术,英文称为"pick and place"(拾取和放置),工作原理和要求相当简单。用一定的方式把SMC/SMD(表面贴装元件和表面贴装器件)从它的包装中取出并贴放在印制板的规定位置上。但是在电子组装工业系统中,迄今很少有其他工艺要求可以与SMT中的贴装工艺和设备相比,它不仅决定了整个组装系统的产能,也决定了系统的工艺能力。例如一套贴装生产系统能否装焊BGA、01005元件,关键取决于贴片机。此外,贴片质量的好坏直接影响焊接质量,看似简单的拾取和放置,其实包含极其复杂的技术内涵。

1. 贴装基本要求

贴装技术的基本要求可以用3句话概括:一要贴得准,二要贴得好,三要贴得快。

1）贴得准
- 元件正确——要求各装配位号元器件的类型、型号、标称值和极性等特征标记要符合产品的装配图和明细表要求，不能贴错位置。
- 位置准确——元器件的端头或引线均和目标图形要在位置和角度上尽量对齐、居中。

2）贴得好
- 不损伤元件——拾取和贴装时由于供料器、元器件、印制板的误差以及 Z 轴控制的故障等都可能造成元器件的损伤，导致最终贴装失效。
- 压力（贴片高度）合适——贴片压力（高度）要合适，贴片压力过小，元器件焊端或引脚浮在焊膏表面，焊膏黏不住元器件，在传递和回流焊时容易产生位置移动；贴片压力过大，焊膏挤出量过多，容易造成焊膏粘连，回流焊时容易产生桥接；压力太大甚至会损坏元器件。
- 保证贴装率——由于贴片机参数调整不合理或元器件贴装性能不良、供料器吸嘴故障都会导致贴装过程中元器件掉落，这种现象称为掉片或抛料。在实际生产中用贴装率来衡量，当贴装率低于预定水平时，必须检查原因。

3）贴得快

通常一块电路板上有数十到上千个元件，这些元件都是一个一个贴上去的，贴装速度是生产效率的基本要求。

贴装速度主要取决于贴片机的速度，同时也与贴装工艺的优化、设备的应用和管理紧密相联。

2. 贴装过程与机制

贴装包括拾取元件、检测调整和元件贴放三个基本过程，如图 8.4.8 所示。

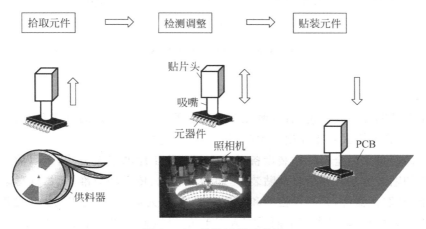

图 8.4.8　贴装过程示意图

1) 拾取元件

拾取元件是指用一定的方式将片式元器件从包装中拾取出来。在这个过程中,拾取占用的时间和正确性是关键,影响这个过程的要素包括拾取的工具和方式、元器件包装的方式、元器件本身的有关性能。

目前使用的贴片机,拾取元件是用吸嘴通过真空吸取方式来完成的,由于元器件大小、形状相差很大,一般贴片机都配备多种吸嘴。通过气孔的截面大小和真空吸力的配合,保证将元器件可靠地从包装中取出,并且在运动中不掉下、不滑移。

2) 检测调整

贴片机在吸取元件后,需要确定元件中心与贴装头的中心是否保持一致,以及元件是否符合贴装要求,这个工作由贴片机关键的视觉系统和激光系统来完成。应用高精度、高速度视觉系统以及飞行对中、软着陆等技术,可以快速、准确检测元件状况并调整到正确位置。

3) 元件贴放

元件贴放是将经过检测对中的元件准确地贴放到印制板设计的位置。除了位置准确,重要的是贴装力的控制,即要保证元件引线在焊膏上适度压入。压入不足和压入过分都会影响贴片质量,甚至伤害元件,如图 8.4.9 所示。

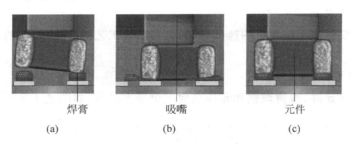

图 8.4.9 元件贴装不同压入程度
(a) 压入不足;(b) 压入过分;(c) 压入合适

3. 贴装工艺

贴装工艺从贴装方式来说,有 3 种工艺方式:手工方式、半自动方式和全自动方式,其中手工方式、半自动方式在工业生产中应用已经越来越少。

全自动贴装是采用全自动贴装设备完成全部贴装工序的组装方式,是目前规模化生产中普遍采用的贴装方法。在全自动贴装中,印制板装载、传送和对准,元器件移动到设定的拾取位置上,拾取元器件,元器件检测和定位对准,贴放元器件,直到印制板传送离开工作区域的全过程,均由全自动机器完成而无需人工干预,贴装速度和质量主要取决于贴装设备的技术性能及其应用、管理水平。

全自动贴装工艺是表面贴装技术中对设备依赖性最强的一个工序。整个 SMT 生产线的产能、效率和产品适应性,主要取决于贴装工序,而在全自动贴装中贴片机设备起决定性作用。但是这绝不意味着设备决定一切,有了先进的设备不等于有先进的工艺和管理,更不等于自然可以实现高效率、高质量和高产能。如同一个体格健全、精力充沛的人,如果没有相应的智商和情商,不可能取得事业成功一样。

4. 贴片机

贴片机实际上是一种精密的工业机器人,它充分发挥现代精密机械、机电一体化、光电结合以及计算机控制技术的高技术成果,实现高速度、高精度、智能化的电子组装制造设备。

贴片机种类繁多,最流行的是按使用功能分类,可以把贴片机分为4种。

1) 高速贴片机

高速贴片机又名射片机(chip shooter),因其贴片速度像射击一样飞快而得名。高速贴片机的贴装对象主要是片式元件(chip),以速度取胜,最快可达20片/s,不能贴装较大元件和异形元件。这种机器适应少品种、大批量生产,目前仍然有很多应用,但已经不是当前主流。

2) 多功能贴片机

多功能贴片机也叫高精度贴片机或者泛用机,可以贴装高精度的大型、异形元器件,一般也能贴装小型片状元件,几乎可以涵盖所有的元件范围,所以叫做多功能贴片机。多功能贴片机的结构大多采用拱架式结构,具有精度高、灵活性好的特点,主要用于贴装各种封装IC和大型、异形元器件,以精度和多功能取胜,速度不如高速贴片机。这种机器一般与高速机配套使用,目前虽然发挥作用,但已经退出当前主流。

3) 高速多功能贴片机

高速多功能贴片机顾名思义就是兼顾速度与功能的综合型机器,其结构也综合了高速机和多功能机的优点,拱架式移动结构和旋转式多头贴片头结合,集高速机和多功能机的优势于一体,成为当前主流机型之一。

4) 模组式贴片机

虽然高速多功能贴片机实现了速度与功能的兼顾和综合,但对于未来电子产品多品种小批量趋势而言仍然缺乏柔性。一种采用模组式结构,能够适应不同印制板组件产品,并且能够兼顾精度和速度,可快速进行产品生产转换,同时又能面对未来新型封装集成电路和细小元件变化,可以升级换代的模组式贴装系统应运而生,并且成为新的贴片机发展模式。

图8.4.10所示是各种贴片机及贴片头实例。

8.4.4 再流焊工艺与设备

1. 再流焊技术

1) 再流焊的定义

再流焊(reflow soldering)又称回流焊(也有人称为热熔焊或重熔焊),是一种应用于电

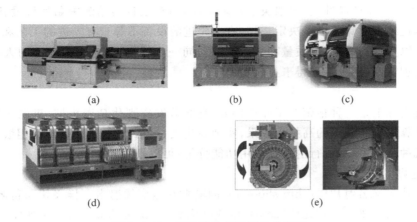

图 8.4.10 各种贴片机及贴片头实例
(a) 高速贴片机；(b) 多功能贴片机；(c) 高速多功能贴片机；
(d) 模组式贴片机；(e) 高速多功能贴片机上的新型闪电贴片头

气互连的软钎焊技术，它是把施加焊料和加热熔化焊料形成焊点作为两个独立的步骤来处理的，而其他软钎焊技术，例如烙铁焊接、浸焊和波峰焊则是作为一个步骤来处理的，如图 8.4.11 所示。这种焊接方法最大的特点是可以实现底部引线元器件的焊接，另外，由于把施加焊料分离出来单独处理，因而可以处理精细尺寸引线的微小型元器件，使电子产品微小型化得以不断推进。

2) 再流焊的种类

再流焊通常按加热方式命名，例如采用红外线加热就称为红外再流焊。能够提供焊料熔化需要的各种热源都可以作为再流焊的热能加热源，实际应用的再流焊方法主要有以下几种。

- 汽相再流焊 利用惰性有机溶剂(过氟化物液体)被加热沸腾产生的饱和蒸汽的汽化潜热加热被焊件。

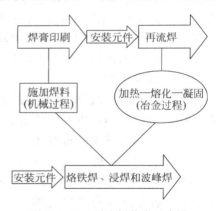

图 8.4.11 再流焊特点示意图

- 红外再流焊 以红外辐射源产生的红外线，照射到待焊件上即转换成热能，通过数个温区加热至再流焊后所需的温度与热能，然后冷却，完成焊接。
- 红外加热风再流焊 一种将热风对流和远红外加热组合在一起的加热方式。采用此种方式，有效结合了红外再流焊和强制对流热风再流焊两者的长处，是目前较为理想的加热方式。
- 全热风再流焊 利用加热器与风扇，使炉内空气不断升温并循环，待焊件在炉内受到炽热气体的加热，而实现焊接。

- 激光再流焊　利用激光能量转换为热能加热焊点的方法。

3) 再流焊的机制

再流焊属于软钎焊的一种,从焊接机制来说,并没有特殊之处。需要注意的是除局部再流焊(例如激光再流焊)外,大部分再流焊都是整体加热,即加热整个印制电路板组件,包括在前面工序中已经完成焊接的部分,都要经历再流焊的温度循环。这一点在无铅再流焊中由于焊接温度提高,对焊点金属材料影响比较大,主要是结合层金属间化合物(IMC)生长使结合层变厚,从而增加焊点脆性。

另一方面,再流焊中焊料熔化润湿焊件表面过程中,元器件处于漂浮的状态,由于润湿力作用,如果贴片时元器件贴偏了,再流焊中能够自动纠正,称为自校正作用,如图 8.4.12 所示。

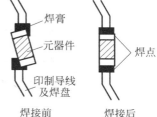

图 8.4.12　再流焊自校正作用

然而,这种漂浮和润湿力作用并不总是有利的。在细小元件再流焊中,由于元件本身质量轻,例如 01005 元件仅 0.04 g,与焊接润湿过程中焊接润湿力相差不大,很容易出现元件两边焊点润湿力不平衡而导致立片,成为再流焊中令人头痛的焊件缺陷。

2. 再流焊工艺过程、工艺曲线和要求

1) 再流焊工艺与曲线

无论哪一种再流焊方法,工艺过程基本是一样的,只不过不同的再流焊方法每一个过程的具体方式不同而已。

(1) 预热—升温　当 PCB 进入预热—升温区(干燥区)时,焊膏中的溶剂、气体蒸发掉,同时,焊膏中的助焊剂润湿焊盘、元器件端头和引脚,焊膏软化、塌落、覆盖了焊盘,将焊盘、元器件引脚与氧气隔离。

(2) 预热—保温　PCB 进入预热—保温区时使 PCB 和元器件得到充分的预热,以防 PCB 突然进入焊接高温区而损坏 PCB 和元器件。

(3) 焊接　当 PCB 进入焊接区时,温度迅速上升使焊膏达到熔化状态,液态焊锡对 PCB 的焊盘、元器件端头和引脚润湿、扩散、漫流或回流混合形成焊锡接点。

(4) 冷却　PCB 进入冷却区,使焊点凝固。此时完成了再流焊。

图 8.4.13 以常用 6337 焊料,采用应用最普遍的热风再流焊炉为例,将上述工艺过程以加热时间和温度为坐标,表示为时间-温度曲线,称为再流焊工艺曲线或温度曲线。这种曲线因焊膏品种、再流焊炉结构性能、印制板组件(PCBA)种类和结构不同而变化,是通过理论分析和实践探索不断完善的,是生产企业的核心工艺技术。

2) 再流焊工艺要求

(1) 工艺曲线是核心　要设置合理的再流焊温度曲线。再流焊是 SMT 生产中的关键工序,根据再流焊原理,设置合理的温度曲线,才能保证再流焊质量。不恰当的温度曲线会出现焊接不完全、虚焊、元件翘立、焊锡球多等焊接缺陷,影响产品质量。要定期做温度曲线

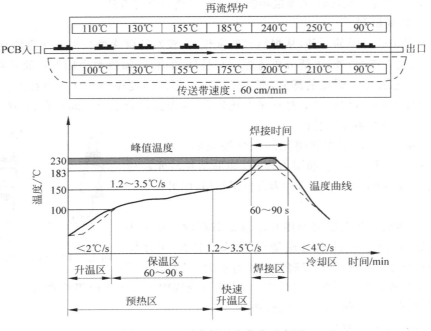

图 8.4.13 再流焊温度曲线示意图

的实时测试。

(2) PCB 焊接有方向　要按照 PCB 设计时的焊接方向进行焊接。

(3) 焊接过程要监控　焊接过程中,严防传送带振动,当生产线没有配备卸板装置时,要注意在贴装机出口处接板,防止后出来的板掉落在先出来的板上碰伤 SMD 引脚。

(4) 首板检验很重要　在一批加工焊接中,必须对首块印制板的焊接效果进行检查。除常规元器件和焊点检测外还要检查 PCB 表面颜色变化情况,再流焊后允许 PCB 有少许但是均匀的变色。

3) 再流焊工艺流程

再流焊工艺流程如图 8.4.14 所示。

3. 再流焊设备

再流焊设备有很多类型,每一种再流焊方法都对应一类设备,每一类又有多种型号。本节仅介绍应用最普遍的热风再流焊机。

回流炉又称再流焊机或再流焊炉,是焊接表面贴装元器件的设备。再流焊炉主要有红外炉、红外热风炉、蒸气焊炉等,应用最多的是红外热风再流焊炉。图 8.4.15 是其外形及内部结构示意图。

红外热风再流焊炉由炉体、上下红外加热源、PCB 传输装置、空气循环装置(风扇配置)、冷却装置、排风装置、温度控制装置和计算机控制系统组成。

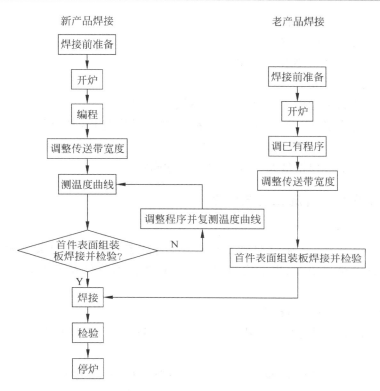

图 8.4.14 再流焊工艺流程

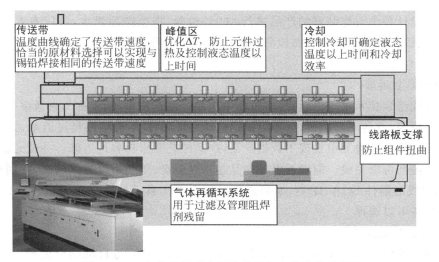

图 8.4.15 红外热风再流焊炉外形及内部结构示意图

再流焊炉的主要技术要求如下。
- 温度控制精度:应达到±0.1~0.2℃;
- 传输带横向温差:要求±5℃以下;
- 温度曲线测试功能;
- 最高加热温度:考虑无铅焊接,应该不低于350℃;
- 加热区数量和长度:加热区数量越多、加热区长度越长,越容易调整和控制温度曲线。一般中小批量生产选择4~5温区,大批量选择7温区以上;
- 传送带宽度:应根据最大和最小PCB尺寸确定。

8.4.5 测试、返修及清洗工艺与设备

1. 表面贴装检测

为了保证产品质量,从原材料到最终产品,测试工作贯穿在组装技术的各个环节。不同环节有不同测试要求,采用不同测试工艺和设备。本节仅介绍表面贴装中各环节检测要求。

1) 组装前检验(或称来料检验)

表面贴装三种基本原材料是元器件、印制电路板和工艺与结构材料。

2) 组装过程中检验

组装过程的检验包括焊膏印刷检验、贴片检验、再流焊工序检验(焊后检验)和清洗检验。

3) 成品检验

按工艺设计要求对组装好的产品进行100%检验,根据产品要求,可以有人工目视、人工仪器(放大镜、显微镜等)或机器检测(AOI、AXI、ICT等)。

2. 返修工艺与设备

1) 表面贴装返修

尽管现代组装技术水平不断提高,生产中产品一次合格率(通常称为直通率)不断提高,但由于种种原因,直通率只能接近、不可能达到100%,少量不合格品经过返修,大部分可以达到合格。一般产品检测中发现不合格产品,产品工艺要求都容许返修。一般元器件返修,采用手工焊接都可以完成。但随着电子产品越来越复杂,组装密度越来越高,特别对密间距IC和底部引线的器件BGA、QFN,如果采用一般手工工具返修难度很大,目前已经有各种专业返修设备可以选择。

2) 表面贴装返修设备

返修设备实际是一台集贴片、拆焊和焊接为一体的手工与自动结合的机、光、电一体化的精密设备,一般是台式设备,通常称为返修台。返修台能够对BGA、CSP、PLCC、MICRO-SMD、QFN等多种封装形式的芯片进行起拔和焊接,是现代各类电子设备PCB

板返修必不可少的焊接和拆焊工具,也可用于小批量生产、产品开发、新产品测试及电路板维修等工作。

返修台检测、定位机构与贴片机类似,加热机制与再流焊机相同。根据热源不同,有红外返修台和热风返修台两种,其中热风返修台适应面广、综合性能占优势,占据主流位置。热风返修台通常配备多种热风喷嘴,以适应不同元器件需求。图 8.4.16 是热风返修台及部分热风喷嘴。

图 8.4.16　热风返修台及部分热风喷嘴

3. 清洗工艺与设备

1) 清洗目的与机制

（1）清洗的目的

焊后清洗的主要目的是清除再流焊、波峰焊和手工焊后的助焊剂残留物以及组装工艺过程中造成的污染物。

污染物包括来自焊剂、助焊剂残留物、焊锡球的有机复合物、来自印制板加工过程中的无机物以及来自元器件引脚及焊端表面氧化物；还有加工过程中的人为污染(例如来自人体皮肤的肤脂、护肤化妆品等)和环境污染(灰尘、水汽、烟雾、微小颗粒有机物等)，这些污染物的存在，可能导致测试探针接触不良，更严重的是应用中引起电路板腐蚀、产生离子迁移等故障，因此对于可靠性要求高的产品，焊后必须清洗。

（2）清洗机制

清洗是利用物理作用、化学反应去除被洗物表面的污染物、杂质的过程。

无论采用溶剂清洗或水清洗，都要经过表面润湿、溶解、乳化作用、皂化作用等，并通过施加不同方式的机械力将污染物从组装板表面剥离下来，然后漂洗或冲洗干净，最后吹干、烘干或自然干燥。

2) 清洗方法

（1）刷洗　人工或机械刷洗。

（2）浸洗　浸洗是指把被洗物浸入清洗剂液面下清洗，可采用搅拌、喷洗或超声等不同的机械方式提高清洗效率。

（3）喷洗　有空气中喷洗和浸入式喷洗两种。

(4) 离心清洗　利用转动离心力作用使被洗物表面的污染物剥离组装板表面。

(5) 超声波清洗　利用超声波空穴作用,可清洗其他方法很难到达的部位。

3) 清洗设备

不同清洗方法对应不同清洗设备,可以根据产品性质、印制电路板种类、制造工艺及可靠性等方面要求选择。图 8.4.17 是一种在线式自动清洗机。

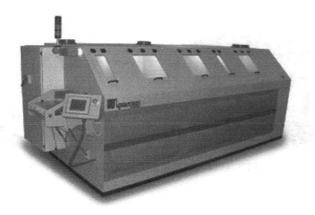

图 8.4.17　在线式自动清洗机

8.4.6　表面贴装生产线

1. 生产线及其优点

在采用表面贴装技术的电子产品制造工厂,一般是将各种 SMT 设备按工序和工艺要求连接成流水线形式,产品 PCB 裸板从上料进入生产线,到下料机已经是完成了组装、焊接和检测合格的成品部件。

连续生产线的优点是:
- 可以缩短 PCB、元件从组装到焊接完的过程时间,避免氧化、吸湿等环境危害因素;
- 复杂过程分解简化、降低劳动成本;
- 提高生产效率和保证产品质量;
- 有利于大规模、大批量现代化生产组织和管理;
- 通过计算机在线管理、过程优化,充分发挥设备潜能。

2. 生产线配置

表面贴装生产线如图 8.4.18 所示,根据建线原则,线体配置千差万别,一般主要难度在贴片机。因为线体长度主要取决于贴片机的数量(一条生产线印刷机和再流焊机只需一台),而且生产线的工艺能力也主要取决于贴片机的能力。

有关贴片机及生产线配置技术,可参见参考文献。

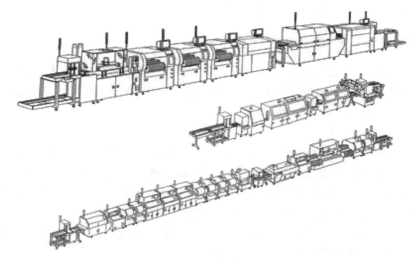

图 8.4.18　表面贴装生产线

8.5　表面贴装设计与管理

表面贴装设计与管理是表面贴装技术不可或缺的内容,但由于设计与管理涉及的内容非常广泛和复杂,本节只能做简单介绍。

8.5.1　现代电子设计与工艺特点——设计简单化与工艺复杂化

电子设计对于一个产品的成功与否是至关重要的,但是在集成电路技术高度发达的今天,传统意义上的电子设计(电路原理设计)正在变得越来越简单、越来越程序化,而传统意义上的工艺问题则趋向多元化和复杂化。

这是由于当前微电子产业的发展已经达到几乎无所不能、无所不包的程度,日新月异的集成电路芯片,不仅代替了从前需要几十、几百甚至成千上万分立元器件经过设计、组装、调试才能实现的功能,而且也代替了前不久还需要几块到几十块集成电路才能实现的功能,超大规模、系统级、可编程芯片 CPLD、FPGA、SoC、SoPC、PSOC 等令人目不暇接、眼花缭乱的新型微电子器件,大有囊括天下电子产品系统之势。一块芯片就是一个完整的电子产品电路,只需配置少量外围元器件(通常是电阻、电容、电感和开关等无源元件)就可轻松设计出产品电路原理图,而且这种原理图也由 IC 供应商提供出最佳方案。但是,如何将原理图变成电子产品,即由电子工艺来实现的这一部分,随着电子产品复杂性和微小型化的发展越来越复杂了,特别是考虑到绿色浪潮所带来的电子产品材料、工艺和结构的几乎颠覆性变化,更使越来越复杂的工艺技术充满了变数。这种设计的简单化与工艺复杂化发展的不平衡,正是 21 世纪电子产业发展的特点。不了解或不承认这个特点,不把电子工艺设计作为一个战略目标,将制约产业科学健康地发展。

8.5.2 SMT 设计——复杂的设计技术群

SMT 设计指电子产品和系统除了电路原理设计以外的各种设计技术,主要有以可制造性设计(DFM)为代表的面向制造工艺过程的优化设计和产品结构设计,二者既相互制约又相辅相成,成为电子产品成功的两大支柱。

1. 面向制造的优化设计

这一部分内容涉及电子产品的方方面面,印制电路板、线缆、机壳、面板、整机结构等都存在设计与制造过程的结合与优化问题。由于印制电路板对整机性能的决定性作用,以及作为电子产品的核心部件的重要性,印制板优化设计受到人们高度重视,已经形成比较系统的以可制造性设计(DFM)为代表的设计体系,主要包括以下内容。

(1) 与自动化组装有关的设计要求:光学定位标志设计、定位孔设计、传输夹持边设计、挡条安装边设计、外形及其尺寸设计、拼板设计;

(2) 元器件布局设计;

(3) 焊盘图形设计;

(4) 布线设计;

(5) 过孔设计;

(6) 阻焊层与丝印层设计;

(7) 接地与屏蔽敷铜设计;

(8) 测试点与可测试性设计;

(9) 挠性电路板设计。

以上只是印制板优化设计的主要内容,并不能囊括全部。有关优化设计 DFX 参见 3.3 节和其他资料。

2. 产品结构设计

产品结构设计主要是针对整机结构,涉及产品功能实现和性能保证,一般作为一个专门学科来研究,通常包括以下内容。

(1) 电磁兼容性设计:

- 印制电路板电磁兼容设计;
- 接地设计;
- 屏蔽与滤波设计;
- 瞬态干扰及其抑制。

(2) 电子结构热设计:

- 元器件散热;
- 机内空间的散热;
- 箱体的通风散热。

(3) 振动和冲击隔离：
- 单自由度系统的振动；
- 多自由度系统的振动；
- 冲击隔离；
- 隔振设计与阻尼减振技术；
- 振动和冲击测试技术。

(4) 防腐蚀设计：
- 各种环境中的腐蚀；
- 防腐蚀设计（三防）；
- 生物腐蚀与防护；
- 高分子材料的老化和防护。

(5) 电子设备造型与结构设计：
- 整机技术美学，色彩应用；
- 电子产品造型设计；
- 外观结构、机壳、面板、设计；
- 产品装饰与装潢设计；
- 计算机辅助造型与结构设计。

8.5.3　SMT 管理——质量与效益的保证

任何一项先进技术都离不开相应的管理，没有管理就没有质量和效益，这已经成为现代社会生产的一个基本规律。由于各行各业千差万别，不同技术各有千秋，每一种技术都有其独特的管理要求和特色。SMT 作为电子制造产业中一项核心技术，其管理技术的特色是由电子制造产业的特点决定的。

1. 现代电子制造产业的特点

1) 产业全球化

现代产业中没有任何一种产业的全球化程度可以和电子产业相比，电子信息跨国企业比比皆是，一个电子信息企业要在国际上争得一席之地必须走国际化道路，这已经成为不争的事实。全球化表现在：
- 产品异地设计和制造；
- 元器件全球采购和配套；
- SMT 企业在世界范围内的重组与集成，组成动态联盟；
- 制造资源的跨地区、跨国家的协调、共享和优化利用；
- 大企业全球化的体系结构。

2) 制造专业化

传统的以产品为中心的企业运行模式受到挑战，新的产业链分工和专业化趋势正在显示出独特优势：
- 设备投资规模大，技术更新速度快，小规模制造厂商赢利空间越来越小；
- 电子制造服务（electronic manufacturing services, EMS）应运而生，将经营品牌、市场营销与制造分离，专业从事制造及有关服务；
- 某些行业，例如手机，已经出现专业设计服务，设计公司专门从事设计，将完整设计方案出售给品牌经营公司，而由 EMS 企业负责制造。

3) 过程自动化
- 全球化与专业化促使企业间竞争越来越激烈，自动化生产是降低制造成本、增强企业竞争力的最有效手段；
- 自动化的高级阶段是智能化，是一种由智能机器和人类专家共同组成的人机一体化智能系统，它在制造过程中能进行分析、推理、判断、构思和决策等智能活动；智能制造技术将部分地取代人类专家在制造过程中的脑力劳动，实现制造过程的优化；
- 未来制造业将由 2I 来标识，即 Integration（集成）和 Intelligence（智能）。

4) 企业网络化
- 企业内部的网络化，以实现制造过程的集成；
- 企业与制造环境的网络化，实现制造环境与企业中工程设计、管理信息系统等各子系统的集成；
- 企业与企业间的网络化，实现企业间的资源共享、组合与优化利用；
- 通过网络实现异地制造。

2. SMT 管理模式

现代化产业需要现代化管理，在电子产业发达的先进国家和地区已经有多种制造企业管理模式，例如全面质量管理（TQM）、制造资源计划（MRPⅡ）、柔性制造系统（FMS）、精益生产（LP）、企业资源计划（ERP）、六西格玛管理（6σ）、全员生产创新/保全（TPI/TPM）、5S（一种日本企业管理模式，用整理、整顿、清扫、清洁、习惯（纪律）5 个单词概括，其日文的罗马拼音均以 S 开头，故简称 5S）等，都是许多国际化大企业行之有效的管理模式。

不同国家、不同文化背景、不同企业都在探索和实践适合自己的模式。我国企业经济管理界也在积极探索，例如有人提出国学管理模式、中国特色企业管理模式等。其实，无论哪一种管理模式，其核心都是以人为本和制度管理的结合。

目前 SMT 企业比较推崇的管理模式是从易于推行的 5S 开始，以精益生产（LM）或六西格玛管理为主流的模式。

参 考 文 献

1. [日]田中和吉.电子产品焊接技术.孟令国等译.北京：电子工业出版社,1984
2. [美]杰里米·瑞安.电子装配工艺.厉长城等译.北京：新时代出版社,1985
3. [美]洛弗特等.电子测试与故障诊断.江庚和等译.武汉：华中工学院出版社,1986
4. [美]霍传德·H.曼著.雷云山译.锡焊和焊料.北京：人民邮电出版社,1986
5. [日]小林龙夫.电子产品组装技术.孟令国等译.北京：国防工业出版社,1986
6. [美]乔治·L.里奇.电子设备制作与装配.合宜译.北京：科学技术出版社,1987
7. [日]田中和吉著.电子设备装备技术.电子部工艺所译.北京：国防工业出版社,1988
8. [美]布班,施密特.技术电学和电子学.江镇华等译.北京：科学出版社,1988
9. [美]小克莱·F.库姆斯主编.冯昌鑫等译.印制电路手册.北京：国防工业出版社,1989
10. 《无线电》编辑部.电子爱好者实用资料大全.北京：电子工业出版社,1989
11. 华苇.电子设备装联工艺基础.北京：宇航出版社,1992
12. 朱锡仁.电路与设备测试检修技术及仪器.北京：清华大学出版社,1997
13. 张卫平.现代电子电路原理与设计.北京：原子能出版社,1997
14. 邱月弘.电子技术基础操作.北京：电子工业出版社,1998
15. 邱成悌.电子组装技术.南京：东南大学出版社,1998
16. 贾松良等.电子组装制造.北京：科学出版社,2005
17. [美]Khandpur R S.印制电路板——设计、制造、装配与测试.曹学军等译.北京：机械工业出版社,2008
18. 王天曦,王豫明.贴片工艺与设备.北京：电子工业出版社,2008
19. 姜培安.印制电路板的可制造性设计.北京：中国电力出版社,2007
20. 梁瑞林.刚性印制电路.北京：科学出版社,2008
21. 姚金生,等.元器件(第3版).北京：电子工业出版社,2008
22. 曾峰,等.印制电路板(PCB)设计与制作(第2版).北京：电子工业出版社,2005
23. 张怀武,等.现代印制电路原理与工艺.北京：机械工业出版社,2006
24. 张文典.实用表面组装技术(第2版).北京：电子工业出版社,2006
25. 贾忠中.SMT工艺质量控制.北京：电子工业出版社,2007
26. 何立民.以SoC为中心的多学科融合与渗透.单片机与嵌入式系统应用.2001,(05)
27. 贾变芬,沈钢.DFM软件在PCB设计中的应用.电子工艺技术,25(2)
28. 王先逵.现代制造技术及其发展趋向.现代制造工程,2008,(1)
29. 周仲凡.印制电路板与电子产品生态设计.第八届全国印制电路学术年会论文集,2008
30. 杨叔子.再论先进制造技术及其发展趋势.苏州市职业大学学报,2006,(3)
31. Qualcomm Incorporated.业内竞争显示技术,2008,(5)
32. PACE Incorporated. MANUAL ASSEMBLY AND REWORK FOR SURFACE MOUNT,1997
33. 代凯,等.导电胶念剂的研究进展.材料导报,2006,(3)
34. Joseph Fjelstad,Flexible Circuit Technology,third editon,2006